全国硕士研究生招生考试计算机学科专业基础考试复习全书基础知识篇

数据结构分册

◎ 张光河 编著

清华大学出版社
北京

内 容 简 介

本书依据最新的《全国硕士研究生招生考试计算机科学与技术学科联考计算机学科专业基础考试大纲》(以下简称"考纲"),详细地讲解了数据结构课程中涉及的线性表,栈、队列和数组,树与二叉树,图,查找和排序内容对应的每个知识点,并给出了这些知识点相关的基础试题、历年真题及解析。

本书共分为 8 章。第 1 章介绍了数据结构的基本概念,对应考纲考查目标中的部分内容;第 2~7 章分别对应考纲中线性表,栈、队列和数组,树与二叉树,图,查找和排序这六部分的内容。前 7 章均包括本章重点、思维导图、考纲内容、相关知识点和小结,第 8 章为习题与解析,每一节均分为基础试题与历年真题,分别对应前 7 章的内容,试题类型包括单项选择题和综合应用题。对于单项选择题,均根据考纲给出了其考点、解析和答案;对于综合应用题,则均根据考纲给出了其考点、解析和小结。考生复习数据结构课程时应熟练掌握这些知识点,尤其是对历年真题中常考的知识点一定要深刻理解,想考高分的同学则要全面吃透重点和难点内容,在做题过程中反复理解而不是机械记忆相关的解题思路和方法。

本书既可以作为广大考生准备计算机专业全国硕士研究生招生考试数据结构课程首选的备考复习资料,也可以作为学有余力的学生深入学习数据结构的课外资料,还可以作为相关教师或工程技术人员的参考资料。

版权所有,侵权必究。举报: 010-62782989,beiqinquan@tup.tsinghua.edu.cn。

图书在版编目(CIP)数据

全国硕士研究生招生考试计算机学科专业基础考试复习全书. 基础知识篇. 数据结构分册/张光河编著. -- 北京:清华大学出版社, 2025.2. -- ISBN 978-7-302-68379-7

Ⅰ. TP3

中国国家版本馆 CIP 数据核字第 2025QP3777 号

责任编辑:贾 斌 薛 阳
封面设计:刘 键
责任校对:王勤勤
责任印制:丛怀宇

出版发行:清华大学出版社
网　　址:https://www.tup.com.cn, https://www.wqxuetang.com
地　　址:北京清华大学学研大厦 A 座　　邮　编:100084
社 总 机:010-83470000　　邮　购:010-62786544
投稿与读者服务:010-62776969, c-service@tup.tsinghua.edu.cn
质量反馈:010-62772015, zhiliang@tup.tsinghua.edu.cn
课件下载:https://www.tup.com.cn, 010-83470236

印 装 者:三河市龙大印装有限公司
经　　销:全国新华书店
开　　本:185mm×260mm　　印　张:17.75　　字　数:430 千字
版　　次:2025 年 4 月第 1 版　　印　次:2025 年 4 月第 1 次印刷
印　　数:1~1500
定　　价:69.00 元

产品编号:098928-01

前言

自从2009年计算机专业硕士研究生入学考试实行统一命题（俗称408，包括数据结构、计算机组成原理、操作系统和计算机网络4门课程）以来，广大考生在备考时都感觉很难找到一套合适的复习资料。由清华大学出版社计算机与信息分社策划，并由本人编著的这一考研辅导书，结合了本人在计算机领域20余年工作和学习的感悟，尤其是本人在应试方面的经验和体会。

根据教育部最新颁发的《全国硕士研究生招生考试计算机科学与技术学科联考计算机学科专业基础考试大纲》（以下简称"考纲"），数据结构部分的考查内容包括线性表，栈、队列和数组，树与二叉树，图，查找和排序。线性表是线性结构；栈、队列和数组属于线性表的扩展；树和图均为非线性结构，前者数据元素之间存在着一对多的关系，后者数据元素之间存在着多对多的关系；查找和排序是基于线性和非线性结构的数据操作。数据结构部分考查时有单项选择题10～11道，每题2分，共20～22分；综合应用题2道，共25分，通常一道为算法设计题，另一道为数据结构相关的综合应用试题。本书前7章对应考纲中考查目标及考查内容，第8章为前7章内容对应的试题及解析，包括基础试题及解析和历年真题及解析。

考生若试图通过死记硬背的方法来达到掌握数据结构课程的相关内容的目的显然是不可能实现的，跨专业考试的学生对此要有清醒的认识。使用本书时，对于基础较为扎实的考生，既可以快速浏览前7章的内容，然后开始做第8章对应内容的基础试题和历年真题，也可以直接做题，遇到不会的试题再返回到对应章节理解相关的知识点；而对于基础较为薄弱的考生，尤其是跨专业考试的学生，则要静下心来先将每章的内容记忆并理解，把一个一个知识点吃透，然后再做基础试题，务必在搞懂基础试题之后再开始做历年真题，不要贪多求快，否则一开始就做本书上的历年真题，自信心难免会受到打击，甚至会放弃备考。所有考生最开始做题时不要过于追求速度，而是要静下心来一道一道搞懂，尤其是做历年真题时更要如此。理想的情况是随意拿出任何一道历年真题，考生不但能立刻说出该题考了哪些知识点，还能清楚无误地说出哪些年份的哪些题目也考查了与此相关的内容，甚至还可以说出这些内容还可以怎么考查，这符合本人一直大力倡导并躬体力行的"从历年真题出发备考"的应试理念。

本书内容语言精练易懂，便于自学，既可作为计算机及相关专业考研学子备考408中的数据结构课程的首选资料，也可作为考生参加自主命题高校的算法与数据结构课程的备考用书，还可以作为高等院校计算机及相关专业学生的辅导用书，或是工程技术人员的参考用书。作者在编写本书的过程中，参阅了大量相关教材和专著，也在网上找了很多资料，在此向各位原著作者致敬和致谢！

本书的出版得到了清华大学出版社信息分社的鼎力支持和全力帮助，在此深表感谢！感谢使用本书的所有读者，你们选择使用本书、对本书质量的宽容和你们的宝贵建议都是本人前进的动力。本人深深地相信,本书的出版一定会受到广大考生的欢迎,也能使考生在漫漫考研路上不再孤独,有本人与你们一路同行！最后感谢在本书编写过程中给予过支持和帮助的所有人！

由于作者水平有限,加上时间仓促,书中难免存在不足或疏漏,恳请读者批评指正！

作 者

2025 年 1 月

目录

第 1 章 数据结构概述 ·· 1
  1.1 数据结构的基本概念 ·· 2
    1.1.1 数据结构的相关术语 ·· 2
    1.1.2 数据的结构和运算 ··· 2
  1.2 算法的概念及评价 ·· 4
    1.2.1 算法的概念 ·· 4
    1.2.2 算法的评价 ·· 4
  小结 ··· 6

第 2 章 线性表 ·· 7
  2.1 线性表的定义和基本操作 ··· 8
    2.1.1 线性表的定义 ··· 8
    2.1.2 线性表的基本操作 ··· 8
  2.2 线性表的实现 ·· 9
    2.2.1 线性表的顺序存储 ··· 9
    2.2.2 线性表的链式存储 ·· 11
  2.3 线性表的应用 ··· 18
    2.3.1 顺序表的应用 ·· 18
    2.3.2 链表的应用 ··· 19
    2.3.3 有序表的应用 ·· 20
  小结 ·· 22

第 3 章 栈、队列和数组 ··· 23
  3.1 栈 ·· 24
    3.1.1 栈的基本概念 ·· 24
    3.1.2 栈的顺序存储结构 ·· 24
    3.1.3 栈的链式存储结构 ·· 26
    3.1.4 栈的应用 ·· 26
  3.2 队列 ··· 28
    3.2.1 队列的基本概念 ··· 28
    3.2.2 队列的顺序存储结构 ··· 28
    3.2.3 队列的链式存储结构 ··· 31

   3.2.4 队列的应用 ·· 31
  3.3 多维数组 ··· 33
   3.3.1 数组的定义 ·· 33
   3.3.2 数组的存储结构 ··· 33
   3.3.3 数组的应用 ·· 34
  3.4 特殊矩阵的压缩存储 ·· 34
 小结 ·· 36

第 4 章 树与二叉树 37

  4.1 树的基本概念 ··· 38
  4.2 二叉树 ··· 41
   4.2.1 二叉树的基本概念 ··· 41
   4.2.2 二叉树的存储结构 ··· 45
   4.2.3 二叉树的遍历和构造 ······································· 46
   4.2.4 线索二叉树 ·· 51
  4.3 树和森林 ··· 54
   4.3.1 树的存储结构 ··· 54
   4.3.2 树、森林与二叉树的转换 ································· 56
   4.3.3 树和森林的遍历 ··· 58
  4.4 树与二叉树的应用 ··· 59
   4.4.1 并查集及其应用 ··· 59
   4.4.2 哈夫曼树和哈夫曼编码 ··································· 60
 小结 ·· 62

第 5 章 图 63

  5.1 图的基本概念 ··· 64
  5.2 图的存储及基本操作 ·· 68
   5.2.1 邻接矩阵法 ·· 68
   5.2.2 邻接表法 ··· 70
   5.2.3 十字链表法 ·· 72
   5.2.4 邻接多重表法 ··· 74
   5.2.5 图的基本操作 ··· 76
  5.3 图的遍历 ··· 76
   5.3.1 深度优先遍历 ··· 76
   5.3.2 广度优先遍历 ··· 78
  5.4 图的基本应用 ··· 79
   5.4.1 最小生成树 ·· 79
   5.4.2 最短路径 ··· 81
   5.4.3 拓扑排序 ··· 83

    5.4.4 关键路径 ……………………………………………………… 84
  小结 ………………………………………………………………………… 88

第 6 章 查找 ……………………………………………………………… 89

 6.1 查找的基本概念 ………………………………………………………… 90
 6.2 静态查找 ………………………………………………………………… 91
   6.2.1 顺序查找法 …………………………………………………… 91
   6.2.2 折半查找法 …………………………………………………… 93
   6.2.3 分块查找法 …………………………………………………… 95
 6.3 树形查找 ………………………………………………………………… 97
   6.3.1 二叉搜索树 …………………………………………………… 97
   6.3.2 平衡二叉树 …………………………………………………… 100
   6.3.3 红黑树 ………………………………………………………… 107
 6.4 B 树和 B+ 树 …………………………………………………………… 108
   6.4.1 B 树及其基本操作 …………………………………………… 108
   6.4.2 B+ 树的基本概念 …………………………………………… 112
 6.5 散列表 …………………………………………………………………… 114
   6.5.1 散列表的相关术语 …………………………………………… 114
   6.5.2 散列函数构造方法 …………………………………………… 114
   6.5.3 解决冲突的方法 ……………………………………………… 116
 6.6 字符串模式匹配 ………………………………………………………… 118
   6.6.1 字符串的基本概念和操作 …………………………………… 118
   6.6.2 字符串的存储 ………………………………………………… 119
   6.6.3 字符串模式匹配算法 ………………………………………… 120
 6.7 查找算法的分析及应用 ………………………………………………… 125
  小结 ………………………………………………………………………… 125

第 7 章 排序 ……………………………………………………………… 126

 7.1 排序的基本概念 ………………………………………………………… 127
 7.2 插入排序 ………………………………………………………………… 128
   7.2.1 直接插入排序 ………………………………………………… 128
   7.2.2 折半插入排序 ………………………………………………… 130
   7.2.3 希尔排序 ……………………………………………………… 130
 7.3 交换排序 ………………………………………………………………… 132
   7.3.1 起泡排序 ……………………………………………………… 132
   7.3.2 快速排序 ……………………………………………………… 133
 7.4 选择排序 ………………………………………………………………… 135
   7.4.1 简单选择排序 ………………………………………………… 135
   7.4.2 堆排序 ………………………………………………………… 137

7.5 二路归并排序 ·· 139
7.6 基数排序 ·· 140
7.7 外部排序 ·· 141
  7.7.1 外部排序简介 ·· 141
  7.7.2 多路平衡归并排序 ·· 142
  7.7.3 置换选择排序 ·· 143
  7.7.4 最佳归并树 ·· 143
7.8 排序算法的分析与应用 ·· 144
小结 ·· 146

第8章 习题与解析 ·· 148

8.1 数据结构概论习题与解析 ·· 148
  8.1.1 数据结构概论基础试题与解析 ·· 148
  8.1.2 数据结构概论历年真题与解析 ·· 150
8.2 线性表的习题与解析 ·· 152
  8.2.1 线性表基础试题与解析 ·· 152
  8.2.2 线性表历年真题与解析 ·· 158
8.3 栈、队列和数组的习题与解析 ·· 169
  8.3.1 栈、队列和数组基础试题与解析 ·· 169
  8.3.2 栈、队列和数组历年真题与解析 ·· 174
8.4 树与二叉树的习题与解析 ·· 189
  8.4.1 树与二叉树基础试题与解析 ·· 189
  8.4.2 树与二叉树历年真题与解析 ·· 194
8.5 图的习题与解析 ·· 207
  8.5.1 图基础试题与解析 ·· 207
  8.5.2 图历年真题与解析 ·· 217
8.6 查找的习题与解析 ·· 236
  8.6.1 查找基础试题与解析 ·· 236
  8.6.2 查找历年真题与解析 ·· 244
8.7 排序的习题与解析 ·· 253
  8.7.1 排序基础试题与解析 ·· 253
  8.7.2 排序历年真题与解析 ·· 260
小结 ·· 270

附录A 2024年全国硕士研究生招生考试计算机学科专业基础考试大纲
  （数据结构部分） ·· 271

   5.4.4 关键路径 ··· 84
 小结 ··· 88

第 6 章 查找 ·· 89

 6.1 查找的基本概念 ·· 90
 6.2 静态查找 ··· 91
   6.2.1 顺序查找法 ··· 91
   6.2.2 折半查找法 ··· 93
   6.2.3 分块查找法 ··· 95
 6.3 树形查找 ··· 97
   6.3.1 二叉搜索树 ··· 97
   6.3.2 平衡二叉树 ··· 100
   6.3.3 红黑树 ··· 107
 6.4 B 树和 B+树 ··· 108
   6.4.1 B 树及其基本操作 ··· 108
   6.4.2 B+树的基本概念 ·· 112
 6.5 散列表 ·· 114
   6.5.1 散列表的相关术语 ··· 114
   6.5.2 散列函数构造方法 ··· 114
   6.5.3 解决冲突的方法 ·· 116
 6.6 字符串模式匹配 ·· 118
   6.6.1 字符串的基本概念和操作 ·· 118
   6.6.2 字符串的存储 ··· 119
   6.6.3 字符串模式匹配算法 ·· 120
 6.7 查找算法的分析及应用 ··· 125
 小结 ·· 125

第 7 章 排序 ·· 126

 7.1 排序的基本概念 ·· 127
 7.2 插入排序 ··· 128
   7.2.1 直接插入排序 ··· 128
   7.2.2 折半插入排序 ··· 130
   7.2.3 希尔排序 ··· 130
 7.3 交换排序 ··· 132
   7.3.1 起泡排序 ··· 132
   7.3.2 快速排序 ··· 133
 7.4 选择排序 ··· 135
   7.4.1 简单选择排序 ··· 135
   7.4.2 堆排序 ·· 137

7.5 二路归并排序 ………………………………………………………………………… 139
7.6 基数排序 ……………………………………………………………………………… 140
7.7 外部排序 ……………………………………………………………………………… 141
    7.7.1 外部排序简介 ……………………………………………………………… 141
    7.7.2 多路平衡归并排序 ………………………………………………………… 142
    7.7.3 置换选择排序 ……………………………………………………………… 143
    7.7.4 最佳归并树 ………………………………………………………………… 143
7.8 排序算法的分析与应用 ……………………………………………………………… 144
小结 ………………………………………………………………………………………… 146

第8章 习题与解析 ……………………………………………………………………… 148

8.1 数据结构概论习题与解析 …………………………………………………………… 148
    8.1.1 数据结构概论基础试题与解析 …………………………………………… 148
    8.1.2 数据结构概论历年真题与解析 …………………………………………… 150
8.2 线性表的习题与解析 ………………………………………………………………… 152
    8.2.1 线性表基础试题与解析 …………………………………………………… 152
    8.2.2 线性表历年真题与解析 …………………………………………………… 158
8.3 栈、队列和数组的习题与解析 ……………………………………………………… 169
    8.3.1 栈、队列和数组基础试题与解析 ………………………………………… 169
    8.3.2 栈、队列和数组历年真题与解析 ………………………………………… 174
8.4 树与二叉树的习题与解析 …………………………………………………………… 189
    8.4.1 树与二叉树基础试题与解析 ……………………………………………… 189
    8.4.2 树与二叉树历年真题与解析 ……………………………………………… 194
8.5 图的习题与解析 ……………………………………………………………………… 207
    8.5.1 图基础试题与解析 ………………………………………………………… 207
    8.5.2 图历年真题与解析 ………………………………………………………… 217
8.6 查找的习题与解析 …………………………………………………………………… 236
    8.6.1 查找基础试题与解析 ……………………………………………………… 236
    8.6.2 查找历年真题与解析 ……………………………………………………… 244
8.7 排序的习题与解析 …………………………………………………………………… 253
    8.7.1 排序基础试题与解析 ……………………………………………………… 253
    8.7.2 排序历年真题与解析 ……………………………………………………… 260
小结 ………………………………………………………………………………………… 270

附录A 2024年全国硕士研究生招生考试 …………………………………………… 271

第 1 章

数据结构概述

本章重点
- 数据结构的基本概念和相关术语。
- 算法的概念和评价。

读者在学习本章时应主要关注数据结构的基本概念,如什么是数据,什么是数据结构,数据的逻辑结构和存储结构分别指什么,算法的概念及如何评价算法。尽管本章介绍的知识在历年的考研试题中占的比重较低,但这些知识确实贯穿全书的学习。

思维导图

本章内容的思维导图如图 1-0 所示。

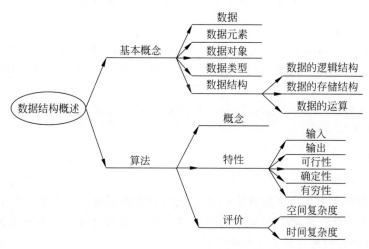

图 1-0 第 1 章内容思维导图

考纲内容

历年考试大纲中没有直接对应本章的内容,而是从线性表开始,但在考查目标中明确要求考生掌握数据结构的基本概念、基本原理和基本方法;掌握数据的逻辑结构、存储结构及基本操作的实现,能够对算法进行基本的时间复杂度与空间复杂度的分析。因此,按照考试大纲的要求安排了本章的内容。

1.1 数据结构的基本概念

1.1.1 数据结构的相关术语

下面给出计算机学科中数据(Data)、数据元素(Data Element)、数据对象(Data Object)、数据类型(Data Type)和数据结构(Data Structure)的定义。

1. 数据

数据是客观事物的符号表示,是所有能输入计算机中并被计算机程序识别和处理的符号的总称。

2. 数据元素

数据元素是数据的基本单位,在计算机程序中通常作为一个整体进行处理。一个数据元素可由若干个**数据项**(Data Item)组成,它是数据不可分割的最小单位。

假设一个学生的个人信息作为一个数据元素,那么该学生的个人信息中的每一项(学号、姓名和性别等)即为一个数据项。

3. 数据对象

数据对象是性质相同的数据元素的集合。例如,正整数对象是集合$\{1,2,3,\cdots\}$。

4. 数据类型

数据类型是一个值的集合和定义在这个集合上的一组操作的总称。高级语言中的数据类型可分为非结构的**原子类型**和**结构类型**。原子类型的值是不可分解的,如整型;结构类型的值是可以分解的,通常它都是由若干成分按某种结构组成的,如数组。

抽象数据类型(Abstract Data Type,ADT)是指一个数学模型及定义在该模型上的一组操作。

5. 数据结构

数据结构可以看成相互之间存在一种或多种特定关系的数据元素的集合。即可以将数据结构认为是数据元素及其之间的关系组合,通常把数据元素间的关系称为结构。

注意:作为一门学科或课程,数据结构主要研究非数值计算的程序设计问题中计算机的操作对象,以及它们之间的关系和操作。

1.1.2 数据的结构和运算

数据结构包括数据的**逻辑结构**、数据的**存储结构**和数据的**运算**三方面,接下来将详细介绍。

1. 数据的逻辑结构

数据的逻辑结构是指数据元素之间的逻辑关系。以下为 4 种典型的逻辑结构,具体如图 1-1 所示。

1) 集合

数据元素之间仅存在"同属于一个集合"的关系。这与数学中的集合概念一致。

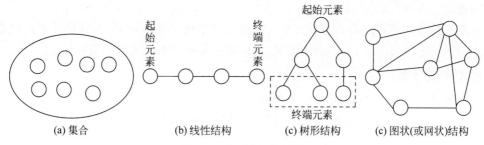

图 1-1 典型的逻辑结构

2）线性结构

数据元素之间仅存在一对一的关系。除了第一个元素，所有的元素都有唯一的前驱；除了最后一个元素，所有的元素都有唯一的后继。例如，线性表就是典型的线性结构。

3）树形结构

数据元素之间存在一对多的关系。例如，二叉树就是典型的树形结构。

4）图状结构或网状结构

数据元素之间存在多对多的关系。例如，图就是典型的图状结构。

若将数据的逻辑结构分为线性和非线性两种，则集合、树形结构、图状结构或网状结构均为非线性逻辑结构。

2．数据的存储结构

数据的存储结构，也称为**数据的物理结构**，它是指数据结构在计算机中的表示（又称映像）。数据的存储结构包括数据元素的表示和数据元素之间的关系的表示。以下为4种典型的存储结构。

1）顺序存储结构

在顺序存储结构中，通常采用一组连续的存储单元存放所有数据元素，即所有数据元素在存储器中占用一整块存储单元，且逻辑上相邻的数据元素在存储器中的物理位置也相邻。

顺序存储结构的优点是可以实现对数据元素的随机存取；缺点是不便于对数据元素进行修改（如插入或删除操作可能需要移动大量的元素），并且容易产生大量的碎片。

2）链式存储结构

链式存储结构借助于指针（用于指示数据元素的存储地址）来表示数据元素之间的逻辑关系。因此，该结构不要求逻辑上相邻的数据元素在物理位置上也相邻。

链式存储结构的优点是便于对数据进行修改，并且一般没有碎片产生，能充分利用所有的存储单元；缺点是存储空间利用率较低，且只能对数据元素顺序存取。

3）索引存储结构

索引存储结构在存储数据元素的同时还建立附加的索引表。索引表中的每项称为索引项，它的一般形式为(关键字,地址)。

索引存储结构的优点是检索速度快，查找效率高；缺点是因建立索引表需要额外占用存储空间。

4）哈希存储结构

哈希存储结构也称为散列存储结构，它是根据数据元素的关键字并通过哈希函数计算其存储地址。

哈希存储结构的优点是查找速度快；缺点是该结构只存储元素，不存储元素间的逻辑关系。如果哈希函数不好，容易出现冲突，此时需要额外的时间或空间来解决。

3. 数据的运算

数据的运算是指对数据实施的操作，它分为运算定义和运算实现。运算定义是基于逻辑结构的，它是对运算功能的描述；运算实现是基于存储结构的，它是指具体的运算步骤。

1.2 算法的概念及评价

1.2.1 算法的概念

算法(Algorithm)是对特定问题求解步骤的一种描述，它是指令的有限序列，其中每一条指令表示一个或多个操作。一个算法通常具有以下 5 个重要特性。

1. 有穷性

一个算法必须总是在执行有穷步之后结束，且每一步都可在有穷时间内完成。

2. 确定性

算法中每条指令都必须有确切的含义，算法的执行者和阅读者理解时不会产生二义性。在任何条件下算法只有一条执行路径，即对于相同的输入只能得到相同的输出。

3. 可行性

算法中描述的操作都可以通过已经实现的基本运算执行有限次来实现。

4. 输入

一个算法有 0 个或多个输入，这些输入取自于某个特定的对象集合。

5. 输出

一个算法有 1 个或多个输出，这些输出是算法执行后得到的结果，与输入有某种特定关系。

通常，一个"好"的算法应满足以下目标。

(1) 正确性。算法应该满足待求解问题无二义的需求，能达到预先规定的功能和性能要求。

(2) 可读性。算法应该易于人对其理解。

(3) 健壮性。若输入数据非法时，算法能适当地做出反应或进行处理，而不会产生莫名其妙的输出结果。

(4) 效率与存储量需求。效率是指算法的执行时间；存储量需求是指算法执行过程中所需要的最大存储空间，两者都与问题的规模有关。

1.2.2 算法的评价

分析算法占用处理器的时间多少称为时间性能分析；分析算法占用内存空间的多少称

为空间性能分析,两者合称为时空性能分析。通常有两种衡量算法时间性能的方法,即事后统计法和事前估计法。

算法的评价通常包括时间复杂度分析和空间复杂度分析。

1. 时间复杂度分析

一个语句的频度是指该语句重复执行的次数。由于一个算法中基本运算(最深层循环内的语句)的频度 $f(n)$ 与算法的时间量度 $T(n)$ 数量级相同,其中,n 是问题规模,所以算法的时间量度记为

$$T(n)=O(f(n))$$

随着问题规模 n 的增大,算法执行时间的增长率和 $f(n)$ 的增长率相同,称作算法的渐近时间复杂度,简称算法的时间复杂度。

通常,一个没有循环(或者有循环,但循环次数与问题规模 n 无关)的算法中原操作(指固有数据类型的操作)执行次数与问题规模 n 无关,记作 $O(1)$,也称为常数阶。

接下来给出**最好情况时间复杂度**、**最坏情况时间复杂度**和**平均时间复杂度**的定义。

最好情况时间复杂度:在最理想的情况下,执行一个算法的时间复杂度(如在一个数组中,查找某一变量出现的位置,数组第一个值即是该变量)。

最坏情况时间复杂度:在最糟糕的情况下,执行一个算法的时间复杂度(如在一个数组中,查找某一变量出现的位置,数组最后一个值才是该变量)。

平均时间复杂度:也叫**加权平均时间复杂度**或**期望时间复杂度**,是指所有可能等概率出现的情况下,执行一个算法的时间复杂度(如在一个数组中,查找某一变量出现的位置,而该变量等概率在数组中的任意位置出现)。

进行时间复杂度分析时,有以下两条规则。

1) 加法规则

假设 $T_1(n)=O(f_1(n))$,$T_2(n)=O(f_2(n))$,那么 $T_1(n)+T_2(n)=O(\text{MAX}(f_1(n),f_2(n)))$。例如,多个并列循环的执行时间就属于这种情况。

2) 乘法规则

假设 $T_1(n)=O(f_1(n))$,$T_2(n)=O(f_2(n))$,那么 $T_1(n)\times T_2(n)=O(f_1(n))\times O(f_2(n))=O(f_1(n)\times f_2(n))$。例如,多层嵌套循环的执行时间就属于这种情况。

各种不同的时间复杂度关系如下。

$$O(1)<O(\log_2 n)<O(n)<O(n\log_2 n)<O(n^2)<O(n^3)<O(2^n)<O(n!)$$

2. 空间复杂度分析

算法的空间复杂度 $S(n)$ 是算法所需存储空间的量度,它是问题规模 n 的函数,记作:

$$S(n)=O(f(n))$$

一个程序在执行时除需要存储空间来存放本身所用的指令、常数、变量和输入数据外,还需要一些对数据进行操作的工作单元和存储一些为实现计算所需信息的辅助空间。若输入数据所占空间只取决于问题本身,和算法无关,则只需分析除输入和程序之外的额外空间,否则应同时考虑输入本身所需空间。若额外空间相对于输入数据量来说是常数,则称此算法为原地工作,即空间复杂度为 $O(1)$。

小结

本章涉及的知识就算是对于计算机专业的学生,也是经常被忽视或轻视的,总会认为考试大纲是从线性表开始。事实上,考试大纲中《数据结构》部分的考查目标就要求掌握数据结构的基本概念、基本原理和基本方法,还要求掌握数据的逻辑结构、存储结构及基本操作的实现,能够对算法进行基本的时间复杂度与空间复杂度的分析,就包括本章涉及的知识。

从历年真题来看,算法的时间复杂度和空间复杂度深受命题专家的厚爱,几乎每年都会考到,涵盖了单项选择题和综合应用题。前者通常是计算或分析某一小段代码的时间复杂度,后者则是结合算法设计与实现,要求满足题设的时间复杂度和(或)空间复杂度要求。考生可以结合系列丛书中的《全国硕士研究生招生考试计算机学科专业基础考试历年真题解析一本通》一起复习。

第 2 章

线 性 表

本章重点
- 线性表的定义和基本操作。
- 线性表的实现和应用。

本章是历年命题的重点,同时也是学习后续章节的前提和基础。读者学习本章时要深刻理解线性表的定义,并通过上机实践熟练掌握线性表顺序存储和链式存储时的基本操作,尤其是单链表的各种基本操作。线性表的应用较为灵活,读者需要熟练掌握相关算法的思想,以便在考场上能够运用自如。特别要注意**考试大纲中规定采用 C 或 C++ 语言设计和实现算法**。

思维导图

本章内容的思维导图如图 2-0 所示。

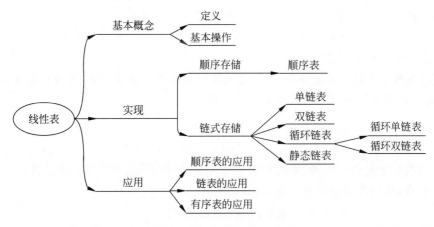

图 2-0　第 2 章内容思维导图

考纲内容

(一) 线性表的基本概念

(二) 线性表的实现

1. 顺序存储
2. 链式存储

(三) 线性表的应用

2.1 线性表的定义和基本操作

本节内容对应考纲中线性表的基本概念。

2.1.1 线性表的定义

线性表是具有若干个相同类型的数据元素的有限序列。线性表中数据元素的个数 $n(n\geqslant 0)$ 称为线性表的长度(简称表长),当 $n=0$ 时称为空表。若将线性表记为

$$(a_1,\cdots,a_{i-1},a_i,a_{i+1},\cdots,a_n)$$

则 a_1 是线性表的第一个元素,也称为**表头元素**;a_n 是线性表的最后一个元素,也称为**表尾元素**;a_{i-1} 是 a_i 的直接前驱元素,a_{i+1} 是 a_i 的直接后继元素,其中,i 为元素 a_i 在线性表中的**位序**。

线性表的基本特点归纳如下。

（1）有穷性,即表中元素的个数有限。

（2）一致性,即表中所有数据元素的数据类型相同,这意味着每个元素占用的存储空间相同。

（3）序列性,即表中元素具有逻辑上的顺序性,即元素具有先后次序。

（4）表头元素和表尾元素都是唯一的。

（5）除表头元素外,线性表中每个元素有且仅有一个直接前驱。

（6）除表尾元素外,线性表中每个元素有且仅有一个直接后继。

（7）线性表中可以存在若干个值相同的元素,因为每个元素的位置不同。

（8）位序通常从 1 开始。

注意：在较复杂的线性表中,一个数据元素可由若干数据项组成,此时常把数据元素称为**记录**,同时把含有大量记录的线性表称为**文件**。

2.1.2 线性表的基本操作

线性表的基本操作有创建、销毁和置空线性表,计算表长,判断线性表是否为空,向线性表中插入元素,从线性表中删除元素等,具体如表 2-1 所示。

表 2-1 线性表的基本操作

序号	基本操作的名称	基本操作的功能说明
1	InitList(&L)	构造新的线性表 L
2	DestoryList(&L)	销毁线性表 L
3	ClearList(&L)	将线性表 L 置为空表
4	IsListEmpty(L)	判断当前线性表 L 是否为空表
5	GetListLength(L)	计算当前线性表 L 的长度
6	VisitElement(&L)	输出当前线性表 L 中某个元素
7	GetElement(L,i,&e)	查找当前线性表 L 中的第 i 个元素,并将其值赋给 e
8	FindElement(L,e)	查找当前线性表 L 中与元素 e 的值相匹配的第一个元素
9	InsertElement(&L,i,e)	在当前线性表 L 中插入元素

续表

序号	基本操作的名称	基本操作的功能说明
10	DeleteElement(&L,&e)	删除当前线性表 L 中值为 e 的元素
11	RemoveElement(&L,i)	删除当前线性表 L 中第 i 个位置的元素
12	TraverseList(L)	将线性表 L 中所有元素逐一输出
13	GetPreElement(L,e,&pre)	返回线性表 L 中值为 e 的元素的直接前驱,并将其值赋给 pre
14	GetNextElement(L,e,&next)	返回线性表 L 中值为 e 的元素的直接后继,并将其值赋给 next

2.2 线性表的实现

2.2.1 线性表的顺序存储

1. 顺序表的定义

线性表的顺序存储是用一组地址连续的存储单元依次存储线性表的数据元素,这使得逻辑上相邻的两个元素在物理位置上也相邻,通常将顺序存储结构的线性表称为顺序表。图 2-1 为线性表的顺序存储的情况。

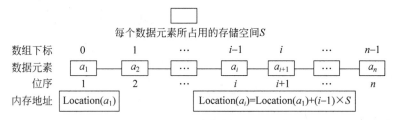

图 2-1 线性表的顺序存储

顺序表中的每一个数据元素 a_i 的存储位置 $Location(a_i)$ 都可由顺序表的起始位置 $Location(a_1)$、该数据元素的位序 i 和每个数据元素所占用的存储空间 S 决定,具体计算公式如下。

$$Location(a_i) = Location(a_1) + (i-1) \times S$$

这意味着顺序表中的任一数据元素均可以随机存取。由此可知,线性表的顺序存储结构是一种随机存取的存储结构。

注意:使用 C/C++ 语言中的数组来存储顺序表时,数组的下标是从 0 开始的。

图 2-2 为使用静态分配的一维数组描述线性表的顺序存储的 C 语言代码。

```
#define MaxSeqListSize = 100        //顺序表的最大空间
typedef struct
{
    int data[MaxSeqListSize];       //假定元素类型均为 int,用数组存储
    int length;                     //顺序表的长度
}SeqList;
```

图 2-2 使用静态分配的一维数组描述线性表的顺序存储

在 C89(C90) 中,数组的大小和空间都是事先固定的,一旦因插入元素而导致空间不足时,就可能使程序崩溃,但在 C99 和 C11 中,数组可以动态分配,一旦发生空间不足,就可以

另外扩充数组的存储空间。

静态分配和动态分配都同属于线性表的顺序存储结构,只是后者可以在运行时动态决定分配的空间大小。顺序表的基本特点归纳如下。

(1) 顺序表是随机存取的,即可以通过首地址和位序在 $O(1)$ 的时间内在表中找到指定的数据元素。

(2) 顺序表的每个结点只存储数据元素。

(3) 在顺序表中执行插入或删除数据元素操作时需要移动元素。

2. 顺序表基本操作的实现

接下来仅分析顺序表的查找、插入和删除基本操作。

1) 查找操作

如图 2-3 所示为顺序表的按值查找算法,其核心思想是依次比较,当找到与给定值相等的元素时返回其位序,因为 C 语言中数组的下标 i 是从 0 开始的,而位序是从 1 开始的,所以返回 $i+1$ 才是位序。

```
int FindElement(SeqList L, int e)
{
    int i = -1;
    for(i = 0; i < L.length; i++)
    {
        if(L.data[i] == e)             //查找成功时,返回位序 i+1
            return i + 1;
    }
    return -1;                          //执行此语句表示查找失败,返回 -1
}
```

图 2-3 顺序表的按值查找算法

时间复杂度分析:若待查找的值是表头元素,则时间复杂度为 $O(1)$,这是**最好情况时间复杂度**;若待查找的值是表尾元素或该值不存在,则时间复杂度为 $O(n)$,这是**最坏情况时间复杂度**;对于含有 n 个数据元素的线性表,假设待查找的值出现在这 n 个位置的概率均为 $1/n$,则平均比较次数为

$$\sum_{i=1}^{n} \frac{1}{n} \times i = \frac{1}{n} \times \frac{n(n+1)}{2} = \frac{n+1}{2}$$

因此,该算法的**平均时间复杂度**为 $O(n)$。

2) 插入操作

如图 2-4 所示为在顺序表指定位置执行插入操作的算法,其核心思想是寻找待插入位置并同步移动数据,当找到待插入位置,即将给定值存入相应位置,最后将表长增加 1。

```
int InsertElement(SeqList &L, int i, int e)
{
    int j = -1;
    if (i < 1 || i > L.length + 1) return 0;        //插入的有效位置 1 <= i <= L.length + 1
    if(L.length >= MaxSeqListSize) return 0;        //存储空间不足
    for(j = L.length; j >= i; j--) L.data[j] = L.data[j-1];  //从最后一个元素开始,直到第 i 个元素依次后移一位
    L.data[i-1] = e;                                //将 e 存入指定位置
    L.length = L.length + 1;                        //表长增 1
    return 1;                                       //执行到此语句表示插入成功
}
```

图 2-4 顺序表的插入操作算法

时间复杂度分析:若在表尾插入元素,则无须移动顺序表中的任何数据元素,时间复杂度为 $O(1)$,这是**最好情况时间复杂度**;若在表头插入元素,则需移动顺序表中所有数据元素,则时间复杂度为 $O(n)$,这是**最坏情况时间复杂度**;对于含有 n 个数据元素的线性表,共有 $n+1$ 个待插入的位置,假设在任一位置插入数据元素的概率均为 $1/(n+1)$,则插入一个数据元素所需的平均移动次数为

$$\sum_{i=1}^{n+1} \frac{1}{n+1} \times (n-i+1) = \frac{1}{n+1} \times \sum_{i=1}^{n+1}(n-i+1) = \frac{1}{n+1} \times \frac{n(n+1)}{2} = \frac{n}{2}$$

因此,该算法的**平均时间复杂度**为 $O(n)$。

3) 删除操作

如图 2-5 所示为在顺序表指定位置执行删除某一数据元素的操作的算法,其核心思想是先直接获取指定位置的数据元素,然后移动数据,最后将表长减少 1。

```
int DeleteElement(SeqList &L, int &e)
{
    int j = -1;
    if (i<1 || i>L.length) return 0;        //删除的有效位置 1<=i<=L.length
    e = L.data[i-1];                         //由 e 返回被删除的元素
    for(j=i;j<L.length;j++) L.data[j-1]=L.data[j];  //从第 i 个元素开始直到最后一个元素,依次前移一位
    L.length = L.length - 1;                 //表长减 1
    return 1;                                //执行到此语句表示删除成功
}
```

图 2-5 顺序表的删除操作算法

时间复杂度分析:若待删除的元素是表尾元素,则删除该数据元素后无须移动顺序表中的任何数据元素,时间复杂度为 $O(1)$,这是**最好情况时间复杂度**;若待删除的元素是表头元素,则删除该数据元素后需移动顺序表中所有数据元素,则时间复杂度为 $O(n)$,这是**最坏情况时间复杂度**;对于含有 n 个数据元素的线性表,假设删除任一个数据元素的概率均为 $1/n$,则删除某一个数据元素所需的平均移动次数为

$$\sum_{i=1}^{n} \frac{1}{n} \times (n-i) = \frac{1}{n} \times \sum_{i=1}^{n}(n-i) = \frac{1}{n} \times \frac{n(n-1)}{2} = \frac{n-1}{2}$$

因此,该算法的**平均时间复杂度**为 $O(n)$。

2.2.2 线性表的链式存储

线性表的链式存储结构的特点是用一组任意的(连续或不连续的都可以)存储单元存储线性表的数据元素。在线性表的链式存储结构中,一系列结点通过指针连接成一个链表,每个**结点**可分为**数据域**和**指针域**两部分,数据域用于存储数据元素,指针域用于存储下一结点的地址。每个数据元素 a_i 与其直接后继元素 a_{i+1} 的逻辑顺序是通过使用结点的指针来指明的,其中,数据元素 a_i 所在的结点为数据元素 a_{i+1} 所在的结点的直接前驱结点;反之,数据元素 a_{i+1} 所在的结点为数据元素 a_i 所在的结点的直接后继结点。通常将链式存储结构的线性表称为**链表**,其基本特点归纳如下。

(1) 链表不需要存储单元是连续的,故无法随机存取,查找某个数据元素时,需要从第一个结点开始依次查找。

(2) 链表的每个结点除了数据域以外,还有指针域,因此存储效率不高。

(3) 链表中执行插入或删除数据元素操作时不需要移动元素。

本节将重点介绍单向链表、双向链表及循环链表。

(1) 在单向链表中,每个结点只包含一个指针域,它被用来指向其直接后继结点,通常将这种单向链表简称为**单链表**或线性链表。

(2) 在双向链表中,每个结点包含两个指针域,其中一个用于指向前驱结点,可称为前驱指针;另一个用于指向后继结点,可称为后继指针。通常将这样的双向链表简称为**双链表**。

(3) **循环链表**的特点之一就是从表中任一结点出发,均可找到表中其他结点。常用的循环链表有循环单链表和循环双链表。

1. 单链表

单链表的存取必须从**头指针**(它指向单链表的第一个结点)开始。因为表尾结点(单链表最后一个结点)没有直接后继,所以指针域为空(C/C++中用 NULL 表示),通常把指向表尾结点的指针称为**尾指针**。

为了易于操作,通常在单链表的第一个结点之前增加一个**头结点**(其数据域可以不存储任何信息,也可以存储单链表的长度信息;指针域存储第一个结点的地址)。不带头结点和带头结点的单链表如图 2-6 所示。

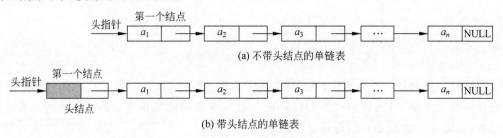

图 2-6 不带头结点和带头结点的单链表

从图 2-6 中可以看出,无论是否有头结点,头指针均指向单链表的第一个结点。引入头结点的单链表具有如下优点。

(1) 对单链表的第一个数据结点(不是头结点)的插入和删除操作与其他结点一致,无须额外处理。

(2) 无论单链表是否为空表,头指针均指向头结点,因此统一了空表和非空表的处理过程。

注意:在后续内容中,若无特别说明,均采用带头结点的单链表、双链表和循环链表。

单链表结点定义代码如图 2-7 所示。

接下来仅详细介绍创建单链表,在单链表中查找、插入和删除某一结点,计算单链表的长度等单链表基本操作。

1) 创建单链表

假定从一个空表开始创建单链表,实现时有很多方法。例如,先产生一个新结点,然后将线性表中的第一个待插入数据元素存入新结点的数据域中,再将该结点从单链表的第一个结点(头结点)之后插入,按这样的方式依次处理线性表中后续待插入的数据元素,保持每次新插入的结点都是头结点的直接后继结点。

这种将新结点始终作为头结点的直接后继结点的创建单链表方法被简称为**头插法**,如图 2-8 所示。

```
typedef struct LinkNode{
    int data;                    //数据域
    struct LinkNode * next;      //指针域
}LinkNode, * LinkList;
```

图 2-7 单链表结点定义

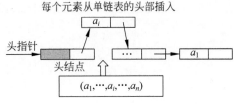

图 2-8 从空表的头部插入结点创建单链表

从图 2-8 中可以看到,若从头结点按链依次访问采用头插法建立的单链表,得到序列为 $(a_n, \cdots, a_i, \cdots, a_1)$,与初始序列 $(a_1, \cdots, a_i, \cdots, a_n)$ 的顺序刚好相反。

如果从一个空表开始创建单链表时,每次都在表尾插入新结点,这样从头结点按链依次访问该单链表,得到的序列将与初始序列一致,这种方法简称**尾插法**,如图 2-9 所示。

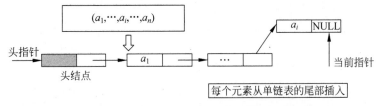

图 2-9 从空表的尾部插入结点创建单链表

从图 2-9 中可以看到,尾插法实现时有一个当前指针始终指向表尾结点会比较方便,该算法的实现代码如图 2-10 所示。

```
LinkList CreateSingleLinkedListInTail(LinkList &L, int a[],int n)
{
    LinkNode * cNode = NULL, * tNode = NULL;
    int i = -1;

    L = (LinkNode * )malloc(sizeof(LinkNode));    //创建头结点
    tNode = L;                                     //tNode 初始时指向头结点
    for(i = 0;i < n;i++)
    {
        cNode = (LinkNode * )malloc(sizeof(LinkNode));  //cNode 为每次创建的新结点
        cNode -> data = a[i];                     //将存在数组中的序列的第 i 个元素作为 cNode 数据域值
        tNode -> next = cNode;                    //将 cNode 放在 tNode 之后,即 tNode 指向表尾结点
        tNode = cNode;
    }
    tNode -> next = NULL;
}
```

图 2-10 尾插法创建单链表的代码

2) 在单链表中查找某一结点

在单链表中查找某一结点的操作可以分为按序号查找和按值查找,两者的时间复杂度均为 $O(n)$。

在实现时,按序号查找要引入一个辅助变量用于计数,从头结点开始依次访问每个结点的同时计数变量增 1,并与序号比较,若相等则返回该结点,否则继续按链查找,若一直访问到表尾结点仍未找到,则返回 NULL,具体代码如图 2-11 所示。

按值查找从头结点开始,依次将值与每一个结点数据域的值相比较,若相等则返回该结点,否则继续按链查找,若一直访问到表尾结点仍未找到,则返回 NULL,具体代码如图 2-12 所示。

```
LinkNode *GetElementByPosition(LinkList L, int iPos)
{
    int cPos = -1;
    if(iPos < 0)                           //待查找位置 iPos 不存在
        return NULL;
    else if(iPos == 0)                     //待查找位置 iPos 不存在
        return L;
    else
    {
        LinkNode *cNode = L->next;         //cNode 指向头结点后的第一个结点
        while(cNode!= NULL && cPos < iPos)
        {
            cNode = cNode->next;
            cPos = cPos + 1;
        }
        return cNode;                      //返回指定位置的结点
    }
}
```

图 2-11 按序号查找某一结点的代码

```
LinkNode *GetElementByValue(LinkList L, int Value)
{
    LinkNode *cNode = L->next;             //cNode 指向头结点后的第一个结点
    while(cNode!= NULL)
    {
        if(cNode->data == Value) return cNode;  //返回指定值的结点
        else cNode = cNode->next;
    }
    return cNode;                          //此时 cNode 为空结点,返回之
}
```

图 2-12 按值查找某一结点的代码

3) 在单链表中插入某一结点

在指定位置插入某一结点的算法思路是先找到该结点待插入位置,即指定位置对应结点的前驱结点,然后将待插入结点作为其后继结点(称为后插操作)。插入结点的过程示意如图 2-13 所示,请务必注意在实现插入结点算法时要先修改待插入结点 nNode 的指针域,将其中存入 cNode 的 next 值,即要先执行语句①nNode->next=cNode->next,然后再修改 cNode 的指针域,将其中存入 nNode 的地址,即执行语句②cNode->next=nNode,这两行语句的执行顺序绝对不能颠倒,读者可以思考为什么。

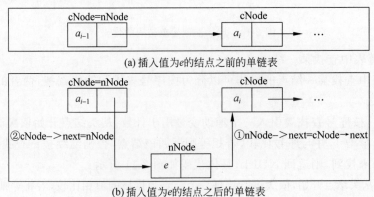

图 2-13 单链表中插入某一结点

本算法的时间复杂度为 $O(n)$,时间开销主要用于找到该结点待插入位置。与本算法中使用的后插操作相对应的是前插操作,即在某一指定结点的前面插入一个结点。对于单链表而言,前插操作实现的思路较多,例如,从头结点出发找到该指定结点的前驱结点,然后将待插入结点作为其后继结点。这一思路的实质是将前插操作转换为后插操作实现,由于需要查找结点,所以算法的时间复杂度为 $O(n)$。

注意:对前插操作与后插操作的理解可以类比头插法和尾插法。

4) 在单链表中删除某一结点

在单链表中删除某一结点也可以分为在指定位置删除某一结点和删除某一指定值的结点(如果表中有多个结点的值与指定值相同,则只删除第一个找到的与指定值相等的结点),两个算法的共同之处是"**找前驱,删后继**"。

在指定位置删除某一结点的算法思路是先从头结点出发根据指定位置找到待删除结点的前驱结点,然后删除其后继结点;删除某一指定值的结点的算法思路则是从头结点出发根据指定值找到待删除结点的前驱结点,然后删除其后继结点。图 2-14 为删除结点的过程,请注意在实现删除值为 e 的结点算法时要先修改结点 pNode 的指针域,将其中存入 cNode 的 next 值,即要先执行语句①pNode-> next = cNode-> next,然后再释放 cNode 的存储空间,即执行语句②free(cNode)。

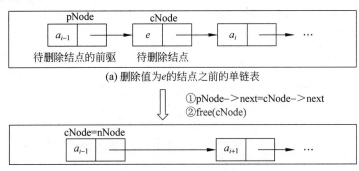

图 2-14 单链表中删除某一结点

5) 计算单链表的长度

计算单链表的长度即求表长操作,算法实现时从单链表的头结点开始依次访问表中每一个数据结点,同时进行计数,直到表尾结点。因为需要访问表中每一个结点,所以时间复杂度为 $O(n)$。

单链表的基本特点总结如下。

(1) 只有一个指向后继的指针,只能从头结点按链向后访问每一个结点。

(2) 访问后继结点的时间复杂度为 $O(1)$,访问前驱结点的时间复杂度为 $O(n)$。

2. 双链表

不带头结点和带头结点的双链表如图 2-15 所示。

双链表的结点定义代码如图 2-16 所示。

对于双链表的某些基本操作,如查找某一结点和计算双链表的长度等,若不考虑使用双链表的前驱指针,只考虑使用双链表的后继指针,那么实现时与单链表相同。

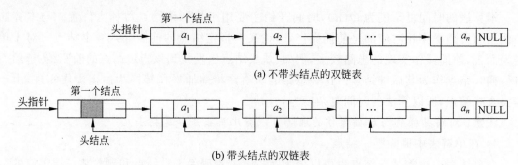

(a) 不带头结点的双链表

(b) 带头结点的双链表

图 2-15 不带头结点和带头结点的双链表

```
typedef struct DoubleLinkNode{
    int data;                              //数据域
    struct DoubleLinkNode * prev;          //前驱指针域
    struct DoubleLinkNode * next;          //后继指针域
}DoubleLinkNode, * DoubleLinkList;
```

图 2-16 双链表的结点定义

对于创建双链表这一操作的算法思路和创建单链表相同,都可以用头插和尾插,但在实现时,两者的不同之处在于双链表中的每个结点插入时前驱指针域的处理,这一点在接下来介绍双链表中插入某一结点时会详细说明。

1)在双链表中插入某一结点

在双链表中插入值为 e 的结点 nNode 的过程示意如图 2-17 所示。

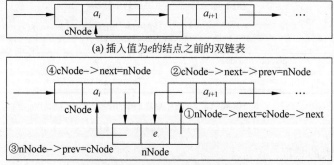

(a) 插入值为e的结点之前的双链表

(b) 插入值为e的结点之后的双链表

图 2-17 双链表中插入某一结点

从图 2-17 中可以看出,在双链表中插入一个结点,需要执行 4 条语句。实现时修改 cNode 的后继指针域值(语句④)之前,需要先修改待插入结点 nNode 的后继指针域值(语句①)和 cNode 后继结点的前驱指针域值(语句②)。

2)在双链表中删除某一结点

在双链表中删除值为 e 的结点 nNode 的过程示意如图 2-18 所示。

从图 2-18 中可以看出,在双链表中删除一个结点,需要执行 3 条语句。最关键的是修改待删除结点 nNode 的前驱结点的后继指针域值(语句①)和修改 nNode 的后继结点的前驱指针域值(语句②),实现时这两条语句的执行顺序可以颠倒,但一定要在释放结点空间(语句③)之前完成。

双链表的基本特点总结如下。

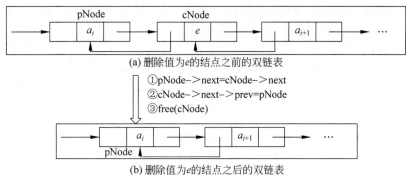

图 2-18　双链表中删除某一结点

(1) 有一个指向前驱和一个指向后继的指针,能从表头结点按后继链向后依次访问每一个结点,也可以从表尾结点按前驱链向前依次访问每一个结点。

(2) 访问前驱结点和后继结点的时间复杂度均为 $O(1)$。

3. 循环单链表

由于循环单链表与单链表的区别仅在于将后者的表尾结点的指针域从 NULL 修改为头结点的地址,从而将单链表形成一个环,单链表和循环单链表如图 2-19 所示。

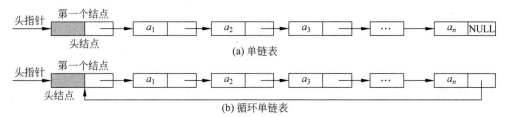

图 2-19　单链表和循环单链表

循环单链表与单链表的操作基本相同,接下来只介绍一些不同之处。

(1) 创建循环单链表时,需将表尾结点的指针域值从 NULL 修改为头结点的地址。因此,判断循环单链表是否为空的条件是头结点的指针域值是否为头指针。

(2) 若在循环单链表的表尾插入和删除一个结点,仍需保持表尾结点的指针域值为头结点的地址。

(3) 求循环单链表的长度可以从表中任一结点开始计数。

(4) 在循环单链表中使用表尾指针操作表头和表尾只需要 $O(1)$ 的时间复杂度。

4. 循环双链表

循环双链表与双链表的区别在于将后者的表尾结点的 next 指针域从 NULL 修改为头结点的地址,并将头结点的 prev 指针域从 NULL 修改为表尾结点的地址。因此,若循环双链表为空表时,头结点的 prev 和 next 域值均指向自己。双链表和循环双链表如图 2-20 所示。

5. 静态链表

静态链表是借助于数组来描述的线性表的链式存储结构,尽管静态链表的结点也由数据域和指针域(也称游标)组成,数据域存储数据元素值,指针域存储当前结点直接后继元素

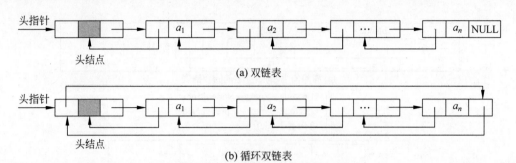

(a) 双链表

(b) 循环双链表

图 2-20　双链表和循环双链表

所在数组中的位置信息(即数组下标)。

　　由于 C 语言中数组的下标从 0 开始,通常设定指针域值为 −1 作为静态链表结束的标志,它的存储示意如图 2-21 所示。

　　静态链表结点定义代码如图 2-22 所示,其查找、插入和删除操作和单链表相同。

下标	数据域	指针域
0		3
1	a_1	−1
2	a_2	$n-1$
3	a_3	2
⋮	⋮	⋮
$n-1$	a_n	1

图 2-21　静态链表

```
#define MaxStaticLinkedListSize 100  //最大长度
typedef struct {
    int data;
    int cursor;
}StaticLinkList[MaxStaticLinkedListSize];
```

图 2-22　静态链表结点定义代码

2.3　线性表的应用

2.3.1　顺序表的应用

【**例 2-1**】 设计一个时间复杂度为 $O(n)$、空间复杂度为 $O(1)$ 的算法,用于删除顺序表 L 中所有值为 a 的元素。

解析:要求时间复杂度为 $O(n)$,意味着只能扫描一次顺序表;空间复杂度为 $O(1)$,意味着要原地重建。最好的情况是 L 中没有值为 a 的元素,这样就不用移动任何元素,而只要扫描一次 L 即可完成;最坏的情况是所有的元素均为 a,这样就要删除所有的元素,只剩下空的顺序表。本题的解法显然不止一种,下面给出一种符合要求的算法思路,如图 2-23 所示。

```
void DeleteElement(SeqList &L, int a)
{
    int k = 0, i = 0;                   //k 用于记录 L 中不为 a 的元素个数
    for(i = 0; i < L.length; i++)
    {
        if(L.data[i] != a)              //当前元素不为 a
        {
            L.data[k] = L.data[i];
            k = k + 1;
        }
    }
    L.length = k;                       //L 最终长度
}
```

图 2-23　删除顺序表 L 中所有值为 a 的元素

【例 2-2】 设计一个空间复杂度为 $O(1)$ 的算法,逆置顺序表 L 中所有元素。

解析:逆置顺序表有很多办法,较为简单的方法是仅依次扫描 L 中的一半元素,并同时交换当前元素与逆置后的该元素所在位置的元素即可。如图 2-24 所示为上述算法思路的关键代码。

```
void ReverseElement(&L)
{
    int temp = -1,i = 0;
    for(i = 0;i < L.length/2;i++)
    {
        temp = L.data[i];                    //先将元素暂存在 temp 中
        L.data[i] = L.data[L.length - i - 1];  //将逆转后的元素放入
        L.data[L.length - i - 1] = temp;       //完成一对元素的逆置
    }
}
```

图 2-24　逆置顺序表 L 中所有元素

2.3.2　链表的应用

【例 2-3】 (1) 设计一个时间复杂度为 $O(1)$ 的算法实现在单链表 L 的某一指定结点 cNode 前插入一个新的结点 nNode(提示:转为后插操作)。

(2) 设计一个时间复杂度为 $O(1)$ 的算法实现删除单链表的某一指定结点 cNode。

解析:(1) 在某一指定结点前插入新结点,这是前插操作,实现时转为后插操作,即仍将 nNode 作为 cNode 的直接后继结点,然后再交换这两个结点的数据域的内容。

(2) 实现删除某一指定结点 cNode,可以先将 cNode 的直接后继结点数据域的值存入 cNode 的数据域,然后再删除其直接后继结点,这样的时间复杂度为 $O(1)$。

(1) 在单链表 L 的某一指定结点 cNode 前插入一个新的结点 nNode 的关键代码如图 2-25 所示。

```
void InsertElement( LinkNode * cNode, LinkNode * nNode)
{
    int temp = -1;
    nNode -> next = cNode -> next;      //nNode 的后继指向 cNode 的后继
    cNode -> next = nNode;              //nNode 作为 cNode 的直接后继
    temp = cNode -> data;               //暂存 cNode 的数据
    cNode -> data = nNode -> data;      //将 cNode 的数据更新为 nNode 的数据
    nNode -> data = temp;               //完成交换 cNode 与 nNode 的数据
}
```

图 2-25　插入一个新的结点

(2) 删除单链表的某一指定结点 cNode 的关键代码如图 2-26 所示。

```
void DeleteElement( LinkNode * cNode)
{
    LinkNode * tNode = NULL;
    tNode = cNode -> next;              //tNode 指向 cNode 的后继
    cNode -> data = tNode -> data;      //更新 cNode 的数据
    cNode -> next = tNode -> next;      //将 cNode 的后继指向 tNode 的后继
    free(tNode);                        //完成删除后释放 tNode 的空间
}
```

图 2-26　删除指定结点

从算法实现上看似乎是删除了 cNode 的直接后继结点 tNode，但由于已经将 tNode 的数据代替了 cNode，故可以认为是删除了 cNode。

【例 2-4】 设计一个算法计算不带头结点的单链表的长度。

解析：对于非空表，不带头结点的单链表的长度计算和带头结点的单链表的长度相同。因此，本算法重点考虑空表（即单链表中没有任何数据元素）的情况。算法的关键代码如图 2-27 所示。

```
int GetListLength(LinkList L)
{
    int iLen = -1;
    if(L == NULL)
    {
        iLen = 0;                       //空表长度为 0
    }
    else
    {
        LinkNode * cNode = L;
        iLen = 0;                       //初始化表长为 0
        while(cNode != NULL)
        {
            cNode = cNode -> next;
            iLen = iLen + 1;
        }
    }
    return iLen;
}
```

图 2-27　不带头结点的单链表的长度

2.3.3　有序表的应用

从历年真题可以发现，按升序或降序排列的序列是一个知识点。这些序列既可以顺序存储，也可以链式存储，但均要求所有元素按升序或降序排列。**有序表**就是指有序的线性表，即要求线性表中的元素均以递增或递减的方式排列。

注意：描述该定义时，非递增或非递减也是正确的，因为更加宽泛的有序表的定义是包括如 {1,1,1,1,2,2,2,2,3,4,5,5,…,9} 类型的序列，这类序列不是严格意义上的递增序列，但却是非递减序列。而若将该序列逆置得到 {9,5,5,4,3,2,2,2,2,…,1,1,1,1}，也不是严格意义上的递减序列，但却是非递增序列。

【例 2-5】 设计一个算法实现两个升序排列有序表 A 和 B 合并为升序排列的有序表 C。

解析：假设使用链式存储结构存储有序表 A、B 和 C，对于合并两个有序表 A 和 B 的算法，可以循环扫描两个有序表 A 和 B 的一对元素，将较小的元素以尾插法的方式存入有序表 C，当有序表 A 或 B 中的元素处理完后，还需要直接将未处理的元素依次存入有序表 C 中。

如图 2-28 所示演示了按上述思路将两个有序表 $A=\{2,5,8\}$，$B=\{3,6,9,12,15\}$ 合并为有序表 $C=\{2,3,5,6,8,9,12,15\}$ 的全过程。

基于顺序存储结构，将有序表 A 和 B 合并为升序排列的有序表 C 的算法关键代码如图 2-29 所示。

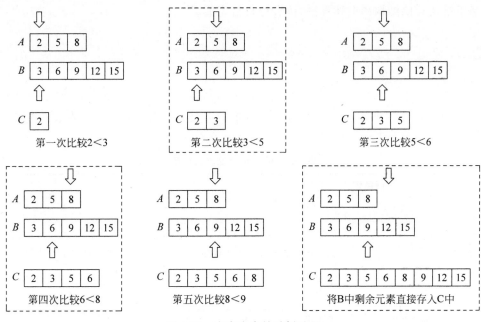

图 2-28　有序表合并示例过程

```
void mergeListAB(SeqList A, SeqList B, SeqList C)
{
    int i = 0, j = 0, k = 0;                    //i,j,k 分别指示有序表 A、B、C
    while(i < A.length && j < B.length)
    {
        if(A.data[i] < B.data[j])               //若表 A 中的数据小于表 B 中的数据
        {
            C.data[k] = A.data[i];              //将 A 中数据存入表 C
            i = i + 1;
            k = k + 1;
        }
        else
        {
            C.data[k] = B.data[j];              //将 B 中数据存入表 C
            j = j + 1;
            k = k + 1;
        }
    }
    while(i < A.length)                         //表 A 中数据插入表 C
    {
        C.data[k] = A.data[i];
        i = i + 1;
        k = k + 1;
    }
    while(j < B.length)                         //表 B 中数据插入表 C
    {
        C.data[k] = A.data[i];
        j = j + 1;
        k = k + 1;
    }
    C.length = k;
}
```

图 2-29　基于顺序存储结构的算法的关键代码

基于链式存储结构的上述算法,读者可自行完成。

小结

本章主要介绍了线性表,包括线性表的定义和基本操作、线性表的实现和应用。顺序表和链表是线性表的两种最为典型的实现形式,也是学习后续内容的基础。表 2-2 从时间、空间和应用三方面对两者做了简要比较。

表 2-2 顺序表与链表的比较

对比条目	存储类型	顺 序 表	链 表
空间上	存储空间	创建时,每次需要一段连续的存储空间;顺序表空间大小固定	创建时,每次只需一个结点的空间;链表空间大小不固定
	存储方式	顺序存储(逻辑上相邻的数据元素物理上也相邻)	链式存储(逻辑上相邻的数据元素物理上不一定相邻)
	存储密度	等于 1	小于 1
时间上	访问元素	可随机访问元素,时间复杂度为 $O(1)$	不可随机访问元素,时间复杂度为 $O(n)$
	查找元素	无序和有序时按值查找的时间复杂度分别为 $O(n)$ 和 $O(\log_2 n)$;按序号查找的时间复杂度均为 $O(1)$	无序和有序时按值查找的时间复杂度均为 $O(n)$;按序号查找的平均时间复杂度均为 $O(n)$
	插入或删除元素	插入或删除前都需移动元素,时间复杂度为 $O(n)$	插入或删除前无须移动元素,时间复杂度为 $O(1)$
应用上	存储空间 基本操作 访问频率	① 所需存储空间较为确定的数据; ② 插入或删除操作较少的数据; ③ 需要经常访问元素的数据	① 所需存储空间变动较大的数据; ② 插入或删除操作较多的数据; ③ 无须经常访问元素的数据

从历年真题来看,本章属于重点考查范畴,考生务必高度重视。命题形式涵盖单项选择题和综合应用题。本章内容涉及的试题既有与其他章节的内容(如顺序存储与查找或排序结合在一起考查)或其他课程的内容结合在一起的形式,也有仅涉及本章内容的形式。具体来说,无论是单项选择题还是综合应用题,均以考查单链表的相关知识居多,如单链表的基本操作、基于单链表的算法设计试题。

历年真题中的算法试题形式大致相同,几乎都是三问,包括给出算法的设计思想;采用 C 语言或 C++语言描述算法,关键之处给出注释;给出所设计算法的时间复杂度和(或)空间复杂度。

考生复习时首先要搞懂历年真题的思路,然后进行总结和拓展,最后认真完成本章配套的习题,从而熟悉各类题型的解法。如单链表的头插法、尾插法、双指针遍历单链表等内容,考生都必须了然于胸,答题时千万不要宁缺毋滥,而应该应答尽答。

第 3 章

栈、队列和数组

本章重点
- 栈和队列存储结构。
- 栈、队列和数组的应用。
- 多维数组和特殊矩阵的存储。

从历年试题来看,本章中的栈和队列的基本操作深受命题人的青睐,请读者务必熟练掌握。而基于栈和队列的算法试题也很常见,平时复习要多关注栈和队列的应用。多维数组和特殊矩阵较为简单,只需要较少的时间复习即可掌握。

思维导图

本章内容的思维导图如图 3-0 所示。

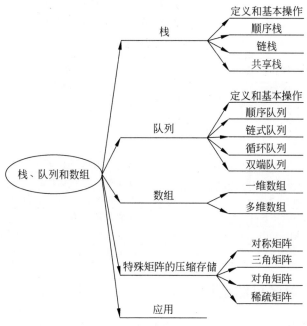

图 3-0 第 3 章内容思维导图

考纲内容

（一）栈和队列的基本概念

（二）栈和队列的顺序存储结构

（三）栈和队列的链式存储结构

（四）多维数组的存储

（五）特殊矩阵的压缩存储

（六）栈、队列和数组的应用

3.1 栈

3.1.1 栈的基本概念

栈是一种只能在一端进行操作的线性表，它最大的特点是进行数据操作时必须遵循"后进先出"(Last In First Out，LIFO)的原则。

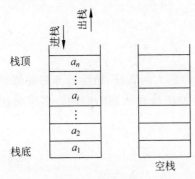

图 3-1 栈的示意

通常把可以进行栈的基本操作的这一端称为**栈顶**(top)，而无法进行上述操作的另一端则被称为**栈底**(bottom)。栈中的元素个数即为栈的长度，当栈中不包含任何元素时被称为**空栈**，此时栈中元素个数为零。图 3-1 为栈顶、栈底和空栈的示意。

对于图 3-1 中 n 个不同的元素入栈，出栈时元素的排列数为 $\frac{1}{n+1}C_{2n}^{n}$，这个公式可以用数学归纳法证明。

栈的基本操作有创建、销毁和置空栈，计算栈的长度，判断栈是否为空，入栈和出栈等，具体如表 3-1 所示。

表 3-1 栈的基本操作

序号	基本操作的名称	基本操作的功能说明
1	InitStack(&S)	创建并初始化栈 S
2	DestroyStack(&S)	销毁栈 S
3	ClearStack(&S)	置栈 S 为空栈
4	IsEmptyStack(S)	判断当前栈 S 是否为空
5	StackVisit(S)	输出当前栈 S 中的某一元素
6	PushStack(&S,e)	将元素 e 插入栈顶
7	PopStack(&S,&e)	将栈顶元素弹出由 e 返回
8	GetTopStack(S,&e)	获取栈顶元素
9	GetStackLength(S)	获取栈中元素个数，即计算栈的长度
10	StackTraverse(S)	输出栈 S 内的每一个元素

3.1.2 栈的顺序存储结构

栈的顺序存储结构是利用一组地址连续的存储单元从栈底到栈顶依次存储数据元素，通常称其为**顺序栈**。为了指示栈顶元素在顺序栈中的位置，还需要引入一个称为 top 的变量。

注：国内很多教材都将此变量称为栈顶指针，但作者认为用 C 语言实现顺序栈通常是基于数组，若称"栈顶指针"容易与后面介绍的链栈的指针混淆。事实上，top 是数组的索引。

图 3-2 为使用静态分配的一维数组描述的顺序栈。

```
#define MaxStackSize 50          //顺序栈的最大容量
typedef struct
{
    int data[MaxStackSize];      //用数组模拟顺序栈
    int top;                     //栈顶指针
}SeqStack;
```

图 3-2　使用静态分配的一维数组描述栈的顺序存储

接下来简要介绍顺序栈基本操作的算法思路和实现。

1. InitStack(&S)

由于 C 语言的数组下标是从 0 开始的，故初始化栈令 $S.top=-1$，即 $S.top$ 的值为 -1 表示栈为空。创建并初始化栈的代码如图 3-3 所示。

2. IsEmptyStack(S)

由于初始化时令 $S.top=-1$，故判断栈是否为空的条件是 $S.top==-1$。判断栈是否为空的代码如图 3-4 所示。

```
void InitStack(SeqStack &S)
{
    S.top = -1;
}
```

图 3-3　创建并初始化栈

```
int IsEmptyStack(S)
{
    if(S.top == -1)
        return 1;
    else
        return 0;
}
```

图 3-4　判断栈是否为空

3. Push(&S, e)

元素入栈前一定要先判断是否栈满，如果栈满，则没有空间可供元素使用，入栈失败；否则先移动栈顶指针，准备好入栈元素的存储空间，再将元素压入栈中。入栈的代码如图 3-5 所示。

```
int Push(SeqStack &S, int e)
{
    if(S.top == MaxStackSize - 1)
        return -1;                   //栈溢出
    else
    {
        S.top = S.top + 1;           //先要移动栈顶指针
        S.data[S.top] = e;           //将数据压入栈中
    }
}
```

图 3-5　入栈

4. Pop(&S, &e)

元素出栈前一定要先判断是否栈空，如果栈空，则没有元素可供出栈，出栈操作失败；否则返回栈顶元素后移动栈顶指针。出栈的代码如图 3-6 所示。

5. GetTopStack(S, &e)

此操作只是返回栈顶元素，并不将栈顶元素出栈，而是将其仍保留在栈中。获取栈顶元素的代码如图 3-7 所示。

```
int Pop(SeqStack &S, int &e)
{
    if(S.top == -1)
        return -1;          //栈空
    else
    {
        e = S.data[S.top];  //将数据从栈中弹出存入 e
        S.top = S.top - 1;  //移动栈顶指针
    }
}
```

图 3-6 出栈

```
int GetTop(SeqStack S, int &e)
{
    if(S.top == -1)
        return -1;          //栈空
    else
        e = S.data[S.top];  //将数据从栈中弹出
}
```

图 3-7 取栈顶

注意：栈的基本操作在实现时是可以根据条件来调整的。例如，栈空可以按 top 是否为 0 来判断；入栈是先移动 top 为待入栈的元素准备好空间后再入栈，还是已经有空间先将元素入栈再移动 top。栈满的判断、出栈等这些操作都是依具体条件而定。

共享栈利用栈底位置相对不变的特性，可以让两个顺序栈共享空间，即将栈底分别设置在两端，栈顶向共享空间延伸，如图 3-8 所示。

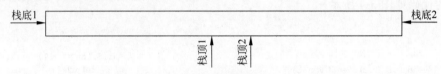

图 3-8 两个顺序栈共享

共享栈可以更有效地利用存储空间，只有在整个存储空间被完全使用时才会发生上溢，存取数据的时间复杂度均为 $O(1)$，读者可自行实现共享栈的基本操作。

另外，若用动态分配的一维数组来实现顺序栈，则可以不用担心栈满的问题。

3.1.3 栈的链式存储结构

栈的链式存储结构是指采用链式存储单元从栈底到栈顶依次存储数据元素，通常称为**链栈**。实现时既可以使用不带头结点的链表，也可以使用带头结点的单链表。图 3-9 为使用带头结点的链表实现的链栈，从图中可以看出链表的表头为栈顶，表尾为栈底。

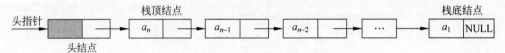

图 3-9 带头结点的链表实现的链栈

链栈和使用动态分配的一维数组实现的顺序栈一样，只有内存溢出时才会出现栈满。由于基于单链表实现，所以基本操作与其相同，只是限于在表头进行。如入栈和出栈操作，时间复杂度均为 $O(1)$。图 3-10 为使用带头结点的链表描述的链栈。

```
typedef struct LinkStackNode{
    int data;
    struct LinkStackNode * next;
} * LinkStack;
```

图 3-10 使用带头结点的链表描述的链栈

3.1.4 栈的应用

【**例 3-1**】 设计一个算法利用顺序栈 S 判断一个字符串 str 是否为对称串（即正向和反

向读这个字符串得到的序列相同,如 level,refer)。

解析：根据对称串的定义,可以知道从左到右(正向)和从右到左(反向)读取对称串所得的序列是相同的。实现时有很多思路,如图 3-11 所示算法思路是借助于顺序栈先从左到右读取该字符串的每一个字符并依次入栈,然后再将栈中的每一个字符出栈依次与字符串中的每一个字符比较(从左到右读取),若两者完全一致,则该字符串为对称串。

```
int IsSymmetryString(SeqStack S,char str[])
{
    int i = -1,e = -1;

    for(i = 0;str[i]!= '\0';i++)
        Push(S,str[i]);                 //将字符串依次压入栈
    for(i = 0;str[i]!= '\0';i++)
    {
        Pop(S,e);                       //字符出栈
        if(str[i]!= e)                  //若当前字符与栈中字符不同
            return 0;                   //返回 0 表示 str 不是对称串
    }
    return 1;                           //返回 1 表示 str 是对称串
}
```

图 3-11　对称串判断

【例 3-2】 基于链栈设计一个算法判断输入的表达式中的括号是否匹配(包括小括号()、中括号[]和大括号{})。

解析：判断括号是否匹配是有实际意义的工作,代码编辑器通常都有这一功能。实现时有很多思路,如图 3-12 所示算法思路是借助于链栈先从左到右读取该字符串的每一个字

```
int BracketMatch(LinkStack &S, char str[])
{
    int i = 0;
    while(str[i]!= '\0')
    {
        if(str[i] = '('||str[i] = '['|| str[i] = '{')    //遇([{入栈
            Push(S,str[i]);
        else if(str[i] = ')')
        {
            Pop(S,e);
            if(e!= '(')
                return 0;                               //()匹配失败
        }
        else if(str[i] = ']')
        {
            Pop(S,e);
            if(e!= '[')
                return 0;                               //[]匹配失败
        }
        else if(str[i] = '}')
        {
            Pop(S,e);
            if(e!= '{')
                return 0;                               //{}匹配失败
        }
        i = i + 1;
    }
    if(IsEmptyStack(S) == 1)                            //栈刚好为空
        return 1;
    else
        return 0;
}
```

图 3-12　基于链栈判断括号匹配

符并判断,若当前字符为左小括号(、左中括号[或左大括号{,则将其入栈,若遇到右小括号)、右中括号]或右大括号},则将栈顶字符出栈,并判断该栈顶字符与当前读取的字符是否匹配,若不匹配,则可说明输入的表达式中的括号不匹配,否则当表达式读取并判断完毕时,栈刚好为空,则说明该表达式中的括号是匹配的。

3.2 队列

3.2.1 队列的基本概念

队列(Queue)在进行数据操作时必须遵循"先进先出"(First In First Out,FIFO)的原则,因此,队列的基本操作通常在队列的两端被执行,其中执行插入元素操作的一端被称为**队尾**(rear);执行删除元素操作的一端被称为**队头**(front)。

队列中的元素个数即队列的长度,若队列中不包含任何元素,则被称为**队空**(即队列中的元素个数为零);若队列中没有可用空间存储待进队元素,此时称为**队满**。在队列中插入一个或多个数据元素的操作被称为**入队**(进队),删除一个或多个数据元素的操作称为**出队**(离队),如图3-13所示。

图 3-13 队满和队空的示意

队列的基本操作有创建、销毁和置空队列,计算队列的长度,判断队列是否为空,入队和出队等,具体如表3-2所示。

表 3-2 队列的基本操作

序号	基本操作的名称	基本操作的功能说明
1	InitQueue(&Q)	创建并初始化队列 Q
2	DestroyQueue(&Q)	销毁队列 Q
3	ClearQueue(&Q)	置队列 Q 为空
4	IsEmptyQueue(Q)	判断当前队列 Q 是否为空
5	QueueVisit(Q)	输出当前队列 Q 中的某一元素
6	EnQueue(&Q,e)	将元素 e 插入队尾,即 e 入队
7	DeQueue(&Q,&e)	将队头元素出队并由 e 返回
8	GetQueueHead(Q,&e)	获取队头元素并由 e 返回,但队头不出队
9	GetQueueLength(Q)	获取队列中元素个数,即计算队列的长度
10	QueueTraverse(Q)	输出队列 Q 内的每一个元素

3.2.2 队列的顺序存储结构

队列的顺序存储结构是指利用一组地址连续的存储单元从队头到队尾依次存储数据元素,通常称其为顺序队列。

注意：国内很多教材都将顺序队列中指示队头（front）和队尾（rear）的变量分别称为队头指针和队尾指针，但作者认为用 C 语言实现顺序队列通常是基于数组，若称"队头指针和队尾指针"容易与后面介绍的链式队列中的指针混淆。事实上，front 和 rear 是数组的索引。

图 3-14 为使用静态分配的一维数组描述的顺序队列。

```
#define MaxQueueSize 20          //顺序队列的最大空间
typedef struct Squeue
{
    int data[MaxQueueSize];      //数组模拟顺序队列
    int front, rear;             //队头和队尾
}SeqQueue;
```

图 3-14　使用静态分配的一维数组描述的顺序队列

在操作顺序队列中的元素时，会出现如图 3-15(d)所示的情况，即新元素要入队时提示队列已满，但在队头指针前却存在空闲空间但无法使用。

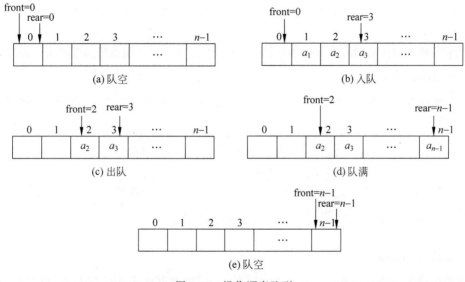

图 3-15　操作顺序队列

此时若将存储单元想象成首尾相邻的环状，则可以从空闲的存储单元的 0 位置继续放置新元素，通常把这样的队列称为**循环队列**。如图 3-16 所示，当元素 a_n 入队时，不再提示队满，而是将其入队在存储单元的 0 位置。

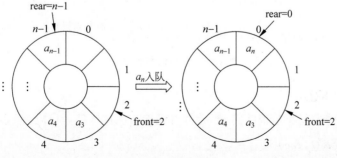

图 3-16　循环队列

假定队列的最大元素个数为 MaxQueueSize,从图中可以看出,操作顺序队列和循环队列时 front 和 rear 的变化情况如表 3-3 所示。

表 3-3 操作顺序队列和循环队列

操 作	顺 序 队 列	循 环 队 列
初始状态	front＝0,rear＝0	front＝0,rear＝0
队空	front＝＝0,rear＝＝0	front＝rear
队满	rear＝＝MaxQueueSize－1（可能是假溢出）	（rear＋1）％MaxQueueSize＝front（其中一种）
入队	front＝front＋1	front＝(front＋1)％MaxQueueSize
出队	rear＝rear＋1	rear ＝(rear＋1)％MaxQueueSize
队列长度	rear-front	（rear＋MaxQueueSize－front)％MaxQueueSize

注意：顺序队列使用 rear＝＝MaxQueueSize－1 判断队满可能是"假溢出",而循环队列判断队满有很多方法,(rear＋1)％MaxQueueSize＝front 是入队时少用一个存储单元的方法,也可以增加标志位来区分 front＝rear 时是队空还是队满,或者计算队列中元素的个数等方法。

顺序队列和循环队列的基本操作思路大体一致,接下来仅介绍循环队列的几个基本操作。

1. InitQueue(&Q)

初始化循环队列时同时令 front 和 rear 的值为 0。创建并初始化循环队列的代码如图 3-17 所示。

```
void InitQueue(SeqQueue &Q)        //循环队列
{
    Q.front = 0;                    //队头初始化
    Q.rear = 0;                     //队尾初始化
}
```

图 3-17 初始化循环队列

2. IsEmptyQueue(Q)

判断队列是否为空的代码如图 3-18 所示。只需要判断队头和队尾是否指向同一位置,当两者指向同一位置时即为空。

```
int IsEmptyQueue(SeqQueue Q)
{
    if(Q.front == Q.rear)           //队头和队尾指向同一位置
        return 1;                   //为空时,返回 1
    else
        return 0;                   //不为空时,返回 0
}
```

图 3-18 判断队列是否为空

3. EnQueue(&Q,e)

元素入队之前先判断是否队满,然后再将元素从队尾入队,具体代码如图 3-19 所示。

4. DeQueue(&Q,&e)

元素出队之前先判断是否队空,若不为空,再将元素从队头出队,具体代码如图 3-20 所示。

```
int EnQueue(SeqQueue &Q, int e)
{
    if(Q.front == (Q.rear + 1) % MaxQueueSize)     //队头和队尾的下一位置相同
        return -1;                                  //队列满,返回-1
    else
        Q.rear = (Q.rear + 1) % MaxQueueSize;
        Q.data[Q.rear] = e;
        return 1;                                   //e入队成功,返回1
}
```

图 3-19　入队

```
int DeQueue(SeqQueue &Q, int &e)
{
    if(Q.front == Q.rear)                           //队头和队尾指向同一位置
        return -1;                                  //队列空,返回-1
    else
        Q.front = (Q.front + 1) % MaxQueueSize;
        e = Q.data[Q.front];                        //队头元素存入e
        return 1;                                   //出队成功,返回1
}
```

图 3-20　出队

3.2.3　队列的链式存储结构

队列的链式存储结构是指采用链式存储单元从队头到队尾依次存储数据元素,通常称其为**链式队列**,或简称为**链队列**。实现时既可以使用不带头结点的链表,也可以使用带头结点的单链表。图 3-21 为使用带头结点的链表实现的链式队列,从图中可以看出链表的表头为队头,表尾为队尾。

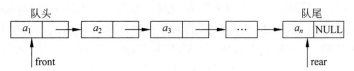

图 3-21　带头结点的链表实现的链式队列

链式队列中结点的描述如图 3-22 所示。

```
typedef struck LinkQueueNode{
    int data;
    struct LinkQueueNode * next;
}LinkQueueNode;                                     //链表结点

typedef struct LinkQueue{
    LinkQueueNode * rear, * front;
} * LinkQueueList;                                  //链表指针
```

图 3-22　链式队列结点的描述

链式队列和使用动态分配的一维数组实现的顺序队列一样,只有内存溢出时才会出现队满。

3.2.4　队列的应用

【**例 3-3**】　已知 n 个人(以编号 $1,2,3,\cdots,n$ 分别表示)围成一圈,一起玩升级版的击鼓传花的游戏。游戏规则如下：从编号为 1 的人开始报数，数到 m 的那个人出列；他的下一个人又从 1 开始报数，数到 m 的那个人又出列；依此规律重复下去，直到所有人都离开时游戏结束。试用循环队列解决上述问题，输出大家离开圆圈的先后顺序。

解析：本题的实质是约瑟夫(Josephus)问题，它是一个计算机科学和数学中的经典问题，基于循环链式队列(见图 3-23)来解决这一问题较为便捷。

```
void JosephusGame(SeqQueue Q, int n, int m)
{
    int i = -1, j = -1, tData = -1;
    for(i = 1; i < n; i++)
        EnQueue(Q, i);                  //n个人入队
    j = n;                              //j代表圈中剩余人数
    while(j!= 0)
    {
        for(i = 1; i <= m; i++)
        {
            DeQueue(Q, &tData);         //每一轮中每个人都出队
            if(i!= m)
                EnQueue(Q, tData);      //没有数到m的人重新入队
            else                        //输出数到m的人的顺序
            {
                printf(" % d", tData);
                j = j - 1;              //减少圆圈中的总人数
            }
        }
    }
}
```

图 3-23　循环链式队列的应用

【**例 3-4**】　**双端队列**是指在队列的两端都可以同时进行入队和出队操作，如图 3-24 所示，若将其中一端称为**前端**，另一端则被称为**后端**。通常规定入队时从前端入队的元素排在从后端入队的元素前面（相应地，后端入队的元素排在前端入队的元素后面），而无论是从前端还是从后端出队时，先出的元素都排在后出的元素前面。请实现双端队列的基本操作，并测试序列{1,2,3}入队时，有可能得到哪些出队序列。

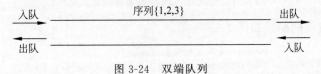

图 3-24　双端队列

解析：双端队列的基本操作和普通队列的基本操作大致相同，接下来只介绍序列{1,2,3}入队时，有可能得到哪些出队序列。表 3-4 展示了在如图 3-24 所示的双端队列中序列{1,2,3}的入队顺序、出队顺序及出队序列，其中，L 代表在左端(Left)操作，R 代表在右端(Right)操作。

表 3-4　双端队列中序列{1,2,3}的出队序列

序号	入队顺序	出队顺序	出队序列
1	1L2L3L	1R2R3R	1,2,3
2	1L2L3R	1R3R2R	1,3,2
3	1L2L3R	2L1R3R	2,1,3

续表

序号	入队顺序	出队顺序	出队序列
4	1L2L3R	2L3R1R	2,3,1
5	1L2L3R	3R2L1L	3,2,1
6	1L2L3R	3R1R2L	3,1,2

注意：对同一出队序列，在双端队列中上述入队顺序和出队顺序均不唯一。例如，出队序列{1,2,3}的入队顺序可以是1R2R3R，出队顺序可以是1L2L3L。

若规定双端队列的一端可执行入队和出队操作，另一端仅允许执行入队操作，则称为输出受限的双端队列；反之，若另一端仅允许执行出队操作，则称为输入受限的双端队列。若规定从某一端入队的元素只能从该端出队，那么这种双端队列就可视为两个栈底相邻接的栈。

3.3 多维数组

3.3.1 数组的定义

数组（Array）是具有相同类型的数据元素的有限序列，可以将其看成线性表的拓展。图 3-25 为 C 语言中一维数组的示例，其中的元素具有相同数据类型。从图中可以看出，一维数组就是线性表，其中，i 称为**下标**，i 的取值范围（$0 \leqslant i \leqslant n-1$）称为**维界**。

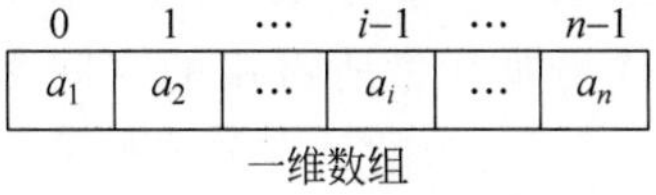

0	1	⋯	i-1	⋯	n-1
a_1	a_2	⋯	a_i	⋯	a_n

一维数组

图 3-25 一维数组示例

二维数组可以看成若干一维数组，故也可以看成线性表。因此，三维数组可以看成若干二维数组，即对于二维以上的**多维数组**也可以看成线性表。对于数组的性质，可以总结如下。

(1) 静态数组定义后，数据元素个数和维度固定不变，动态数组中的元素个数和维度均可动态变化，但有些语言不支持动态数组。

(2) 数组中的元素数据类型相同。

(3) 通过下标可以随机访问数组中的任意元素，即访问的时间复杂度是 $O(1)$。

C 语言中静态数组的创建和销毁通常由编译器来完成，数组的基本操作包括创建数组、销毁数组、根据下标访问（存、取和修改）数组中的元素。具体如表 3-5 所示。

表 3-5 数组的基本操作

序号	基本操作的名称	基本操作的功能说明
1	InitArray(&A)	创建并初始化数组 A（实现时要提供各维度信息）
2	DestroyArray(&A)	销毁数组 A
3	ClearArray(&A)	置数组 A 为空
4	IsEmptyArray(&A)	判断当前数组 A 是否为空
5	ArrayVisit(A)	输出当前数组 A 中的所有元素
6	SetArrayValue(A, &e)	把元素 e 存入数组 A 的指定位置
7	GetArrayValue(&A, &e)	将 A 中指定位置的元素值由 e 返回

3.3.2 数组的存储结构

实现数组时，通常都采用顺序存储结构，例如，一维数组中的每一个数据元素 a_i 的存储位置 Location(a_i) 都可由数组的起始位置 Location(a_1)、该数据元素的下标 i 和每个数据元素所占用的存储空间 S 决定,具体计算公式如下。

$$Location(a_i) = Location(a_1) + (i-1) \times S$$

对于二维数组的存储,既可以按行为主序,也可以按列为主序,图 3-26 为 m 行 n 列的二维数组的两种典型存储形式。

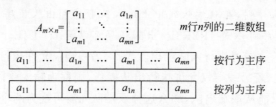

图 3-26 二维数组的典型存储

同理,对于多维数组,按行为主序存储时最右边(右边第一维)的下标先从小到大变化,然后是右边第二维的下标先从小到大变化……以此类推,最后是最左边的下标从小到大变化;按列为主序存储时最左边(左边第一维)的下标先从小到大变化,然后是左边第二维的下标先从小到大变化……以此类推,最后是最右边的下标从小到大变化。

对于 n 维数组 $A_{m_1 m_2 \cdots m_n}$,m_i 是数组元素的第 i 维下标,假定 M_i 是第 i 维数组的长度,每个数据元素所占用的空间为 S,则按行为主序存储时某一数据元素存储位置 Location($A_{m_1 m_2 \cdots m_n}$) 的计算公式如下。

$$Location(A_{m_1 m_2 \cdots m_n}) = Location(A_{11 \cdots 1}) + [(M_2 - 1) \times \cdots \times (M_n - 1) \times (m_1 - 1) + (M_3 - 1) \times \cdots \times (M_n - 1) \times (m_2 - 1) + \cdots + (m_n - 1)] \times S$$

3.3.3 数组的应用

【**例 3-5**】 假定在 C 语言中定义一个五维数组 $A[0..4, 0..5, 0..6, 0..7, 0..8]$,采用按行为主序存储,假设起始地址为 2000H,每个数据元素占用 4B,试计算 A_{12345} 和 A_{34567} 的地址。

解析:本题可以直接编写程序来计算,也可以根据公式来计算。考生可以编写 C 语言源程序来计算,接下来介绍按公式计算的具体过程。

$$\begin{aligned}
Location(A_{12345}) &= Location(A_{00\cdots 0}) + (5 \times 6 \times 7 \times 8 \times 1 + 6 \times 7 \times 8 \times 2 + \\
&\quad 7 \times 8 \times 3 + 8 \times 4 + 5) \times 4B \\
&= 2000H + (1680 + 672 + 168 + 32 + 5) \times 4B \\
&= 2000H + 10228B \\
&= 47F4H \\
Location(A_{34567}) &= Location(A_{00\cdots 0}) + (4 \times 5 \times 6 \times 7 \times 8) \times 4B \\
&= 2000H + 26880B \\
&= 8900H
\end{aligned}$$

3.4 特殊矩阵的压缩存储

若值相同的元素或零元素在矩阵中的分布有一定规律,则称这类矩阵为**特殊矩阵**。**压缩存储**是指为多个值相同的元素只分配一个存储空间,对零元素不分配存储空间。特殊矩阵的压缩存储可以有效地节省存储空间。接下来介绍对称矩阵(Symmetric Matrix)、三角矩阵(Triangular Matrix)、对角矩阵(Diagonal Matrix)和稀疏矩阵(Sparse Matrix)等。

1. 对称矩阵

若一个 n 阶方阵 $A[n][n]$ 中的元素满足 $A_{ij}=A_{ji}(1\leqslant i\leqslant n, 1\leqslant j\leqslant n, i$ 代表行号，j 代表列号)，则称其为 n 阶**对称矩阵**。图 3-27 为对称矩阵的存储示例，主对角线上的数据元素行号等于列号，上三角的数据元素行号小于列号($i<j$)，下三角的数据元素行号大于列号($i>j$)。

从图 3-27 中看出，可以将下三角和主对角线的所有数据元素存储在一维数组中，共需 $n(n+1)/2$ 个存储空间，由于 C 语言的数组下标从 0 开始，所以对应的一维数组下标就从 0 到 $n(n+1)/2-1$。上三角、下三角和主对角线的所有数据元素的下标 i 和 j 与一维数组的下标 k 对应关系如图 3-27 所示。

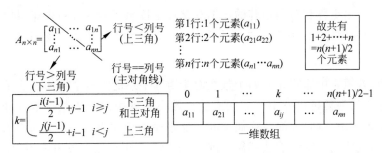

图 3-27　对称矩阵的存储示例

2. 三角矩阵

三角矩阵包括上三角矩阵(Upper Triangular Matrix)和下三角矩阵(Lower Triangular Matrix)，两者的存储与对称矩阵类似，不同之处在于增加一个存储空间用于存放常数 K。图 3-28 为三角矩阵的存储示例。

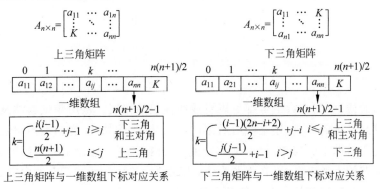

图 3-28　三角矩阵的存储示例

3. 对角矩阵

对于一个 n 阶方阵，若其所有的非零元素都集中在以主对角线为中心的带状区域中，则称其为 n 阶**对角矩阵**。若一个对角矩阵的主对角线上下方均有 M 条非零元素构成的次对角线，则称 M 为该矩阵的半带宽，$2M+1$ 则为矩阵的带宽。

对于半带宽为 M 的对角矩阵 A，其行号 i 和列号 j 之差的绝对值不大于 M 的数据元素 A_{ij} 不为零，其余元素为零，如图 3-29 所示为对角矩阵的存储示例。

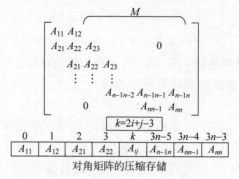

图 3-29　对角矩阵的存储示例

对称矩阵、三角矩阵和对角矩阵的压缩存储都是按照元素的分布规律，将矩阵中的元素根据变换公式压缩存储到一维数组中，对于这些元素可以依据公式实现随机存取。

4. 稀疏矩阵

抽象地说，若矩阵中非零元素的个数相对于矩阵中总的元素个数而言非常少，则可称为**稀疏矩阵**。通常认为稀疏矩阵中非零元素的个数占矩阵中总元素的个数小于 1/20。稀疏矩阵若使用常规方法存储，太浪费存储空间。通常使用三元组法将非零元素的行列和其值存储在数组中，或使用十字链表法存储。图 3-30 为三元组存储在数组中的示例。

行号	列号	值
i	j	3
0	0	9
2	3	6
3	4	4
⋮	⋮	⋮
$n-1$	$n-1$	5

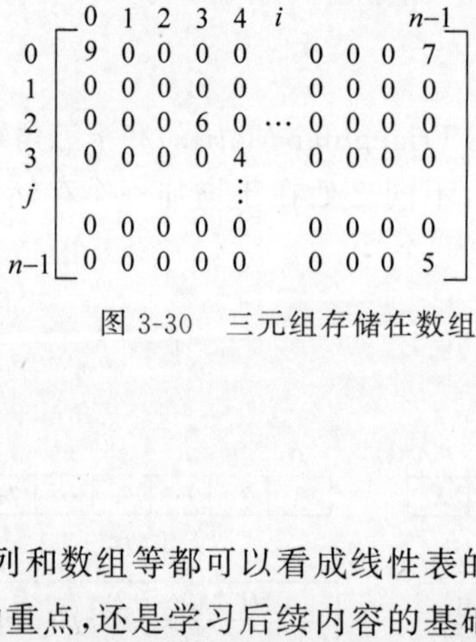

图 3-30　三元组存储在数组中的示例

小结

本章介绍的栈、队列和数组等都可以看成线性表的拓展。从历年试题涉及的考点来看，栈和队列不仅是考试的重点，还是学习后续内容的基础，例如，非递归遍历树就要借助于栈，层次遍历树需要借助于队列，数组也是十分重要的内容，考生应该引起足够的重视。

从历年试题的类型来看，以客观题为主，主观题通常结合后续章节的内容。考生复习时需要掌握栈、队列、数组和特殊矩阵的基本概念和特性。

第 4 章

树与二叉树

本章重点
- 树、森林和二叉树的概念及性质。
- 二叉树的遍历和应用。
- 线索二叉树的创建和应用。

树是一种非线性结构。从历年试题来看,二叉树及其应用(如哈夫曼树和哈夫曼编码)是命题的热点,考生需格外注意。本章介绍的知识点对很多考生而言都是难点,需要多花时间来深入理解和掌握。二叉树是树的特例,学习时要注意先掌握树的基本概念,本章内容也是学习排序和查找部分内容的基础。

思维导图

本章内容的思维导图如图 4-0 所示。

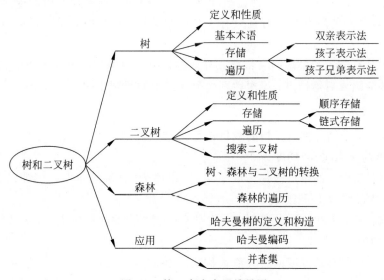

图 4-0 第 4 章内容思维导图

考纲内容

(一) 树的基本概念

(二) 二叉树

1. 二叉树的定义及其主要特性

2. 二叉树的顺序存储结构和链式存储结构

3. 二叉树的遍历

4. 线索二叉树的基本概念和构造

（三）树、森林

1. 树的存储结构

2. 森林与二叉树的转换

3. 树和森林的遍历

（四）树与二叉树的应用

1. 哈夫曼（Huffman）树和哈夫曼编码

2. 并查集及其应用

4.1 树的基本概念

1. 树的定义

树（Tree）是由有限个结点（即数据元素）组成的集合。若这一集合的结点个数为 0，则称该集合为**空树**；否则称为**非空树**。对于任意一棵非空树，有以下特点。

（1）有且仅有一个称为树根的结点（简称"**根结点**"），该结点无任何前驱（包括直接前驱和间接前驱）结点。

（2）当结点数目大于 1 时，除了树根结点之外的其余结点被分成若干互不相交的有限集合，这些有限集合均可被视为一棵独立的树，它们均被称为树根结点的**子树**。

从树的定义可以看出，它是一种递归（即调用自身）的数据结构。树的根结点没有前驱结点，除根结点之外的所有结点有且只有一个前驱结点；树中所有结点可以有零个或多个后继结点。

树形结构具有分支和层次两大特点。分支性是由于树中的一个或多个结点存在两个或两个以上直接前驱或后继结点；层次性则由分支产生并呈现出来。

2. 树的相关术语

结点的度：每个结点拥有子树的数目被称为结点的度。例如，图 4-1 中结点 A 的度为 5，结点 B 的度为 2，结点 C 的度为 0。

叶子结点：度为 0 的结点被称为叶子结点（也称为"终端结点"）。例如，图 4-1 中结点 C、G 和 H 等结点均为叶子结点。

分支结点：度不为 0 的结点被称为分支结点（也称为"非终端结点"）。例如，图 4-1 中结点 B 和 D 等均为分支结点。

树的度：树内所有结点度的最大值被称为该树的度。图 4-1 中根结点 A 的度为 5，结点 B 的度为 2，依次计算结点 C、D、E、F、G、H、I、J、K、L、M 和 N 的度，最后取这 14 个结点度的最大值 5 为该树的度。

孩子结点：树中任何一个结点的子树的根结点称为这一结点的孩子结点（也称为"后继结点"）。如图 4-1 所示，对于根结点 A，结点 B、C、D、E 和 F 均为其孩子结点。

双亲结点：若树中任何一个结点具有孩子结点，那么这个结点就称为孩子结点的双亲结点（或父结点）。如图 4-1 所示，对于结点 B、C、D、E 和 F，其双亲结点为 A。

兄弟结点：同一双亲的孩子结点互相称为兄弟结点。如图 4-1 所示，结点 B、C、D、E

和 F 互相称为兄弟结点。

祖先结点：从根结点到树中任一结点所经过的所有结点称为该结点的祖先结点。如图 4-1 所示，从根结点 A 出发经过结点 F 和结点 K，最终抵达结点 L 处，即结点 A、F 和 K 均被称为结点 L 的祖先结点。

祖父结点：树中某一结点双亲结点的双亲结点称为该结点的祖父结点。如图 4-1 所示，根结点 A 为结点 G、H、I、J 和 K 的祖父结点，结点 F 为结点 L 和结点 N 的祖父结点。

子孙结点：树中以某一结点为根的子树中任一结点均称为该根结点的子孙结点。例如，结点 A 的子孙结点 F、K、M 和 N。

结点的层次：从根结点开始定义，通常将根结点设定为第一层，根的孩子结点为第二层，以此类推，若某一结点在第 i 层，则其子树的根为第 $i+1$ 层。

堂兄弟结点：双亲在同一层次的结点称为堂兄弟结点。例如，结点 G 和结点 I，J、K 互为堂兄弟，因为它们的双亲 B、D、E 和 F 结点在同一层次。

树的深度：树中所有结点的层次的最大值称为该树的深度（也称为"高度"）。通常将空树的深度定义为 0，如图 4-1 所示树的深度为 4。

有序树：如果将树中结点的各子树看成从左至右是有次序的，这些子树的位置是不能被改变的，则称该树为有序树。

无序树：如果将树中结点的各子树看成是无次序的，这些子树的位置是能够被改变的，则称该树为无序树。

如图 4-2 所示，将结点 B 和结点 C 的位置互换。对于有序树而言，图 4-2(a) 和图 4-2(b) 表示两棵不同的树；而对于无序树而言，这两棵树为同一棵树。

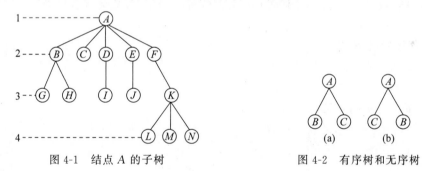

图 4-1　结点 A 的子树　　　　　图 4-2　有序树和无序树

含有三个结点 A、B、C 的无序树和有序树分别如图 4-3(a) 和图 4-3(b) 所示。

3. 树的性质

性质 1：树中的结点数目等于所有结点的度加 1。

证明：在一棵树中，除根结点以外，每个结点有且仅有一个双亲结点，由结点的度的定义可以知道，一棵树中除根结点以外的结点数目等于所有结点拥有子树的数目（即度数），所以树中的结点数目等于所有结点的度数加根结点，即为所有结点的度加 1，因此，性质 1 得证。

性质 2：度为 k 的树中第 $i(i \geqslant 1)$ 层上最多有 $k^{(i-1)}$ 个结点。

证明：使用数学归纳法来证明性质 2，步骤如下。

(1) 由树的定义可知，每棵树有且仅有一个根结点，因此当 $i=1$ 时，度为 k 的树中第 1

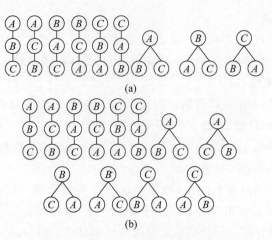

图 4-3 含有三个结点的有序树和无序树

层上最多有 $k^{(1-1)}=k^0=1$ 个结点，即为根结点，该命题成立。

(2) 假设对于第 $i-1$ 层，上述命题成立，即第 $i-1$ 层上至多有 $k^{(i-2)}$ 个结点。对于第 i 层，因为树的度为 k，所以第 i 层上的最大结点数目为第 $i-1$ 层上的最大结点数目的 k 倍，因此，第 i 层上的最大结点数目为 $k \times k^{(i-2)} = k^{(i-1)}$。

综合(1)(2)，命题成立。

性质 3：深度为 h 的 k 叉树(即度为 k 的树)最多有 $\dfrac{k^h-1}{k-1}$ 个结点。

证明：由性质 2 可知，对于 k 叉树而言，第 i 层上最多有 $k^{(i-1)}$ 个结点。欲使深度为 h 的 k 叉树的结点数目达到最大，则对于 k 叉树的每一层而言，其结点数目为

第 1 层为 k^0 个结点，

第 2 层为 k^1 个结点，

⋮

第 h 层为 k^{h-1} 个结点。

因此，深度为 h 的 k 叉树共有结点数目：

$$\sum_{i=1}^{h} k^{i-1} = k^0 + k^1 + \cdots + k^{h-1} = \frac{k^h-1}{k-1}$$

注意：当一棵 k 叉树上的结点数达到最大值 $\dfrac{k^h-1}{k-1}$ 时，称为满 k 叉树。

性质 4：具有 n 个结点的 k 叉树的最小深度为 $\lceil \log_k(n(k-1)+1) \rceil$（即为不小于 $\log_k(n(k-1)+1)$ 的最小整数）。

证明：假设具有 n 个结点的 k 叉树，其深度为 h，欲使具有 n 个结点的 k 叉树深度最小，则必须满足：对于该树的第 i 层，其结点数目等于 $k^{(i-1)}(1 \leqslant i \leqslant h-1)$。

此时，从第 1 层到第 $h-1$ 层总的结点数目为

$$\sum_{i=1}^{h-1} k^{i-1} = k^0 + k^1 + \cdots + k^{h-2} = \frac{k^{h-1}-1}{k-1}$$

(1) 由于第 h 层至少有一个结点(否则深度就不为 h，而是 $h-1$)，因此结点总数目 $n > \dfrac{k^{h-1}-1}{k-1}$。

对不等式 $n > \dfrac{k^{h-1}-1}{k-1}$ 两边均乘以 $k-1$ 后再加 1，即可得到

$$k^{h-1} < n(k-1)+1$$

对上式两边均进行对数运算后再加 1，即可得到

$$h < \log_k(n(k-1)+1)+1$$

（2）由性质 2 可知，对于第 h 层而言，其结点数目最多为 $k^{(h-1)}$。所以从第 1 层到第 h 层总的结点数目最多为 $\dfrac{k^h-1}{k-1}$，而结点总数目 $n \leqslant \dfrac{k^h-1}{k-1}$。

对不等式 $n \leqslant \dfrac{k^h-1}{k-1}$ 两边均乘以 $k-1$ 后再加 1，即可得到

$$n(k-1)+1 \leqslant k^h$$

对上式两边均进行对数运算，即可得到

$$\log_k(n(k-1)+1) \leqslant h$$

综合（1）（2），即可得到

$$\log_k(n(k-1)+1) \leqslant h < \log_k(n(k-1)+1)+1$$

由于 h 只能取整数，所以该 k 叉树的最小深度为 $\lceil \log_k(n(k-1)+1) \rceil$。

4.2 二叉树

4.2.1 二叉树的基本概念

1. 二叉树的定义

二叉树是由有限个结点（即数据元素）组成的集合。若这一集合的结点个数为 0，则称该集合为**空二叉树**；否则称为**非空二叉树**。在任意一棵非空二叉树中：

（1）有且仅有一个称为树根的结点（简称"根结点"），该结点无任何前驱结点（包括直接前驱和间接前驱）。

（2）当结点数目大于 1 时，除了树根结点之外的其余结点可分成两个互不相交的有限集合，这些有限集合均可被视为一棵独立的二叉树，它们均被称为根结点的子树，其中第一个有限集合被称为左子树，第二个有限集合被称为右子树。

根据上述二叉树的递归定义可知，任意一棵非空二叉树具有以下特点。

（1）二叉树中每个结点至多只有两棵子树，因此二叉树中的每个结点度最大为 2（即二叉树中不存在度大于 2 的结点）。

（2）二叉树中每一个结点的两棵子树有左、右之分，其次序不能颠倒。

根据二叉树的定义及其特点，可以得到二叉树的 5 种基本形态，如图 4-4 所示，任何复杂的二叉树都可以看成这 5 种基本形态的组合。

在之前介绍的有关树的术语都适用于二叉树，接下来介绍满二叉树和完全二叉树。

满二叉树：在一棵二叉树中，假设所有分支结点都有左子树和右子树，并且所有的叶子结点只能在最大层次出现，则称这样的二叉树为满二叉树。如图 4-5（a）所示为一棵满二叉树，而如图 4-5（b）所示为一棵非满二叉树。

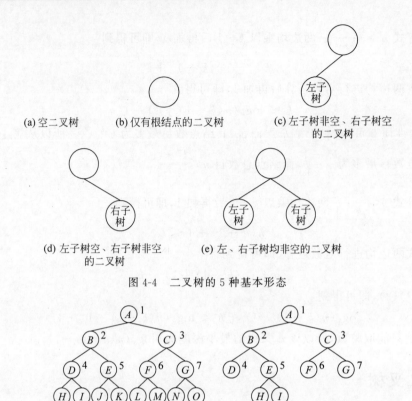

图 4-4　二叉树的 5 种基本形态

图 4-5　满二叉树和非满二叉树

由树的性质 3：深度为 h 的 k 叉树（即度为 k 的树）最多有 $\dfrac{k^h-1}{k-1}$ 个结点。

对于二叉树，k 为 2，因此深度为 h 的二叉树最多的结点数为

$$\frac{k^h-1}{k-1}=\frac{2^h-1}{2-1}=2^h-1$$

对于一棵深度为 h 的二叉树，若其结点数目为 2^h-1，将其称为满二叉树。

完全二叉树：对一棵具有 n 个结点且深度为 k 的二叉树，从其根结点开始，按照结点所在的层次从小到大、同一层从左到右的次序进行编号，如果树中的每一个结点都与深度为 k 的满二叉树中的同一位置上的结点具有相同的编号，则称其为完全二叉树。

由上述定义，可以发现完全二叉树具有如下特点。

（1）叶子结点集中在最下面两层。

（2）对任一结点，若其右子树的深度为 h，则其左子树的深度为 h 或 $h+1$。

对比满二叉树和完全二叉树，可以发现满二叉树是完全二叉树的一种特例。因此，如果一棵二叉树是满二叉树，那么它必定是一棵完全二叉树；反之，如果一棵二叉树是完全二叉树，它却不一定是一棵满二叉树。如图 4-6(a) 所示的树为一棵完全二叉树，但它却不是一棵满二叉树。

注意：如果一棵二叉树不是完全二叉树，那么它绝对不是一棵满二叉树。如图 4-6(b) 所示为一棵非完全二叉树，因此它不是一棵满二叉树。

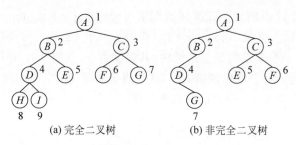

(a) 完全二叉树　　　　　　(b) 非完全二叉树

图 4-6　完全二叉树和非完全二叉树

2. 二叉树的主要性质

性质 1：在二叉树的第 i 层上至多有 2^{i-1} 个结点($i \geqslant 1$)。

证明：使用数学归纳法来证明性质 1，步骤如下。

(1) 由二叉树的定义可知，每棵二叉树有且仅有一个根结点，且二叉树的度最大为 2，因此当 $i=1$ 时，二叉树中第 1 层上最多有 $2^{(1-1)}=2^0=1$ 个结点，即为根结点，该命题成立。

(2) 假设对于第 $i-1$ 层，上述命题成立，即第 $i-1$ 层上至多有 $2^{(i-1)-1}=2^{(i-2)}$ 个结点。对于第 i 层，因为二叉树的度最大为 2，所以第 i 层上的最大结点数目为第 $i-1$ 层上的最大结点数目的 2 倍，因此，第 i 层上的最大结点数目为 $2 \times 2^{(i-2)}=2^{(i-1)}$。

综合(1)(2)，命题成立。

性质 2：深度为 k 的二叉树至多有 2^k-1 个结点($k \geqslant 1$)。

证明：由性质 1 可知，对于二叉树而言，第 i 层上最多有 $2^{(i-1)}$ 个结点。欲使深度为 k 的二叉树的结点数目达到最大，则对于二叉树的每一层而言，其结点数目为

第 1 层为 2^0 个结点，

第 2 层为 2^1 个结点，

⋮

第 k 层为 2^{k-1} 个结点。

因此深度为 k 的二叉树共有结点数目：

$$\sum_{i=1}^{k} 2^{i-1} = 2^0 + 2^1 + \cdots + 2^{k-1} = 2^k - 1$$

性质 3：对任何一棵二叉树，如果其叶子结点的个数为 n_0，度为 2 的结点个数为 n_2，则 $n_0 = n_2 + 1$。

证明：设二叉树中结点的总数目为 n，度为 1 的结点数目为 n_1。

因为二叉树中的结点最多有两棵子树，即二叉树中结点的度小于或等于 2，所以二叉树中结点的总数目为

$$n = n_0 + n_1 + n_2$$

由结点的度的定义可以知道，一棵树中除根结点以外的结点数目等于所有结点拥有子树的数目(即度数)，所以树中的结点数目等于所有结点的度数加根结点，即为所有结点的度加 1。因此有

$$n = n_1 + 2n_2 + 1$$

综合上述两个等式可得

$$n_0 = n_2 + 1$$

性质 4：具有 n 个结点的完全二叉树的深度为 $\lfloor \log_2 n \rfloor + 1$ 或 $\lceil \log_2(n+1) \rceil$。（$\lfloor \log_2 n \rfloor$ 即为不大于 $\log_2 n$ 的最大整数，$\lceil \log_2(n+1) \rceil$ 即为不小于 $\log_2(n+1)$ 的最小整数。）

证明：假设具有 n 个结点的完全二叉树，其深度为 h，欲使具有 n 个结点的完全二叉树深度最小，则必须满足：对于该树的第 i 层，其结点数目等于 $2^{(i-1)}$ ($1 \leq i \leq h-1$)。

此时，从第 1 层到第 $h-1$ 层总的结点数目为

$$\sum_{i=1}^{h-1} 2^{i-1} = 2^0 + 2^1 + \cdots + 2^{h-2} = 2^{h-1} - 1$$

(1) 由于第 h 层至少有一个结点（否则深度就不为 h，而是 $h-1$），因此上述完全二叉树的结点总数目 $n \geq (2^{h-1}-1)+1$，即 $n \geq 2^{h-1}$。

对不等式 $n \geq 2^{h-1}$ 两边取对数，即可得到

$$\log_2 n \geq h-1$$

对上式两边加 1，即可得到

$$h \leq \log_2 n + 1$$

(2) 由性质 1 可知，对于第 h 层而言，其结点数目最多为 $2^{(h-1)}$，因此上述完全二叉树的结点总数目 $n \leq (2^{h-1}-1)+2^{h-1}$，即 $n \leq 2^h - 1$。

对不等式 $n \leq 2^h - 1$ 两边加 1，即可得到

$$n + 1 \leq 2^h$$

对上式两边取对数，即可得到

$$\log_2(n+1) \leq h$$

综合 (1)(2)，即可得到

$$\log_2(n+1) \leq h \leq \log_2 n + 1$$

由于 h 只能取整数，所以该完全二叉树的最小深度为 $\lfloor \log_2 n \rfloor + 1$ 或 $\lceil \log_2(n+1) \rceil$。

性质 5：在一棵有 n 个结点的完全二叉树中，按照层次从小到大、同一层从左到右的次序进行编号，对树中任一编号为 i ($1 \leq i \leq n$) 的结点有以下结论：如果 $2i > n$，则编号为 i 的结点无左孩子，即编号为 i 的结点为叶子结点；否则其左孩子是编号为 $2i$ 的结点。如果 $2i+1 > n$，则编号为 i 的结点无右孩子；否则其右孩子是编号为 $2i+1$ 的结点。

证明：使用数学归纳法来证明性质 5，步骤如下。

(1) 由完全二叉树的定义可知，当 $i=1$ 时，如果 $2i=2 \leq n$，编号为 1 的结点的左孩子存在且其编号为 2；反之，如果 $2i=2 > n$，编号为 1 的结点无左孩子。如果 $2i+1=3 \leq n$，编号为 1 的结点的右孩子存在且编号为 3；反之，如果 $2i+1=3 > n$，编号为 1 的结点无右孩子。

(2) 假设对于编号为 $i=j$ 的结点，命题成立。即如果 $2j \leq n$，编号为 j 的结点（以下称为结点 j）的左孩子存在且编号为 $2j$；如果 $2j > n$，结点 j 无左孩子。如果 $2j+1 \leq n$，结点 j 的右孩子存在且其编号为 $2j+1$；如果 $2j+1 > n$，结点 j 无右孩子。

由完全二叉树的定义可知，当 $i=j+1$ 时，若编号为 $j+1$ 的结点的左孩子存在，则其编号一定等于结点 j 的右孩子的编号加 1，即为 $(2j+1)+1 = 2j+2 = 2(j+1)$，此时 $2(j+1) \leq n$；反之，如果 $2(j+1) > n$，则编号为 $j+1$ 的结点无左孩子。

同理，由完全二叉树的定义可知，当 $i=j+1$ 时，若编号为 $j+1$ 的结点的右孩子存在，则它的编号一定等于其兄弟结点（即编号为 $j+1$ 的结点的左孩子）的编号加 1，即为 $2(j+1)+1$，此时 $2(j+1)+1 \leq n$；反之，如果 $2(j+1)+1 > n$，则编号为 $j+1$ 的结点无右孩子。

综合(1)(2),命题成立。

性质 6：在一棵有 n 个结点的完全二叉树中,按照层次从小到大、同一层从左到右的次序进行编号,对树中任一编号为 $i(1 \leqslant i \leqslant n)$ 的结点有以下结论：如果 $i=1$,则编号为 i 的结点是二叉树的根结点,无双亲；如果 $i>1$,则编号为 i 的结点的双亲结点是编号为 $\lfloor i/2 \rfloor$ 的结点。($\lfloor i/2 \rfloor$ 即为不大于 $i/2$ 的最大整数。)

证明：当 $i=1$ 时,二叉树中仅有一个结点,因此它是根结点,根据二叉树的定义,根结点无双亲结点。

由性质 5 可知,对于编号为 i 的结点,若其左孩子和右孩子存在,它们的编号分别为 $2i$ 和 $2i+1$。因此,如果 $i>1$,则编号为 i 的结点的双亲结点是编号为 $\lfloor i/2 \rfloor$ 的结点,即性质 6 成立。

如表 4-1 所示为二叉树的基本操作。

表 4-1 二叉树的基本操作

序号	基本操作的名称	基本操作的功能说明
1	InitBinaryTree(&BT)	创建并初始化空二叉树 BT
2	DestroyBinaryTree(&BT)	销毁二叉树 BT
3	CreateBinaryTree(&BT)	创建二叉树 BT
4	ClearBinaryTree(&BT)	清空二叉树 BT
5	IsBinaryTreeEmpty(BT)	判断二叉树 BT 是否为空
6	GetBinaryTreeDepth(BT)	计算二叉树 BT 的深度
7	GetRoot(BT)	获取二叉树 BT 的根
8	GetBinaryTreeNode(BT,e)	获取二叉树 BT 的结点并由 e 返回
9	SetBinaryTreeNode(BT,&e,v)	结点 e 的值设置为 v
10	GetParent(BT,e)	获取结点 e 的双亲结点
11	GetLeftSibling(BT,e)	获取结点 e 的左兄弟结点
12	GetRightSibling(BT,e)	获取结点 e 的右兄弟结点
13	GetLeftChild(BT,e)	获取结点 e 的左孩子结点
14	GetRightChild(BT,e)	获取结点 e 的右孩子结点
15	InsertChild(BT,e,LR,NT)	插入 NT 为 e 的左子树或右子树
16	DeleteChild(BT,e,LR)	删除结点 e 的左子树或右子树
17	PreOrderTraverse(BT)	先序遍历二叉树 BT 中的每一个结点
18	InOrderTraverse(BT)	中序遍历二叉树 BT 中的每一个结点
19	PostOrderTraverse(BT)	后序遍历二叉树 BT 中的每一个结点
20	LevelOrderTraverse(BT)	层次遍历二叉树 BT 中的每一个结点
21	VisitBinaryTreeNode(BTNode)	输出结点 BTNode

4.2.2 二叉树的存储结构

1. 二叉树的顺序存储结构

在二叉树的顺序存储结构中,通常从二叉树的根结点开始,按照层次从小到大、同一层从左到右,将所有结点依次存储在一组地址连续的存储单元中。假设使用静态的一维数组存储一棵完全二叉树,从根结点开始,按照层次从小到大、同一层从左到右的顺序对其中的结点进行编号后,按照编号从小到大依次将结点存入数组中,即将编号为 i 的结点存储在数

组下标为 $i-1$ 的分量中，如图 4-7(b)所示为如图 4-7(a)所示完全二叉树的顺序存储结构。

(a)

下标	0	1	2	3	4	5	6	7	8
结点值	*A*	*B*	*C*	*D*	*E*	*F*	*G*	*H*	*I*

(b)

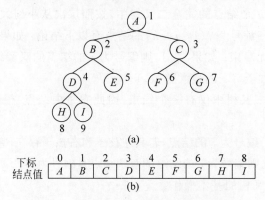

图 4-7　一棵完全二叉树及其顺序存储结构

从图 4-7 中可以看出，二叉树的顺序存储结构比较适合满二叉树或完全二叉树，对于一般的二叉树，则需要对照满二叉树或完全二叉树添加一些并不存在的结点，然后再将这些结点全部存储在一组地址连续的存储单元中。假定每个结点需要一个存储单元，在最坏情况下，高度为 h 且只有 h 个结点的单支树(此时实际退化为单链表)会浪费掉 2^h-h-1 个存储单元，空间利用率较低，且随着 h 的增大，空间利用率会急剧降低。

注意：C 语言的下标是从 0 开始的，若从下标 0 开始存储，不能直接使用性质 5 和 6。

2. 二叉树的链式存储结构

二叉树的顺序存储结构比较适合满二叉树或完全二叉树，对于一般的二叉树，采用链式存储结构更节省空间。根据二叉树的定义，一个二叉树的结点至少要包含三个域，分别是数据域和左、右指针域，其中，数据域用于存储该结点的数据元素，左、右指针域分别指向左、右子树，这种二叉树的链式存储结构通常被称为**二叉链表**。为了便于在二叉链表中访问双亲结点，可增加双亲域存放指向双亲结点的指针，通常称这种增加了双亲域的二叉链表为**三叉链表**。图 4-8 为这两种链表的结构。

左指针域	数据域	右指针域
LeftChild	data	RightChild

```
typedef struct BinaryTreeNode{
    int data;                                           //数据域
    struct BinaryTreeNode * LeftChild, * RightChild;    //左、右孩子指针域
}BinaryTreeNode,BTNode, * BinaryLinkTree, * BLTree;
```

(a) 二叉链表

左指针域	双亲指针域	数据域	右指针域
LeftChild	parent	data	RightChild

(b) 三叉链表

图 4-8　二叉链表和三叉链表

4.2.3　二叉树的遍历和构造

1. 二叉树的遍历

二叉树的遍历是指按某种方式访问二叉树中的所有结点，要求每个结点必须被访问且

仅被访问一次。由二叉树的定义可知,共有如图 4-9 所示的 6 种遍历二叉树的方式。

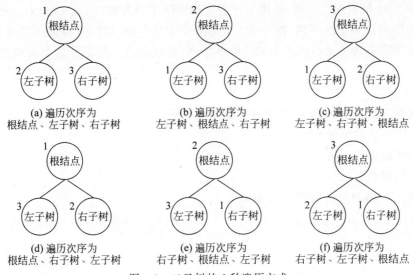

图 4-9　二叉树的 6 种遍历方式

图 4-9(a)~图 4-9(c)遍历时均先访问左子树再访问右子树,通常分别称之为**先序遍历**、**中序遍历**和**后序遍历**。对一棵二叉树,执行这 3 种遍历得到的序列分别称为先序序列、中序序列和后序序列。除了这 3 种遍历方式之外,还有一种极为常用的遍历方式,即**层次遍历**。接下来详细介绍这 4 种遍历方式。

1) 先序遍历

在二叉树不为空的前提下,先序遍历的过程如下。

(1) 访问根结点。

(2) 先序遍历左子树。

(3) 先序遍历右子树。

先序遍历的递归算法如图 4-10 所示。

对如图 4-11 所示的二叉树,采用先序遍历得到的序列为 *ABDHIECFJG*。通常把先序遍历得到的序列称为先序序列,在一棵二叉树的先序序列中,第一个元素即为根结点的值。

```
void PreOrderTraverse(BinaryLinkTree BT){
    if(BT!= NULL)
    {
        VisitBinaryTreeNode(BT);
        PreOrderTraverse(BT->LeftChild);
        PreOrderTraverse(BT->RightChild);
    }
}
```

图 4-10　先序遍历的递归算法

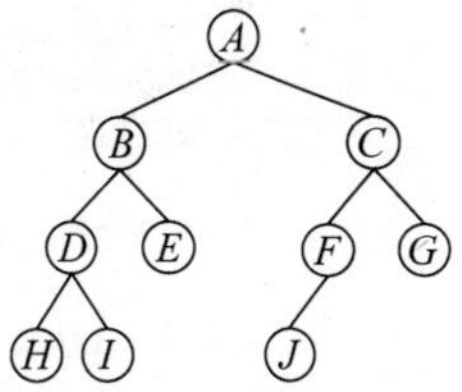

图 4-11　一棵二叉树

2) 中序遍历

在二叉树不为空的前提下,中序遍历的过程如下。

(1) 中序遍历左子树。

(2) 访问根结点。

(3) 中序遍历右子树。

中序遍历的递归算法如图 4-12 所示。

对如图 4-11 所示的二叉树，采用中序遍历得到的序列为 $HDIBEAJFCG$。通常把中序遍历得到的序列称为中序序列，在一棵二叉树的中序序列中，根结点将此序列分为两部分：根结点之前的部分为二叉树的左子树的中序序列，根结点之后的部分为二叉树的右子树的中序序列。

3) 后序遍历

在二叉树不为空的前提下，后序遍历的过程如下。

（1）后序遍历左子树。

（2）后序遍历右子树。

（3）访问根结点。

后序遍历的递归算法如图 4-13 所示。

```
void InOrderTraverse(BinaryLinkTree BT){
    if(BT!= NULL)
    {
        InOrderTraverse(BT->LeftChild);
        VisitBinaryTreeNode(BT);
        InOrderTraverse(BT->RightChild);
    }
}
```

图 4-12　中序遍历的递归算法

```
void PostOrderTraverse(BinaryLinkTree BT){
    if(BT!= NULL)
    {
        PostOrderTraverse(BT->LeftChild);
        PostOrderTraverse(BT->RightChild);
        VisitBinaryTreeNode(BT);
    }
}
```

图 4-13　后序遍历的递归算法

对如图 4-11 所示的二叉树，采用后序遍历得到的序列为 $HIDEBJFGCA$。通常把后序遍历得到的序列称为后序序列，可以发现，在一棵二叉树的后序序列中，最后一个元素即为根结点的值。

4) 层次遍历

层次遍历是指从根结点开始，按结点所在的层次从小到大、同一层从左到右访问树中的每一个结点。层次遍历的算法实现借助于一个队列，先将根结点入队，然后出队并访问该出队结点，若该结点存在左子树，则将左子树的根结点入队；若该结点存在右子树，则将右子树的根结点入队。如此反复直到队空为止，具体代码如图 4-14 所示。

```
void LevelOrderTraverse(BinaryLinkTree BT){
    BinaryLinkTree BTNode = NULL;
    InitQueue(Q);
    EnQueue(Q, BT);                              //根结点入队
    while(IsEmptyQueue(Q) == 0)                  //队列不为空
    {
        BTNode = DeQueue(BT);                    //队头结点出队
        VisitBinaryTreeNode(BTNode);             //访问出队结点
        if(BTNode->LeftChild!= NULL)             //左子树不为空
            EnQueue(BT,BTNode->LeftChild);       //入队
        if(BTNode->RightChild!= NULL)            //右子树不为空
            EnQueue(BT,BTNode->RightChild);      //入队
    }
}
```

图 4-14　层次遍历的递归算法

对如图 4-11 所示的二叉树，采用层次遍历得到的序列为 $ABCDEFGHIJ$。

注意：上述四种遍历算法的思路和实现，都是十分重要的考点。尤其是先序、中序和后

序遍历的非递归算法的思路和实现,接下来分别介绍。

5) 三种遍历的非递归算法

先序、中序和后序三种遍历的非递归算法并不唯一,但都是借助于栈来实现的,其中,前序和中序遍历非递归思路大致相同,后序遍历则还需要增加一个标志判断当前结点的左右子树是否都已经被访问过,进而才能决定是否输出当前结点。

(1) 先序遍历非递归算法。

先序遍历非递归算法思路是先访问根结点并入栈,再访问它的左孩子并入栈,然后访问左孩子的左孩子并入栈……,直到最左下方的结点没有左孩子为止。此时栈中的结点要么就是没有左孩子,要么就是已经访问过,这时开始将栈中结点出栈并访问其右孩子结点(重复上述过程,即访问右孩子结点的左孩子并入栈……)。

实现时分为两层嵌套循环,外循环是当前结点不为空或栈不为空时就执行,内循环是只要当前结点不为空就先输出当前结点并将其入栈,并持续将当前结点指向其左孩子并访问,内循环后在栈不空的前提下,栈顶元素出栈,然后访问其右孩子。图 4-15 为先序遍历非递归算法的实现。

```
void PreOrderTraverse_NonRecursion(BinaryLinkTree BT)    //先序遍历的非递归算法
{
    BinaryLinkTree tNode = BT;                           //辅助结点
    InitStack(ST);                                       //初始化栈
    while(tNode!= NULL || IsEmptyStack(ST) == 0)
    {
        while(tNode!= NULL)                              //遍历左孩子
        {
            VisitBinaryTreeNode(tNode);                  //访问左子树根结点
            PushStack(ST,tNode);                         //将该结点入栈
            tNode = tNode -> LeftChild;                  //访问左子树
        }
        if(IsEmptyStack(ST) == 0)                        //遍历右孩子
        {
            PopStack(ST,tNode);
            tNode = tNode -> RightChild;                 //访问右子树
        }
    }
}
```

图 4-15 先序遍历非递归算法

(2) 中序遍历非递归算法。

中序遍历非递归算法思路是先将根结点和它的左孩子、左孩子的左孩子依次入栈……,直到最左下方的结点没有左孩子为止。此时栈顶为最左下方结点,出栈并访问该结点,然后将当前结点指向其右孩子结点(重复上述过程,即将右孩子结点的左孩子入栈……)。

实现时分为两层嵌套循环,外循环是当前结点不为空或栈不为空时就执行,内循环是只要当前结点不为空就将当前结点入栈,并持续将当前结点指向其左孩子并访问之,内循环后在栈不空的前提下,栈顶元素出栈并输出,然后将当前结点指向其右孩子。图 4-16 为中序遍历非递归算法的实现。

(3) 后序遍历非递归算法。

后序遍历非递归算法的一种实现思路是从根结点开始,先将当前结点指向根结点,若当前结点不为空或栈不为空,重复下述过程:如果当前结点不为空,将其入栈再访问它的左孩

子,否则取当前栈顶结点,若该结点的右子树存在且未被访问过,则访问之;否则将栈顶结点出栈并访问,然后暂存该结点,并将当前结点置为空。图 4-17 为上述后序遍历非递归算法的实现。

```
void InOrderTraverse_NonRecursion(BinaryLinkTree BT)    //中序遍历的非递归算法
{
    BinaryLinkTree tNode = BT;                          //辅助结点
    InitStack(ST);                                      //初始化栈
    while(tNode!= NULL || IsEmptyStack(ST) == 0)
    {
        while(tNode!= NULL)                             //访问左孩子
        {
            PushStack(ST,tNode);                        //将该结点入栈
            tNode = tNode -> LeftChild;                 //访问左子树
        }
        if(IsEmptyStack(ST) == 0)
        {
            PopStack(ST,tNode);
            VisitBinaryTreeNode(tNode);                 //访问左孩子结点
            tNode = tNode -> RightChild;                //访问右子树
        }
    }
}
```

图 4-16　中序遍历非递归算法

```
void PostOrderTraverse_NonRecursion(BinaryLinkTree BT)  //后序遍历的非递归算法
{
    BinaryLinkTree tNode = BT,cNode = NULL;             //辅助结点
    InitStack(ST);                                      //初始化栈
    while(tNode!= NULL || IsEmptyStack(ST) == 0)
    {
        if(tNode!= NULL)                                //
        {
            PushStack(ST,tNode);                        //将该结点入栈
            tNode = tNode -> LeftChild;                 //访问左子树
        }
        else
        {
            GetTopStack(ST,tNode);
            if(tNode -> RightChild!= NULL && tNode -> RightChild!= cNode)   //右子树存在且未被访问
                cNode = cNode -> RightChild;            //访问右子树
            else
            {
                PopStack(ST,tNode);
                VisitBinaryTreeNode(tNode);             //访问之
                cNode = tNode;                          //暂存最近访问过的结点,避免重复访问
                tNode = NULL;
            }
        }
    }
}
```

图 4-17　后序遍历的非递归算法实现

后序遍历非递归算法的另一种常见的思路是先访问根结点并同时标记该结点第一次被访问,然后将该结点入栈,再访问同时标记它的左孩子并入栈,然后访问同时标记左孩子的左孩子并入栈……,直到最左下方的结点没有左孩子为止。此时若栈不空,则开始将栈顶结点出栈,若该结点是第一次被访问,则标记该结点第二次被访问,并将其入栈,然后访问该结

点的右孩子结点；否则若该结点是第二次被访问，则输出该结点的值。对栈中结点重复上述过程直到栈空为止。实现时需要创建同时存储结点及访问标志的结构体或使用同指针的栈分别存储两者。

2. 二叉树的构造

假定一棵二叉树中每个结点值均不相同，则其先序序列、中序序列和后序序列各不相同且唯一。反过来，给定这样一棵二叉树的先序序列和中序序列可以唯一地确定这一棵二叉树的形态；给定这样一棵二叉树的中序序列和后序序列也可以唯一地确定这一棵二叉树的形态，但是只知道这样一棵二叉树的先序序列和后序序列不能唯一确定该二叉树的形态。如图4-18(a)所示为先序序列 ABC 和中序序列 ACB 唯一确定的二叉树；如图4-18(b)所示为中序序列 ACB 和后序序列 CBA 唯一确定的二叉树；如图4-18(c)所示为先序序列 ABC 和后序序列 CBA 对应的 4 种形态的二叉树。

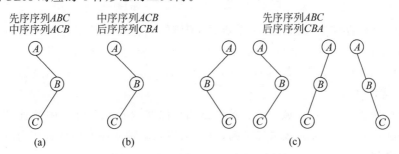

图 4-18 不同序列是否确定一棵树

接下来用第二类数学归纳法（完整归纳法）证明一棵二叉树的先序序列 $(A_1 A_2 \cdots A_n)$ 和中序序列 $(B_1 B_2 \cdots B_n)$ 可以唯一确定这棵二叉树。

证明：

(1) 当 $n=1$ 时，二叉树的先序序列为 A_1，中序序列为 B_1，此时 A_1 和 B_1 同为二叉树的根结点，唯一确定二叉树。

(2) 假设 $n \leqslant k$ 时，一棵树的先序序列和中序序列可以唯一确定这棵二叉树。

(3) 当 $n=k+1$ 时，对于先序序列 $(A_1 A_2 \cdots A_n)$ 和中序序列 $(B_1 B_2 \cdots B_n)$，若 $A_1 = B_i (1 \leqslant i \leqslant n)$，则 B_i 之前的序列 $(B_1 \cdots B_{i-1})$ 最多对应 $k(=k+1-1$，即总共 $k+1$ 个结点，减去 B_i 这 1 个结点）个结点，B_i 之后的序列 $(B_i \cdots B_n)$ 最多对应 $k(=k+1-1$，即总共 $k+1$ 个结点，减去 B_i 这 1 个结点）个结点。此时先序序列 $(A_1 A_2 \cdots A_i)$ 和中序序列 $(B_1 B_2 \cdots B_i)$ 对应的结点数目均不大于 k，由(2)可知，它们可以唯一确定一棵二叉树；同理，先序序列 $(A_i \cdots A_n)$ 和中序序列 $(B_i \cdots B_n)$ 对应的结点数目也均不大于 k，它们也可以唯一确定另一棵二叉树，由于这两棵二叉树都是唯一的，它们分别作为 A_1 的左右子树，最终得到的二叉树也是唯一的。

同理，利用上述方法也能证明一棵二叉树的中序序列和后序序列可以唯一地确定这棵二叉树。

4.2.4 线索二叉树

1. 线索二叉树的基本概念

对二叉树执行三种遍历时得到的线性序列类似于线性表，除首尾外每个元素都有一个直接前驱和一个直接后继,而基于二叉链表这一存储结构只能在遍历时才能访问线性序列的前驱和后继,无法在存储结构中直接得到。考虑到含有 n 个结点的二叉链表,有 $n+1$ 个空指针域,因此可用这些空指针域来存放对应结点的先驱和后继,以实现在二叉树中快速查找它们。

如图 4-19 所示,在二叉链表的每一结点增加两个域 LTag 和 RTag 来保存这一结点的直接先驱和直接后继。

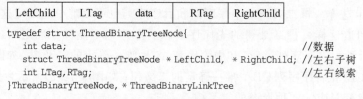

```
typedef struct ThreadBinaryTreeNode{
    int data;                                              //数据
    struct ThreadBinaryTreeNode * LeftChild, * RightChild; //左右子树
    int LTag,RTag;                                         //左右线索
}ThreadBinaryTreeNode, * ThreadBinaryLinkTree
```

图 4-19 线索二叉树的结点结构

使用这一结构存储二叉树的任一结点时,若该结点存在左孩子,则 LeftChild 域存储其左孩子(此时 LTag 等于 0),否则存储该结点的直接先驱(此时 LTag 等于 1);若该结点存在右孩子,则 RightChild 域存储其右孩子(此时 RTag 等于 0),否则存储该结点的直接后继(此时 RTag 等于 1)。

通常把存储在 LeftChild 域中的直接先驱和存储在 RightChild 域中的直接后继称为线索,添加上线索的二叉树称为**线索二叉树**,对二叉树以某种次序遍历使其变为线索二叉树的过程称为**线索化**。

对于先序线索二叉树中的结点,其前驱分为 3 种情况:①若该结点为根,则无前驱;②若该结点为双亲结点的左孩子,或是双亲结点的右孩子且双亲结点没有左子树,则其前驱为双亲结点;③若该结点为双亲结点的右孩子,且双亲结点有左子树,则其前驱为双亲结点左子树对应的先序序列的最后一个结点。后继分为 4 种情况:①若该结点存在左孩子,则其后继为左孩子;②若该结点无左孩子仅有右孩子,则其后继为右孩子;③若该结点无左右孩子(即叶子结点),其后继为距离该结点最近的祖先结点的右子树对应的先序序列的第一个结点;④先序线索二叉树对应的先序序列的最后一个结点无后继。

对于中序线索二叉树的结点,其前驱分为 4 种情况:①若该结点存在左孩子,则其前驱为左孩子;②若该结点无左孩子有右孩子,或该结点无左右孩子(即叶子结点)且该结点为双亲结点的右孩子时,则其前驱为双亲结点;③若该结点无左右孩子(即叶子结点)且该结点为双亲结点的左孩子时,该结点的前驱为其祖父结点;④中序线索二叉树对应的中序序列的第一个结点无前驱。后继分为 4 种情况:①若该结点存在右孩子,则其后继为右孩子;②若该结点存在左孩子无右孩子,或该结点无左右孩子(即叶子结点)且该结点为双亲结点的左孩子,则其后继为双亲结点;③若该结点存在左孩子无右孩子,或该结点无左右孩子(即叶子结点)且该结点为双亲结点的右孩子时,其后继为该结点的祖父结点;④中序线索二叉树对应的中序序列的最后一个结点无后继。

对于后序线索二叉树的结点,其前驱分为 4 种情况:①若该结点存在右孩子,则其前驱为右孩子;②若该结点无右孩子有左孩子,则其前驱为左孩子;③若该结点无左右孩子(即叶子结点),其前驱是离该结点最近的祖先结点的左子树对应的后序序列的最后一个结点;④后序线索二叉树对应的后序序列的第一个结点无前驱。后继分为 3 种情况:①若该结为根,则无后继;②若该结点为双亲结点的右孩子,或是双亲结点的左孩子且双亲结点没有右子树,则其后继为双亲结点;③若该结点为双亲结点的左孩子,且双亲结点有右子树,则其后继为双亲结点右子树对应的后序序列的第一个结点。

2. 线索二叉树的构造

从先序、中序和后序这三种线索二叉树找前驱和后继的情况来看,只有中序线索二叉树最方便访问前驱和后继,接下来介绍中序线索二叉树的构造和遍历。

中序线索二叉树的构造就是在中序遍历二叉树的过程中将二叉链表中的空指针改为指向前驱或后继的线索,如图 4-20 所示。

```
void InThreadingBinaryTree(ThreadBinaryLinkTree TBT,ThreadBinaryLinkTree &pre)
{
    if(TBT!= NULL)
    {
        InThreadingBinaryTree(TBT->LeftChild);        //左子树线索化
        if(TBT->LeftChild == NULL)                    //前驱线索
        {
            TBT->LTag = Thread;
            TBT->LeftChild = pre;
        }
        if(pre->RightChild == NULL)                   //后继线索
        {
            pre->RTag = Thread;
            pre->RightChild = TBT;
        }
        pre = TBT;
        InThreadingBinaryTree(TBT->RightChild);       //右子树线索化
    }
}
```

图 4-20 中序线索二叉树的算法

从图 4-20 中的递归算法可以看到,先对左子树线索化,再对右子树线索化。左孩子为空时,建立前驱线索;右孩子为空时,建立后继线索。

接下来调用中序线索二叉树的算法,对一棵二叉树进行线索化,最终得到中序线索链表,如图 4-21 所示。

```
void InOrderThreadingBinaryTree(ThreadBinaryLinkTree &hNode,ThreadBinaryLinkTree TBT)
{
    ThreadBinaryTreeNode * pre = NULL;
    hNode = (ThreadBinaryTreeNode * )malloc(sizeof(ThreadBinaryTreeNode));   //创建头指针
    hNode->LTag = Link;
    hNode->RTag = Thread;
    hNode->RightChild = hNode;                                               //右指针指向自己
    if(TBT == NULL)
        hNode->LeftChild = hNode;                                            //左指针指向自己
    else
    {
        hNode->LeftChild = TBT;
        pre = hNode;
        InOrderThreadingBinaryTree(TBT);                                     //中序线索化
        pre->RightChild = hNode;                                             //最后一个结点线索化
        pre->RTag = Thread;
        hNode->RightChild = pre;
    }
}
```

图 4-21 中序线索化二叉树的算法

为了操作方便,可以在二叉树的中序线索链表上添加一个头结点,令左孩子域的指针指向根结点,右孩子域的指针中遍历时的最后一结点,同时令中序线索链表第一个结点的左孩子域的指针和最后一个结点的右孩子域的指针均指向头结点。这样相当于建立了一个双向线索链表,从而方便从头到尾遍历或反之,如图 4-22 所示。

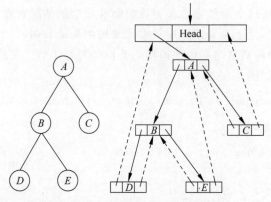

图 4-22　二叉树中序双向线索链表

中序线索二叉树的结点隐含前驱和后继的信息,所以遍历时从序列中的第一个结点开始,然后找到该结点的后继,直到其后继为空。

4.3　树和森林

4.3.1　树的存储结构

树的存储结构也有顺序存储和链式存储两种结构。下面将介绍最为常用的 3 种存储方式,即双亲表示法、孩子表示法、孩子兄弟表示法。

1. 双亲表示法

双亲表示法在存储树的结点时包括两部分,结点值 data 和该结点的双亲 parent。实现时使用一组连续的存储单元存储树的每一个结点及结点间的关系。如图 4-23 所示,对每个结点(除根结点外)的双亲并不直接存储其值,而是存储该值对应的数组下标(index),由于根结点没有双亲结点,故将其双亲设置为 −1。

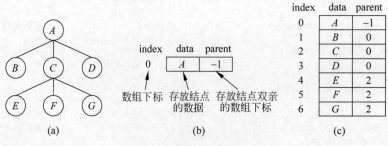

图 4-23　树的双亲表示法

双亲表示法求某个结点的双亲结点时很容易,但在求某个结点的孩子结点时,最坏情况下需要访问整个数组。

请读者思考：树和二叉树的顺序存储有何不同？前者是下标中指示的内容指示了结点的关系，后者是由下标直接指示。

2. 孩子表示法

使用孩子表示法存储树的结点时有多种形式。有一种形式是将树中结点及结点间的关系分为两部分表示，树中结点用数组存储，结点间的关系用链表存储，前者通过指针与后者相连，如图 4-24 所示。

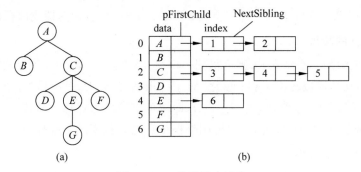

图 4-24　一种孩子表示法

实现第一部分时，使用 data 域来存储树的每一个结点值，并使用 pFirstChild 域来存储指向该结点的第一个孩子结点，通常使用数组来存储上述存储结构的这一部分；第二部分的每一个孩子结点由 index 域和 NextSibling 域组成。任一孩子结点 index 域的值均为该孩子结点在数组中的下标，而 NextSibling 域的值均为 pFirstChild 域中值所指结点的兄弟结点，通常使用单链表来存储。

孩子表示法的优点是查找某结点的孩子结点很方便，其缺点是在查找某个结点的双亲结点时，最坏情况下需要访问所有数组中的元素及链表中的结点。

3. 孩子兄弟表示法

孩子兄弟表示法（又称二叉树表示法或二叉链表表示法）在存储树的结点时，每个结点包含 3 部分，结点值 data、指向该结点的第一个孩子结点的结点域 pFirstChild、指向该结点的下一个兄弟结点的结点域 pNextSibling，如图 4-25 所示。

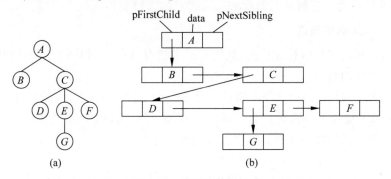

图 4-25　孩子兄弟表示法

孩子兄弟表示法的优点是便于查找结点的孩子结点和兄弟结点，而其缺点和孩子表示法的缺点一样，即从当前结点查找双亲结点比较困难。从树的根结点开始查找某一结点的双亲结点，最坏情况下需要访问树中的所有结点，但若为每个结点增设一个 parent 域，用于记录其双亲结点,则同样能方便地实现查找双亲结点的操作。

4.3.2 树、森林与二叉树的转换

若干棵互不相交的树组成的集合称为森林。森林可由空树的集合组成,也可由一棵树组成,还可以由多棵树组成。因此,对于由若干棵树 T 组成的森林 F, $F=(T_1,T_2,\cdots,T_m)$, $m\geqslant 0$,当 $m=0$ 时,F 为空,此时森林实际上为一棵空树;当 $m=1$ 时,F 为只包含一棵树的森林,此时森林实际上为一棵非空树;当 $m>1$ 时,F 包含两棵或两棵以上的树。

1. 森林和树的转换

若为森林 F 添加一个结点 R,则可得到一棵树 $T=(R,F)$,其中,R 为该树的根结点,F 为 R 的子树,即森林可以转换为树;反之,对于一棵树 $T=(R,F)$,其中,R 为该树的根结点,F 为 R 的子树,若将 R 删除,则 $T=(F)$,即树可以转换为森林。简言之,给森林增加一个根结点就变成了一棵树;反之,一棵树删除根结点之后就变成了森林。

2. 树和二叉树的转换

树和二叉树都可以使用二叉链表作为存储结构。因此,给定一棵树,可以找到唯一的一棵二叉树与之对应。也就是说,树与二叉树之间可以相互转换。将一棵树转换为二叉树的本质是保持左分支不变,将兄弟结点变为右分支,其规则如下。

(1) 树中所有相邻的兄弟结点之间加一条连线。

(2) 对树中每个结点,只保留它与第一个孩子的连线,删除它与其他孩子的连线。

(3) 以树根为轴心,将整棵树顺时针旋转 45°,使其看起来更像一棵二叉树。

反之,将二叉树还原成其对应的一棵树,本质是保持左分支不变,将右分支还原为兄弟结点,其规则如下。

(1) 若某一结点是其双亲的左孩子,则把该结点的右孩子、右孩子的右孩子等都与该结点的双亲结点用线连起来。

(2) 删除原二叉树中所有双亲结点与右孩子结点之间的连线。

(3) 以树根为轴心,将整棵树逆时针旋转 45°,使其看起来更像一棵树。

如图 4-26 所示为一棵树和其对应的二叉树及二叉链表形式。

3. 森林和二叉树的转换

由于树和森林之间可以相互转换,且树和二叉树存在一一对应的关系,因此,森林和二叉树之间也可以互相转换。

森林转换为二叉树的方式如下:假设森林 $F=(T_1,T_2,\cdots,T_m)$,其中,$T_1,T_2,\cdots,T_m$ 是 m 棵树,可将其按如下步骤转换为一棵二叉树 $B=(root,LB,RB)$,其中,root 是二叉树的根结点,LB 是二叉树的左子树,RB 是二叉树的右子树。

(1) 若 F 为空,即 $m=0$,则 B 为空树。

(2) 若 F 非空,即 $m\neq 0$,可将森林 F 分为三部分,分别为 F_1、F_2、F_3。

$F_1=(T_1R_1)$,T_1R_1 为 T_1 的根结点。

$F_2=(T_1-\{T_1R_1\})$,T_1 中不包含根结点的部分,即 T_1 的子树。

$F_3=F-T_1=(T_2,T_3,\cdots,T_m)$,$F$ 中除 T_1 以外的其他树,即 $T_2,T_3,\cdots,T_m$。

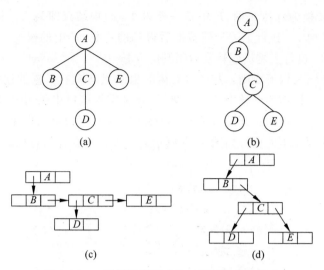

图 4-26 一棵树和其对应的二叉树及二叉链表

将森林 F 转换为二叉树 B 时,F_1 即为 B 的根结点,对森林 F_2 执行上述步骤转换后得到的二叉树作为 B 的左子树,再对森林 F_3 执行上述步骤转换后得到的二叉树作为 B 的右子树。

上述方式可总结为以下规则:先将森林中的每棵树转换成二叉树,再从第二棵二叉树开始,依次将根结点作为前一棵二叉树根的右孩子,直到最终变成一棵二叉树为止。如图 4-27 所示为森林转二叉树的过程。

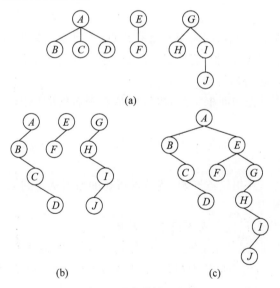

图 4-27 森林转二叉树

二叉树转换为森林的方式如下。

假设 $B=(\text{root},\text{LB},\text{RB})$ 是一棵二叉树,其中,root 是根结点,LB 是二叉树的左子树,RB 是二叉树的右子树,将其按如下步骤转换为森林 $F=(T_1,T_2,\cdots,T_m)$,其中,T_1,T_2,$\cdots$,T_m 是 m 棵树。

(1) 若 B 为空,则 F 为空树。

(2) 若 B 非空,可将 B 分为三部分,分别为 B_1、B_2、B_3,并且 $B_1=\text{root}$、$B_2=\text{LB}$、$B_3=\text{RB}$。

将二叉树 B 转换为森林 F 时，F 中第一棵树 T_1 的根结点即为 B_1，树 T_1 的子树组成的森林即为对二叉树 B_2 执行上述步骤转换后得到的森林，F 中的树 $T_2,\cdots,T_m$ 组成的森林即为对二叉树 B_3 执行上述步骤转换后得到的森林。

上述方式可总结为以下规则：先将二叉树的根结点与其右子树的连接断开，即将二叉树的根结点与其左子树作为森林中的第一棵树（此时需将该树中仍为二叉树的形式转换为树），再用同样的方法处理刚断开的右子树，从而产生森林中的第二棵树……，以此类推，直到剩余部分全部处理完毕为止。如图 4-28 所示为二叉树转森林的过程。

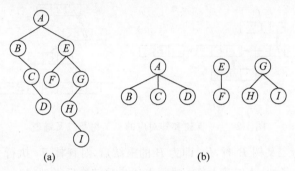

图 4-28 二叉树转森林

4.3.3 树和森林的遍历

1. 树的遍历

树的遍历是指按某种方式访问树中的所有结点，并且要求树中每一个结点只被访问一次。树的遍历方式主要有先序(根)遍历、后序(根)遍历和层次遍历。这里使用递归的方法来介绍先序遍历和后序遍历的过程。

（1）树的先序遍历是先访问根结点，再按照从左到右的顺序先序遍历根结点的每一棵子树。

（2）树的后序遍历是先按照从左到右的顺序后序遍历根结点的每一棵子树，再访问根结点。

（3）树的层次遍历是从根结点开始，按结点所在的层次从小到大，同一层从左到右的次序访问树中的每一个结点。

注意：树没有中序遍历，这一点不同于二叉树。

如图 4-29 所示的树，采用先序遍历、后序遍历和层次遍历得到的结点序列分别为 $ABEKLFCGDHMIJ$、$KLEFBGCMHIJDA$ 和 $ABCDEFGHIJKLM$。

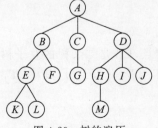

图 4-29 树的遍历

2. 森林的遍历

按照树和森林的关系，可以对森林进行先序遍历和中序遍历。对于非空森林，两者的规则如下。

（1）森林的先序遍历是先访问森林中第一棵树的根结点，然后先序遍历第一棵树中根结点的子树森林，再先序遍历除去第一棵树之后剩余的树构成的森林。

（2）森林的中序遍历是先中序遍历森林中第一棵树的根

结点的子树森林,然后访问第一棵树的根结点,再中序遍历除去第一棵树之后剩余的树构成的森林。

注意:由树、森林和二叉树之间的关系可以知道,三者的先序遍历相同,而树的后序遍历与森林和二叉树的中序遍历对应。

4.4 树与二叉树的应用

并查集是树(森林)的应用,二叉排序树、平衡二叉树、哈夫曼树和哈夫曼编码是二叉树的应用,但二叉排序树和平衡二叉树属于二叉树在查找方面的应用,将在后续章节讲解。

4.4.1 并查集及其应用

并查集是一种树形的数据结构,用于处理一些不相交集合的合并及查询问题,在使用中常常以树(森林)来表示。并即合并(Union),查即查找(Find),并查集的主要操作有初始化、查找和合并。

(1) 初始化是把每个点所在集合初始化为其自身。通常这个步骤在每次使用该数据结构时只需要执行一次,无论何种实现方式,时间复杂度均为 $O(n)$。

(2) 查找指查找元素所在的集合,并返回集合的名字。

(3) 合并是将两个元素所在的集合合并为一个集合。通常在合并之前,应先判断两个元素是否属于同一集合(仅当两个集合互不相交时才执行合并),可用上面的"查找"操作实现上述判断。

并查集有很多方面的应用,如判断一个无向图中是否有环、判断无向图的连通分量个数,或者判断无向图中任何两个顶点是否连通。图 4-30 演示了并查集的初始化和合并操作。

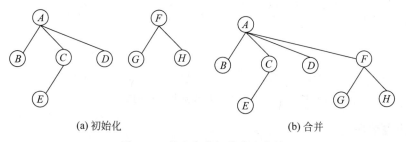

(a) 初始化　　　　　　　　　　　　(b) 合并

图 4-30　并查集的初始化和合并

从图 4-30 中可以看到,并查集的初始化和树(森林)相同。对于树(森林)中两个结点的合并操作,如果它们的根是相同的(即两个结点同属一棵树),则可以任选一个结点作为另一个结点的父结点。如果它们的根是不同的(即为森林),则让一棵树的根结点作为另一棵树的根结点的父结点。

如图 4-31 所示,查找结点 E 的根结点,首先指向结点 E,因为其父结点为 C,故第二步时指向 C,而该结点的父结点为 A,故指向 A,由于 A 结点无父结点,故

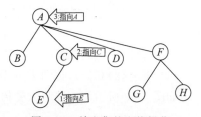

图 4-31　并查集的查找操作

查找结束，A 即为根结点。读者可尝试自行实现上述算法。

4.4.2 哈夫曼树和哈夫曼编码

1. 哈夫曼树的定义

在许多应用中，树中的结点有时会被赋予一个有某种意义的数值，通常称此数值为该结点的**权值**。对于带权值的结点，它和根结点之间的路径长度与该结点的权值的乘积称为结点的带权路径长度。**树的带权路径长度**为树中所有叶子结点的带权路径长度之和，通常记作

$$\text{WPL} = \sum_{k=1}^{n} w_k l_k$$

其中，n 为树中叶子结点的数目，w_k 为第 k 个叶子结点的权值，l_k 为根结点和第 k 个结点间的路径长度。

对于含有 n 个叶子结点的二叉树，假定它们的权值分别为 $w_1, w_2, \cdots, w_n$，通常将其中 WPL 最小的二叉树称为**最优二叉树**或**哈夫曼树**（Huffman 树）。

如图 4-32 所示的三棵二叉树，每棵二叉树均有四个叶子结点 A、B、C、D，它们的权值分别为 7、5、2、4，每棵二叉树的带权路径长度如下。

$$\text{WPL}_A = 7 \times 2 + 5 \times 2 + 2 \times 2 + 4 \times 2 = 36$$
$$\text{WPL}_B = 7 \times 1 + 5 \times 2 + 2 \times 3 + 4 \times 3 = 35$$
$$\text{WPL}_C = 7 \times 3 + 5 \times 3 + 2 \times 1 + 4 \times 2 = 46$$

其中，图 4-32(b) 所示二叉树的带权路径长度最小。在之后学习中将证明它为哈夫曼树。

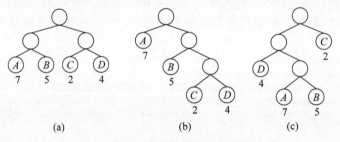

图 4-32 具有不同带权路径长度的二叉树

2. 哈夫曼编码

哈夫曼算法的基本思想如下。

(1) 给定 n 棵仅含根结点的二叉树 $T_1, T_2, \cdots, T_n$，它们的权值分别为 $w_1, w_2, \cdots, w_n$，将它们放入一个集合 F 中，即 $F = \{T_1, T_2, \cdots, T_n\}$。

(2) 在 F 中选取两棵根结点的权值最小的二叉树构造一棵新的二叉树，并且使新二叉树根结点的权值等于其左、右子树根结点的权值之和。

(3) 将(2)中得到的新二叉树添加到 F 中，并将组成它的两棵二叉树删除。

(4) 重复(2)和(3)，直到 F 中只包含一棵二叉树，这棵二叉树即为哈夫曼树。

如图 4-33 所示为一棵哈夫曼树的构造过程。

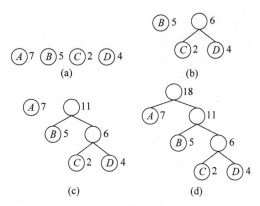

图 4-33 哈夫曼树的构造过程

注意：对于具有 n 个叶子结点的哈夫曼树，共有 $2n-1$ 个结点。

在进行数据通信时，需要传送各种报文。在对报文中的字符进行编码时，可将其编码设计为长度相等的（即**固定长度编码或等长编码**），但是这种方式的传输效率较低。若将这些字符的编码设计成长度不等的（即**不定长度编码或可变长度编码或不等长编码**），并让报文中出现次数较多的字符使用尽可能短的编码，可使报文的长度变短，从而提高报文的传输效率。

假定要传送的报文中包含以下八种字符 A、B、C、D、E、F、G、H，它们对应的等长编码和不等长编码如表 4-2 所示。

表 4-2 八种字符的编码

字符	A	B	C	D	E	F	G	H
等长编码	000	001	010	011	100	101	110	111
不等长编码	0	1	01	11	10	101	110	111

假设待传送字符为 B 和 D，若采用等长编码，则传送的报文为 '001011'；若采用不等长编码，则传送的报文为 '111'。对于报文 '111'，译码时可为 'BBB'、'BD' 或 'H' 等，因此采用不等长编码时，需要保证任一字符的编码都不是另一个字符的编码的前缀。具有这一特性的编码称为前缀编码。

设计二进制前缀编码使得报文总长度最短的问题实质为创建一棵哈夫曼树。通常将使用哈夫曼树得到的二进制前缀编码称为哈夫曼编码，具体过程如下。

（1）将需要被编码的字符作为叶子结点，其权值即为字符在报文中出现的频率。

（2）通常约定，若哈夫曼树中某一结点是其双亲结点的左子树，则它们之间的分支代表字符 '0'，否则代表字符 '1'。

（3）在根结点到叶子结点的路径中，所有分支代表的字符组成的字符串即为该叶子结点对应字符的哈夫曼编码。

如图 4-34(a) 所示的哈夫曼树，其中叶子结点下方的数字表示该结点的权值，分支上的数字 0 或 1 表示该分支代表的字符。字符 A、B、C、D、E、F、G、H 的哈夫曼编码如图 4-34(b) 所示。

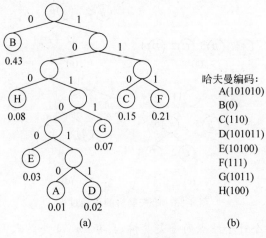

图 4-34 哈夫曼编码示例

小结

  本章主要介绍树、森林和二叉树。二叉树是树的特例，森林是多棵树的集合。三者的概念一定要熟练掌握，选择题中经常会考到，三者的应用是历年考试的重点和难点，会涉及算法试题。

  从历年试题内容来看，本章单独命题较多，与查找排序结合命题也极为常见。试题形式以客观题居多，主观题略少。考生复习时需要了解树和二叉树的定义和概念，掌握二叉树的基本性质、遍历及线索化，哈夫曼树和并查集的构造等内容，进而从整体上把握本章知识结构。

第 5 章

图

本章重点
- 图的概念及性质。
- 图的遍历和应用。

图也是一种非线性结构。从历年试题来看,必须熟练掌握图的基本概念、性质和存储结构,本章介绍的知识点对很多考生而言都是难点,如深度优先遍历、广度优先遍历、最小生成树算法、最短路径算法和关键路径算法等,一定要掌握这些算法的基本思想和实现步骤,并能实现。

思维导图

本章内容的思维导图如图 5-0 所示。

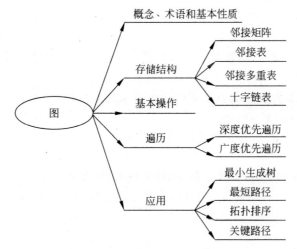

图 5-0 第 5 章内容思维导图

考纲内容

(一) 图的基本概念

(二) 图的存储及基本操作

1. 邻接矩阵

2. 邻接表

3. 邻接多重表、十字链表

(三) 图的遍历

1. 深度优先搜索

2. 广度优先搜索

(四) 图的基本应用

1. 最小(代价)生成树

2. 最短路径

3. 拓扑排序

4. 关键路径

5.1 图的基本概念

1. 图的定义

图的形式化定义为 $G=(V,\{VR\})$，其中，V 是图中数据元素的有穷非空集合，VR 是两个顶点间关系的集合，它可以是空集。通常将图中的数据元素称为**顶点**。

注意：V 是有穷非空集，VR 可以是空集，即图的顶点集不可为空，边集可为空，这意味着图不可以像线性表可以为空表，也不可以和树一样为空树。

2. 图的相关术语

1) 无向图

给定图 $G=(V,\{VR\})$，若该图中每条边都是没有方向的，则称其为**无向图**。对于图 G 中顶点 v 和顶点 w 的关系可用无序对 (v,w) 表示，它是连接 v 和 w 的一条**边**。如图 5-1 所示的无向图，一共存在五条边 $(V_1,V_2),(V_1,V_3),(V_2,V_4),(V_1,V_5),(V_5,V_4)$。

2) 有向图

给定图 $G=(V,\{VR\})$，若该图中每条边都是有方向的，则称其为**有向图**。对于图 G 中顶点 v 和顶点 w 的关系可用有序对 $<v,w>$ 表示，它是从 v 到 w 的一条弧，其中，v 称为**弧尾**或初始点，w 称为**弧头**或终端点。如图 5-2 所示的有向图，一共存在四条弧 $<V_1,V_2>,<V_1,V_3>,<V_3,V_4>,<V_4,V_1>$。

对于图 $G=(V,\{VR\})$，若无特别说明，在本章中约定：

(1) 若 $v_i,v_j \in V$，且 $<v_i,v_j> \in VR$ 或 $(v_i,v_j) \in VR$，则必有 $v_i \neq v_j$。

(2) 集合 VR 中的元素是彼此不同的，即若图 G 为有向图且 $<v_i,v_j> \in VR$，则不存在 $<v,w> \in VR$，使得 $v=v_i,w=v_j$；若图 G 为无向图且 $(v_i,v_j) \in VR$，则不存在 $(v,w) \in VR$，使得 $v=v_i,w=v_j$。

3) 完全图

对于任一无向图，若其顶点的总数目为 n，边的总数目为 $e=\dfrac{n(n-1)}{2}$，则称其为**完全图**。如图 5-3 所示为一个完全图。

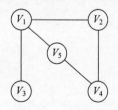
图 5-1 无向图

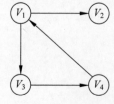
图 5-2 有向图

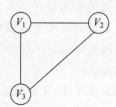
图 5-3 完全图

4) 有向完全图

对于任一有向图,若其顶点的总数目为 n,边的总数目为 $e=n(n-1)$,则称其为**有向完全图**。如图 5-4 所示为一个有向完全图。

5) 稀疏图和稠密图

对于具有 n 个顶点、e 条边或弧的图来说,若 e 很小(如 $e<n\log n$),则称其为**稀疏图**,反之称其为**稠密图**。

6) 权和网

权:图中边或弧被赋予的某一数值称为权,它可以表示从一个顶点到另外一个顶点的距离或其他相关信息。

网:带权的图称为网。

7) 稀疏网和稠密网

稀疏网:带权的稀疏图称为稀疏网。

稠密网:带权的稠密图称为稠密网。

8) 子图

对于图 $G=(V,\{R\})$ 和图 $G'=(V',\{R'\})$,若 $V'\subseteq V$ 且 $R'\subseteq R$,则称 G' 为 G 的**子图**。在图 5-5 中,如图 5-5(b)~图 5-5(d)所示为图 5-5(a)中无向图的子图。

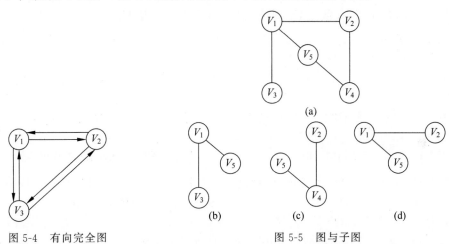

图 5-4 有向完全图   图 5-5 图与子图

9) 邻接点

对于无向图 $G=(V,\{R\})$,若 $v\in V,w\in V$ 且 $(v,w)\in R$,则称顶点 v 和顶点 w 互为**邻接点**,并称边 (v,w) 依附于顶点 v 和顶点 w,或称边 (v,w) 与顶点 v 和顶点 w 相关联。在图 5-6(a)中,顶点 V_1 和顶点 V_2 互为邻接点,边 (V_1,V_2) 与顶点 V_1 和顶点 V_2 相关联;由于顶点 V_1 和顶点 V_3 之间不存在边 (V_1,V_3),因此顶点 V_1 不是顶点 V_3 的邻接点,顶点 V_3 也不是顶点 V_1 的邻接点(即顶点 V_1 和顶点 V_3 不互为邻接点)。

对于有向图 $G=(V,\{R\})$,若 $v\in V,w\in V$ 且 $<v,w>\in R$,则称顶点 v 邻接到顶点 w,顶点 w 邻接自顶点 v,弧 $<v,w>$ 与顶点 v 和顶点 w

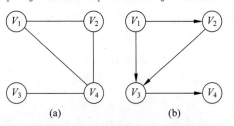

图 5-6 无向图和有向图示例1

相关联。在图 5-6(b)中,顶点 V_1 邻接到顶点 V_2,顶点 V_2 邻接自顶点 V_1,弧$<V_1,V_2>$与顶点 V_1 和顶点 V_2 相关联;由于不存在弧$<V_2,V_1>$,因此顶点 V_2 不会邻接到顶点 V_1,顶点 V_1 也不会邻接自顶点 V_2。

10) 顶点的入度、出度和度

无向图中顶点的度:在无向图中,顶点 v 的度等于与该顶点相关联的边的数目,记为 $TD(v)$。如图 5-7(a)所示,顶点 V_2 的度 $TD(V_2)=3$。

有向图中顶点的入度、出度和度:在有向图中,某一顶点 v 的度等于该顶点的入度与出度之和,将其记为 $TD(v)$。其中,顶点 v 的入度(记为 $ID(v)$)是以该顶点为弧头的弧的数目,顶点 v 的出度(记为 $OD(v)$)是以该顶点为弧尾的弧的数目。如图 5-7(b)所示,由于顶点 V_4 的入度为 1,即 $ID(V_4)=1$,顶点 V_4 的出度为 2,即 $OD(V_4)=2$,因此顶点 V_4 的度 $TD(V_4)=OD(V_4)+ID(V_4)=2+1=3$。

11) 路径、简单路径和路径长度

路径:在图 $G=(V,\{R\})$ 中,顶点 v_1 到顶点 v_m 的路径是一个顶点序列$(v_1,v_2,\cdots,v_i,v_j,\cdots,v_m)$,对于上述序列中任意两个相邻的顶点 v_i 和 v_j,若图 G 是无向图,则有$(v_i,v_j)\in R$;若图 G 是有向图,则有$<v_i,v_j>\in R$。

在如图 5-8(a)所示的无向图中,顶点 V_1 到顶点 V_4 的路径之一为(V_1,V_2,V_4);在如图 5-8(b)所示的有向图中,顶点 V_1 到顶点 V_4 的路径之一为(V_1,V_2,V_4)。

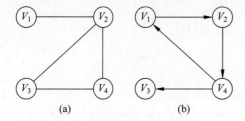
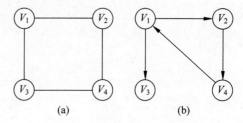

图 5-7　无向图和有向图示例 2　　　　图 5-8　无向图和有向图示例 3

简单路径:给定一条路径,若该路径对应的序列中的顶点不重复出现,则称该路径为简单路径。在图 5-8(a)中,(V_1,V_2,V_4)为一条简单路径;而在图 5-8(b)中,(V_4,V_1,V_3)为一条简单路径。

路径长度:路径上边或弧的数目称为路径长度。在如图 5-8(a)所示的无向图中,顶点 V_1 到顶点 V_4 的路径为(V_1,V_2,V_4),其长度是 2;而在如图 5-8(b)所示的有向图中,顶点 V_2 到顶点 V_3 的路径为(V_2,V_4,V_1,V_3),其长度是 3。

12) 回路(环)和简单回路(简单环)

回路(环):若某一路径中的第一个顶点和最后一个顶点相同,则称该路径为回路(或环)。在如图 5-9(a)所示的有向图中,路径(V_1,V_2,V_4,V_3,V_1)是一个回路;而在如图 5-9(b)所示的无向图中,路径(V_1,V_2,V_4,V_3,V_1)是一个回路。

简单回路(简单环):在某一回路中,若除第一个顶点和最后一个顶点外,其余顶点均不重复,则称该回路为简单回路(或简单环)。

13) 连通图和连通分量

连通图:在无向图中,若从顶点 v 到顶点 v' 有路径,则称 v 和 v' 是连通的,若在该图中任意两个顶点间都是连通的,则称其为连通图。如图 5-10 所示的无向图是一个连通图。

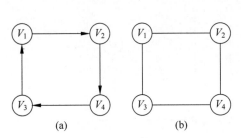
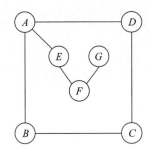

图 5-9　包含回路的有向图和无向图　　　图 5-10　连通图

连通分量：连通分量即为无向图中的极大连通子图。如图 5-11(a)所示的无向图,其中包含 3 个连通分量,如图 5-11(b)所示。

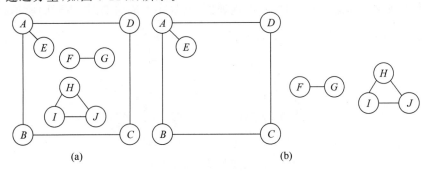

图 5-11　无向图及其连通分量

14）强连通图和强连通分量

强连通图：在有向图中,若对于任意两顶点 v 和 v',都存在从 v 到 v' 的路径和从 v' 到 v 的路径,则称这样的有向图为强连通图。如图 5-12 所示的有向图是一个强连通图。

强连通分量：强连通分量即为有向图中的极大强连通子图。如图 5-13(a)所示的有向图,其中包含两个强连通分量,如图 5-13(b)所示。

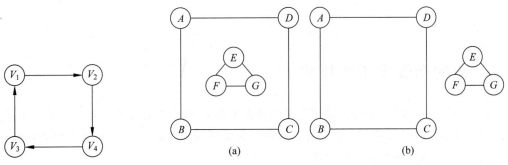

图 5-12　强连通图　　　图 5-13　有向图及其强连通分量

15）生成树和最小生成树

生成树：某一具有 n 个顶点的连通图的生成树是该图的极小连通子图,生成树包含这一连通图中的 n 个顶点和 $n-1$ 条边。如图 5-14(a)所示的连通图,它的一棵生成树如图 5-14(b)所示。

由生成树的定义可知,若某图有 n 个顶点和 $m(m < n-1)$ 条边,则该图是非连通的。

最小生成树：通常把各边带权的连通图称为连通网,在某一连通网的所有生成树中,对

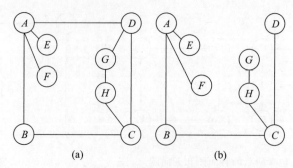

图 5-14 连通图及其生成树

其中每一棵生成树的各边权值求和,并找出权值之和最小的生成树,这一生成树被称为该连通网的最小生成树。如图 5-15(a)所示的连通网,其最小生成树如图 5-15(b)所示。

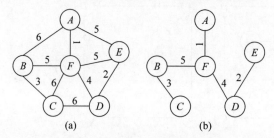

图 5-15 连通网及其最小生成树

非连通图的各连通分量的生成树组成的森林称为生成森林。

3. 图的性质

性质 1：若某图有度分别为 $\mathrm{TD}(v_1),\mathrm{TD}(v_2),\cdots,\mathrm{TD}(v_n)$ 的 n 个顶点 $v_1,v_2,\cdots,v_n$ 和 e 条边或弧,则有

$$e = \frac{1}{2}\sum_{i=1}^{n}\mathrm{TD}(v_i)$$

性质 2：一棵有 n 个顶点的生成树有且仅有 $n-1$ 条边。

5.2 图的存储及基本操作

在存储图这一数据结构时,除了要考虑顶点本身如何存储,还要考虑如何存储图中顶点间的关系(即边或弧)。接下来简要介绍 4 种最为常见图的存储结构,分别为邻接矩阵法、邻接表法、十字链表法和邻接多重表法。

5.2.1 邻接矩阵法

1. 邻接矩阵的定义

在数组表示法中,需要使用一个数组存储图中顶点的信息,再使用另一个数组存储图中边或弧的信息,通常把后一个数组称为图的**邻接矩阵**。

在使用数组存储含有 $n(n>0)$ 个顶点的图 $G=\{V,\{E\}\}$ 时,将图中所有顶点存储在长

度为 n 的一维数组 Vertexs 中,并将图中边或弧的信息存储在 $n \times n$ 的二维数组(即邻接矩阵 Arcs)中。假设图 G 中顶点 v 和顶点 w 在数组 Vertexs 中的下标分别为 i 和 j,该图对应的邻接矩阵 Arcs 的定义如下。

(1) 若图 G 为有向图或无向图:

$$\text{Arcs}[i][j] = \begin{cases} 1, & \text{若}(v,w) \text{ 或} <v,w> \in E \\ 0, & \text{其他} \end{cases}$$

(2) 若图 G 为有向网或无向网:

$$\text{Arcs}[i][j] = \begin{cases} w_{ij}, & \text{若} i \neq j \text{ 且}(v,w) \text{ 或} <v,w> \in E,\text{该边或弧的权值为} w_{ij} \\ 0, & i = j \\ \infty, & \text{其他} \end{cases}$$

如图 5-16 所示,通常将其中无向图、无向网、有向图和有向网中所有顶点均存储在数组 Vertexs$=[a,b,c,d]$ 中,而这些图对应的邻接矩阵如图 5-17 所示。

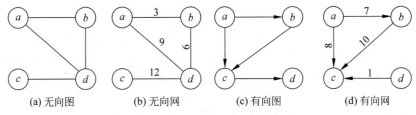

(a) 无向图 (b) 无向网 (c) 有向图 (d) 有向网

图 5-16 无向图、无向网、有向图和有向网

$$\text{Arcs} = \begin{bmatrix} 0 & 1 & 0 & 1 \\ 1 & 0 & 0 & 1 \\ 0 & 0 & 0 & 1 \\ 1 & 1 & 1 & 0 \end{bmatrix} \quad \text{Arcs} = \begin{bmatrix} 0 & 3 & 0 & 9 \\ 3 & 0 & 0 & 6 \\ 0 & 0 & 0 & 12 \\ 9 & 6 & 12 & 0 \end{bmatrix} \quad \text{Arcs} = \begin{bmatrix} 0 & 1 & 1 & 0 \\ 0 & 0 & 1 & 0 \\ 0 & 0 & 0 & 1 \\ 0 & 0 & 0 & 0 \end{bmatrix} \quad \text{Arcs} = \begin{bmatrix} 0 & 7 & 8 & 0 \\ 0 & 0 & 10 & 0 \\ 0 & 0 & 0 & 1 \\ 0 & 0 & 0 & 0 \end{bmatrix}$$

(a) 无向图的邻接矩阵 (b) 无向网的邻接矩阵 (c) 有向图的邻接矩阵 (d) 有向网的邻接矩阵

图 5-17 邻接矩阵

2. 邻接矩阵的特点

邻接矩阵的特点总结如下。

(1) 由于创建邻接矩阵时,输入顶点的顺序可能不同,因此一个图的邻接矩阵并不是唯一的。

(2) 对于含有 n 个顶点的图,无论图中包含多少条边或弧,其邻接矩阵一定是 $n \times n$ 的二维数组,因此邻接矩阵更适用于存储稠密图。

(3) 无向图的邻接矩阵具有对称性,因此可采用压缩存储的方式,只对其上三角(或下三角)元素进行存储。

(4) 对于无向图,若某一顶点 v 在一维数组 Vertexs 中的下标为 i,则该顶点的度为邻接矩阵第 $i+1$ 行中值为 1 的元素的总数目。

(5) 对于有向图,若某一顶点 v 在一维数组 Vertexs 中的下标为 i,则该顶点的出度为邻接矩阵第 $i+1$ 行中值为 1 的元素的总数目,该顶点的入度为邻接矩阵第 $i+1$ 列中值为 1 的元素的总数目。

(6) 在简单应用中,可直接用二维数组作为图的邻接矩阵(可忽略顶点信息)。

(7) 若邻接矩阵中的元素仅表示顶点之间的边是否存在时,可记为 0 或 1。

(8) 用邻接矩阵存储图,很容易确定图中任意两个顶点之间是否有边相连,但是确定图中边数时需按行和列进行检索,时间代价较大。

构造一个具有 n 个顶点、e 条边的无向网的时间复杂度为 $O(n^2+e\cdot n)$,其中,对邻接矩阵的初始化使用了 $O(n^2)$ 的时间。

5.2.2 邻接表法

1. 邻接表的定义

在使用邻接表存储图时,通常将图分为顶点和边两部分:第一部分为图中每一顶点及与该顶点相关联的第一条边或弧;第二部分为与某一顶点相关联的所有边或以某一顶点为弧尾的所有弧。

在实现顶点部分时,使用 data 域来存储图中每一个顶点的值,并使用 FirstArc 域来存储与该顶点相关联的第一条边或弧,这一部分通常使用数组来存储。在实现边部分时,每一条边或弧都存储在一个结点中,该结点由 adjacent 域、info 域和 NextArc 域组成,这些结点形成了若干个单链表。一般情况下,第一部分中数组每一维的 FirstArc 域均指向第二部分中某一单链表的第一个结点,该结点和当前 FirstArc 域对应的 data 域存储的顶点之间存在边或弧。

如图 5-18(a)所示的无向网,其对应的邻接表如图 5-18(b)所示。如图 5-18(a)所示的无向网中与顶点 A 相关联的边为(A,C)和(A,D),它们的权值分别为 1 和 2,而在图 5-18(b)中,由于值为 C 的元素的下标为 2,因此边(A,C)对应的结点 adjacent 域值为 2,又因为该边的权值为 1,所以这一结点的 info 域值为 1。

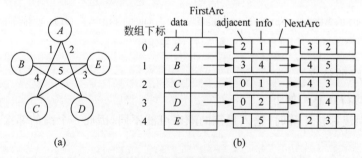

图 5-18 无向网及其邻接表

同理,由于值为 D 的元素的下标为 3,因此边(A,D)对应的结点 adjacent 域值为 3,又因为该边的权值为 2,所以这一结点的 info 域值为 2。

值为 A 的元素的 FirstArc 域指向由上述两个结点组成的单链表的第一个结点(图中所示为边(A,C)对应的结点)。

如图 5-19(a)所示的有向网,其对应的邻接表如图 5-19(b)所示。如图 5-19(a)所示的有向网中以顶点 B 为弧尾的弧为$<B,C>$和$<B,D>$,它们的权值分别为 5 和 3,而在图 5-19(b)中,由于值为 C 的元素的下标为 2,因此弧$<B,C>$对应的结点 adjacent 域值为 2,又因为该弧的权值为 5,所以这一结点的 info 域值为 5。

同理,由于值为 D 的元素的下标为 3,因此弧$<B,D>$对应的结点 adjacent 域值为 3,又

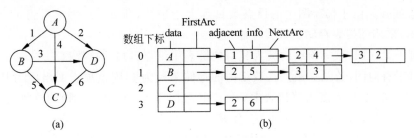

图 5-19 有向网及其邻接表

因为该弧的权值为 5,所以这一结点的 info 域值为 5。

值为 B 的元素的 FirstArc 域指向由上述两个结点组成的单链表的第一个结点(图中所示为弧$<B,C>$)。

2. 邻接表的实现

邻接表存储结构如图 5-20 所示。

```
#define MaxVertexSize 20

typedef struct ArcEdgeNode{
    int adjacentVex;                    //边或弧指向的顶点位置
    struct arcEdgeNode * nextArcEdge;   //指向下一条边或弧
    int info;                           //权重信息
}ArcEdgeNode;

typedef struct vnode
{
    int data;                           //顶点
    ArcEdgeNode * firstArcEdge;         //边或弧
}VertexNode, AdjList[MaxVertexSize];

typedef struct
{
    VertexNode vertices;                //邻接表
    int n,e;                            //图的顶点数和边数或弧数
    int kind;                           //图的种类标志
}AdjacencyListGraph;                    //以邻接表方式存储的图
```

图 5-20 图的邻接表存储结构

3. 邻接表的特点

邻接表的特点如下。

(1) 将图中存储边或弧的结点通过不同的顺序链接起来会形成不同的单链表,也就是说,一个图的邻接表并不是唯一的,它取决于建立邻接表的算法及边的输入顺序。

(2) 若使用邻接表存储具有 e 条边的无向图,则需要 $2e$ 个结点存储该图中的边,而对于具有 e 条弧的有向图,则需要 e 个结点存储此图中的弧,这是因为无向图中的边在邻接表中出现了两次。

因此,对于 n 个顶点 e 条边的无向图,其存储空间为 $O(n+2e)$,而对于 n 个顶点 e 条弧的有向图,其存储储空间则为 $O(n+e)$。

(3) 对于具有 n 个顶点 e 条边或弧的稀疏图而言,若采用数组存储该图,则需要 n^2 个存储空间来存储图中所有的边或弧,而采用邻接表存储该图,则至多需要 $2e$ 个结点存储图

中所有的边或弧。由于稀疏图中的顶点数目远大于边数,即 $n \gg e$,因此可得 $n^2 \gg 2e$,所以对于稀疏图,采用邻接表存储更节省存储空间。

(4) 对于无向图,某一顶点的度为其对应链表中结点(边)的总数目。

(5) 对于有向图,若某一顶点在数组中的存储下标为 i,则该顶点的出度为其对应链表中结点(弧)的总数目,入度为邻接表中 adjacent 域内值为 i 的结点(弧)的总数目。

(6) 对于邻接表,给定某一顶点,查找其邻边只需遍历该顶点对应的边的邻接表,而若需判断两个顶点之间是否存在边时,则需要遍历这两个顶点对应的边的邻接表。

注意:在使用邻接表存储有向图时,计算图中某一顶点的出度很容易,但是在计算某一顶点的入度时,最坏情况下需要遍历整个邻接表。因此,有时为了方便计算有向图中某一顶点的入度,可以为该图建立一个**逆邻接表**。

如图 5-21(a)所示的有向图,其对应的逆邻接表如图 5-21(b)所示。如图 5-21(a)所示的有向图中以顶点 D 为弧头的弧有 $<A,D>$ 和 $<B,D>$;而在图 5-21(b)中,由于值为 A 的元素的下标为 0,因此弧 $<A,D>$ 对应的结点 adjacent 域值为 0。同理,由于值为 B 的元素的下标为 1,因此弧 $<B,D>$ 对应的结点 adjacent 域值为 1。

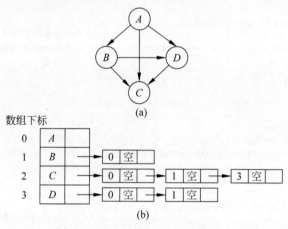

图 5-21　有向图及其逆邻接表

值为 D 的元素的 FirstArc 域指向由上述两个结点组成的单链表的第一个结点(图中所示为弧 $<A,D>$)。

在建立邻接表或逆邻接表时,若输入的顶点信息为顶点的编号,则建立邻接表或逆邻接表的时间复杂度为 $O(n+e)$;否则,需要通过查找才能得到顶点在图中的位置,则时间复杂度为 $O(n \cdot e)$。

5.2.3　十字链表法

1. 十字链表的定义

十字链表通常用于存储有向图,可以将其看成邻接表和逆邻接表的结合。

在使用十字链表存储有向图时,可将它分为两部分:顶点结点部分和弧结点部分。在顶点结点部分,每一个顶点结点包含 data 域、FirstTailArc 域和 FirstHeadArc 域,如图 5-22 所示。其中,data 域存储顶点的值,FirstTailArc 指向以当前顶点为弧尾的第一条弧,

FirstHeadArc 指向以当前顶点为弧头的第一条弧。

| data | FirstTailArc | FirstHeadArc |

图 5-22　十字链表中的顶点结点

在弧结点部分,每一条弧结点包含 TailVertex 域、HeadVertex 域、NextTailArc 域、NextHeadArc 域和 info 域,如图 5-23 所示。其中,TailVertex 域存储当前弧的弧尾在数组中的下标,HeadVertex 域存储当前弧的弧头在数组中的下标,NextTailArc 指向与当前弧有相同弧尾的下一条弧,NextHeadArc 指向与当前弧有相同弧头的下一条弧,info 域存储当前弧的其他信息。

| TailVertex | HeadVertex | NextTailArc | NextHeadArc | info |

图 5-23　十字链表中的弧结点

如图 5-24(a)所示的有向图,其对应的十字链表如图 5-24(b)所示。

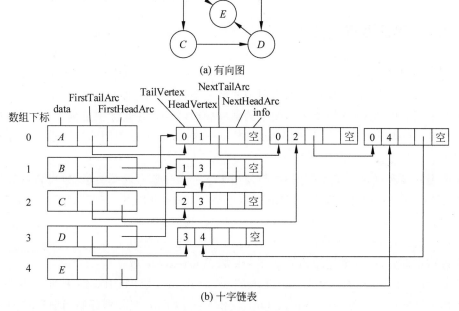

图 5-24　有向图及其十字链表

2. 十字链表的实现

十字链表的存储结构如图 5-25 所示。

3. 十字链表的特点

十字链表的特点如下。

(1) 十字链表所有的顶点结点通常存储在数组(即顺序结构)中,而所有的弧结点存储在单链表(即链式结构)中。

(2) 在这一存储结构中可以很容易地计算图中某一顶点的出度和入度。

```
#define MaxVertexSize 20

typedef struct ArcEdgeNode{
    int headVex,tailVex;                    //弧的尾和头顶点的位置
    struct ArcBox * headLink, * tailLink;   //弧头相同和弧尾相同的链域
    int * info;                             //弧相关信息的指针
}ArcBox;

typedef struct VexNode
{
    int data;                               //顶点
    ArcBox * firstIn, * firstOut;           //边或弧
}VertexNode;

typedef struct
{
    VertexNode hList[MaxVexterSize];        //表头向量
    int n,e;                                //图的顶点数和边数或弧数
}OrthogonalListGraph;                       //以十字链表方式存储的图
```

图 5-25 十字链表的存储结构

(3) 某一个图的十字链表结构不唯一,即存在多个十字链表结构均对应于同一个图的情况。

5.2.4 邻接多重表法

1. 邻接多重表的定义

在使用邻接表存储无向图时,无向图中的每一条边都对应两个结点,由于这两个结点均属于两个不同的单链表,这使得无向图中的某些操作(例如,在删除图中某一指定的边时,需要对邻接表中的两条单链表执行删除操作)变得复杂,此时可以采用邻接多重表来存储无向图以解决上述问题。

在使用邻接多重表存储无向图时,与使用十字链表存储有向图类似,也可将其分为两部分:顶点结点部分和边结点部分。在顶点结点部分,每一个顶点结点包含 data 域和 FirstEdge 域,如图 5-26 所示。其中,data 域存储顶点的值,FirstEdge 则指向与当前顶点相关联的第一条边。

data	FirstEdge

图 5-26 邻接多重表的顶点结点

在边结点部分,每一个边结点包含 mark 域、VertexOne 域、NextEdgeOne 域、VertexTwo 域、NextEdgeTwo 域和 info 域,如图 5-27 所示。其中,mark 域用于标记当前边是否被访问,VertexOne 域和 VertexTwo 域分别存储当前边的两个顶点在数组中的下标,NextEdgeOne 指向与 VertexOne 对应的顶点相关联的下一条边,NextEdgeTwo 指向与 VertexTwo 对应的顶点相关联的下一条边,info 域存储当前边的其他信息。

mark	VertexOne	NextEdgeOne	VertexTwo	NextEdgeTwo	info

图 5-27 邻接多重表的边结点

图 5-28(a)中的无向图的邻接多重表如图 5-28(b)所示。

2. 邻接多重表的实现

邻接多重表的存储结构如图 5-29 所示。

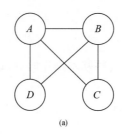

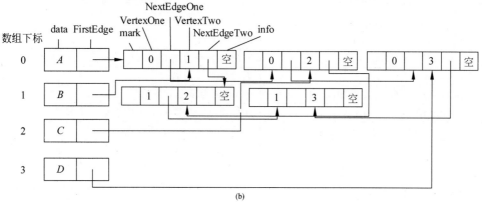

图 5-28 无向图及其邻接多重表

```
#define MaxVertexSize 20
typedef emnu{unvisited, visited} IsVisited;
typedef struct EdgeNode{
    IsVisited   IsVisitedMark;          //访问标记
    int hVex,tVex;                       //该边依附的两个顶点的位置
    struct EdgeBox * hLink, * tLink;    //分别指向依附这两个顶点的下一条边
    int * info;                          //相关信息的指针
} EdgeBox;

typedef struct VextexNode
{
    int data;                            //顶点
    EdgeBox * firstEdge;                 //指向第一条依附该顶点的边
}VertexNode;

typedef struct
{
    VertexNode adjMulList[MaxVexterSize];
    int n,e;                             //无向图的顶点数和边数或弧数
}AdjacencyMultiListGraph;                //以邻接多重表方式存储的无向图
```

图 5-29 邻接多重表的存储结构

3. 邻接多重表的特点

邻接多重表的特点如下。

(1) 邻接多重表通常将所有的顶点结点存储在数组(即顺序结构)中,而所有的边结点存储在单链表(即链式结构)中。

(2) 在这一存储结构中,同一边只有一个结点。

(3) 某一个图的邻接多重表并不唯一,即存在多个邻接多重表均对应于同一个图的情况。

5.2.5 图的基本操作

表 5-1 为图的基本操作,在实现这些基本操作时,应该考虑基于上述介绍的 4 种基本存储结构时算法效率的问题。

表 5-1 图的基本操作

序号	基本操作的名称	基本操作的功能说明
1	CreateGraph(&Graph, Vertex, VR)	创建并初始化图 Graph
2	DestroyGraph(&Graph)	销毁图 Graph
3	LocateVertex(Graph, v)	判断 v 是否为图 Graph 中的顶点
4	GetVertex(Graph, v)	返回顶点 v 的值
5	SetVertex(&Graph, v, value)	令 value 为顶点 v 的值
6	GetFirstAdjacentVertex(Graph, v)	获取顶点 v 在图 Graph 中的第一个邻接点
7	GetNextAdjacentVertex(Graph, v, w)	返回顶点 v 的一个邻接点
8	InsertVertex(&Graph, v)	将 v 作为顶点添加到图 Graph 中
9	DeleteVertex(&Graph, v)	删除图 Graph 中的顶点 v 及其相关的弧或边
10	InsertArc(Graph, v, w)	若图 Graph 为有向图,则添加弧 $<v,w>$;否则添加边 (v,w)
11	DeleteArc(Graph, v, w)	若图 Graph 为有向图,则删除弧 $<v,w>$;否则删除边 (v,w)
12	DFSTraverse(Graph)	深度优先遍历图 Graph
13	BFSTraverse(Graph)	广度优先遍历图 Graph
14	VisitVertex(Vertex)	访问顶点 Vertex

5.3 图的遍历

图的遍历是指从图中某一顶点开始按指定方式访问图中每一个顶点,在执行图的遍历操作时,要求所有顶点均被访问且每一个顶点仅能被访问一次。图的遍历方式主要有深度优先遍历(Depth-First Search,DFS)和广度优先遍历(Breadth-First Search,BFS),这两种方式均可被用于遍历无向图和有向图。

图的遍历算法极为重要,它是判断图是否连通、进行拓扑排序和求解关键路径等图的应用的基础。由于图中任一顶点都可能存在相邻的顶点,在实现图的遍历算法时,为了避免同一顶点被多次访问,可以使用辅助变量(如数组)来标记某一顶点是否被访问过。

5.3.1 深度优先遍历

图的深度优先遍历的递归过程的基本思想如下。

(1)从图中某一顶点 v 开始,先访问顶点 v,若被访问的图是无向图,则依次以顶点 v 未被访问的邻接点为起点深度优先遍历图,直到所有与顶点 v 连通的顶点都被访问;若被访问的图是有向图,则依次以顶点 v 邻接到的未被访问的顶点为起点深度优先遍历图,直到从顶点 v 出发能到达的所有顶点都被访问。

(2)若图中还有未被访问的顶点,则从中选择一个顶点并重复执行(1),直到图中所有顶点均被访问。

该算法的实现代码如图 5-30 所示。

```
#define MaxVisitedSize 20
int IsVisited[MaxVisitedSize];

void DFS(Graph G, int v)
{
    IsVisited[v] = 1;                                      //标记访问顶点 v
    VisitVertex(v);                                         //访问顶点 v
    for(w = GetFirstAdjacentVertex(G,v);w >= 0;w = GetNextAdjacentVertex(Graph,v,w))
        if(IsVisited[w] == 0)
            DFS(G,w);                                       //对于 v 尚未访问的邻接点 w 递归调用 DFS

}

void DFSTraverse(Graph G)                                   //对图 G 做深度优先遍历
{
    for(v = 0;v < G.n;v++)
        IsVisited[v] = 0;                                   //初始化标志数组
    for(v = 0;v < G.n;v++)
        if(IsVisited[v] == 0)
            DFS(G,v);                                       //对尚未访问的顶点调用 DFS
}
```

图 5-30 深度优先遍历递归算法

对于含有 n 个顶点和 e 条边或弧的图，调用深度优先遍历递归算法对其进行深度优先遍历时，由于图中每一个顶点仅能被访问一次，因此对每一个顶点至多调用一次 DFS() 方法，所以递归调用的总次数为 n，所需的时间为 $O(n)$，该算法运算时需要借助于一个递归工作栈，故空间复杂度为 $O(n)$。

考虑到深度优先遍历图的过程实质上是对每一个顶点查找其邻接点的过程，故所需时间与图的存储结构相关。当使用邻接表存储该图时，查找每一个顶点的邻接点所需的时间为 $O(e)$；而使用邻接矩阵存储该图时，查找每一个顶点的邻接点所需的时间为 $O(n)$。

综上可知，使用邻接表存储图时，深度优先遍历算法的时间复杂度为 $O(n+e)$；而使用邻接矩阵存储该图时，深度优先遍历算法的时间复杂度为 $O(n^2)$。

对于如图 5-31 所示的无向图，按照深度优先遍历递归算法对其进行深度优先遍历时，假设从顶点 A 开始，则一种可能被访问的顺序为 $A \to F \to E \to D \to C \to B \to G$。

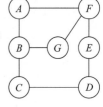

图 5-31 无向图

注意：

(1) 由于通常情况下图的邻接表并不是唯一的（无向图与边的输入次序有关，有向图与弧的输入次序有关），因此深度优先遍历图时各顶点被访问的顺序可能不同，所得的遍历序列不唯一；若使用邻接矩阵存储图，则所得的遍历序列一定是唯一的，因为不论是无向图还是有向图，其邻接矩阵都是唯一的。

(2) 对于连通图执行深度优先遍历，会产生深度优先生成树，否则会产生深度优先生成森林。基于邻接矩阵的图，其深度优先生成树或森林是唯一的，而基于邻接表的图，其深度优先生成树或森林是不唯一的。

5.3.2 广度优先遍历

图的广度优先遍历的基本思想如下。

(1) 从图中某一顶点 v 开始,先访问顶点 v,若被访问的图是无向图,则依次访问顶点 v 未被访问的邻接点,再依次访问这些邻接点未被访问的邻接点,直到所有与顶点 v 连通的顶点都被访问;若被访问的图是有向图,则依次访问顶点 v 邻接到的所有未被访问的顶点,再依次访问这些顶点邻接到的未被访问的顶点,直到从顶点 v 出发能到达的所有顶点都被访问。

(2) 若图中还有未被访问的顶点,则从中选择一个顶点并重复执行(1),直到图中所有顶点均被访问。

该算法的实现代码如图 5-32 所示。

```
#define MaxVisitedSize 20
int IsVisited[MaxVisitedSize];

void BFSTraverse(Graph G)                     //对图 G 做广度优先遍历
{
    for(v = 0;v < G.n;v++)
        IsVisited[v] = 0;                     //初始化标志数组
    InitQueue(Q);
    for(v = 0;v < G.n;v++)
    {
        if(IsVisited[v] == 0)                 //对尚未访问的顶点进行处理
        {
            IsVisited[v] = 1;                 //修改访问标志
            VisitVertex(v);                   //访问顶点 v
            EnQueue(Q,v);
            while(IsQueueEmpty(Q) == 0)
            {
                DeQueue(Q,u);
                for(w = GetFirstAdjacentVertex(G,v);w >= 0;w = GetNextAdjacentVertex(Graph,v,w))
                {
                    if(IsVisited[w] == 0)     //w 为 v 尚未访问的邻接点
                    {
                        IsVisited[w] = 1;
                        VisitVertex(w);
                        EnQueue(Q,w);
                    }//end if
                }//end for
            }//end while
        }
    }
}
```

图 5-32 广度优先遍历算法

如图 5-33 所示的无向图,按照上述算法对其进行广度优先遍历时,一种被访问的顺序为 $A \to H \to F \to B \to E \to C \to D \to G$。

注意:

(1) 由于通常情况下图的邻接表并不是唯一的(无向图与边的输入次序有关,有向图与弧的输入次序有关),因此广度优先遍历图时各顶点被访问的顺序可能不同,所得的遍历序列不唯一;若使用邻接矩阵存储图,则所得的遍历序列一定是唯一的,因为不论是无向图,还是有向图,其邻接矩阵都是唯一的。

(2) 对于连通图执行广度优先遍历,会产生广度优先生成树,否则会产生广度优先生成森林。基于邻接矩阵的图,其广度优先生成树或森林是唯一的,而基于邻接表的图,其广度优先生成树或森林是不唯一的。

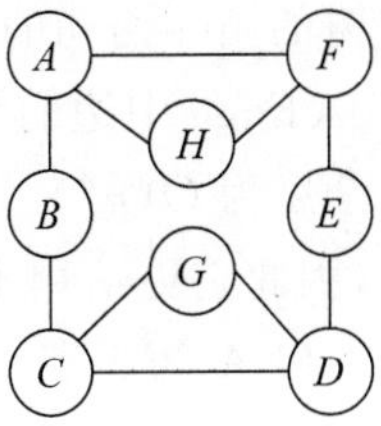

图 5-33 无向图

(3) 对于含有 n 个顶点和 e 条边或弧的图,当使用邻接表存储该图时,对其进行广度优先遍历和深度优先遍历所需的时间一样,即广度优先遍历算法的时间复杂度为 $O(n+e)$;而当使用邻接矩阵存储该图时,对其进行广度优先遍历和深度优先遍历所需的时间一样,即广度优先遍历算法的时间复杂度为 $O(n^2)$。

(4) 广度优先遍历与二叉树的层次遍历完全一致,可以认为前者是后者的扩展。

(5) 广度优先遍历算法可用于求解单源最短路径问题,因为它总是按距离由近到远来遍历每个顶点。

5.4 图的基本应用

5.4.1 最小生成树

在图的相关术语中已经介绍过,最小生成树是最小代价生成树的简称,它是指在 n 个顶点的连通网中构造一棵代价最小的生成树。由于各边的代价(权值)有可能相同,或不同边的代价之和可能相同,故最小生成树可能不唯一。构造最小生成树的算法大都利用以下性质:假设 $N=(V,\{E\})$ 是一个连通网,U 是顶点集 V 的一个非空子集,若 (u,v) 是一条最小权值的边,其中,$u \in U, v \in V-U$,则必存在一棵包含边 (u,v) 的最小生成树。接下来介绍最为常用的普里姆(Prim)算法和克鲁斯卡尔(Kruskal)算法。

1. Prim 算法

假设 $G=\{V,\{E\}\}$ 是含有 n 个顶点的连通网,使用 Prim 算法构造其最小生成树 $T=\{U,\{TE\}\}$ 的基本思想如下。

(1) 指定连通网 G 中某一顶点 w 作为构造最小生成树的起点,并令 $U=\{w\}$,$TE=\{\}$。

(2) 在所有 $u \in U, v \in V-U$ 的边中,找到具有最小权值的一条边 $(u,v) \in E$,将 v 并入 U,并将边 (u,v) 并入 TE。

(3) 重复执行(2),直到 $U=V$,此时最小生成树包含 $n-1$ 条边。

在实现构造最小生成树时,可采用邻接矩阵 Arcs 存储图。当 $i=j$ 时,Arcs[i][j]=0;当 $i \neq j$ 时,若下标为 i 和 j 的顶点之间存在边且该边权值为 w,则 Arcs[i][j]=Arcs[j][i]=w,否则 Arcs[i][j]=Arcs[j][i]=∞。此外,还需要一个辅助数组 CloseEdge,用于存储从 U 到 $V-U$ 中权值最小的边。对于 $V-U$ 中的任一顶点 v 都对应数组中的一个分量 CloseEdge[i],它包含两部分,一部分用于存储与顶点 v 相关联的边 edge 的权值;另一部分用于存储边 edge 中属于 U 的顶点的下标。edge 是所有边 $(v,w)(w \in U)$ 中权值最小的边,若边 edge 为组成最小生成树的边,则将该部分的值置为 0,即将顶点 v 并入 U,并更新 $V-U$ 中顶点对应分量的值。最后还需要一个列表 arc 来存储最小生成树的边。

假定网中共包含 n 个顶点,则初始化 CloseEdge 的循环语句的频度为 n,而构造最小生成树的循环语句的频度为 $n-1$。又因为构造最小生成树时需要获取权值最小的边和更新 CloseEdge 中边的长度,它们对应的执行语句的频度为 $n-1$ 和 n。因此,Prim 算法的时间复杂度为 $O(n^2)$。由于该算法的执行时间只与图中顶点的总数目有关,而与边的总数目无关,因此它更适用于稠密网求最小生成树。

以 A 为起点,由上述 Prim 算法构造最小生成树的过程如图 5-34 所示。

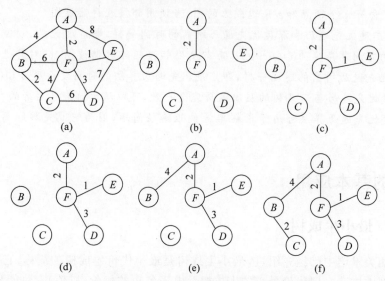

图 5-34 Prim 算法构造最小生成树

注意:在通常情况下,对于某一图而言,选择不同的起点构造最小生成树,其过程不同。

2. Kruskal 算法

假设 $G=\{V,\{E\}\}$ 是含有 n 个顶点的连通网,使用 Kruskal 算法构造其最小生成树 $T=\{U,\{TE\}\}$ 的基本思想如下。

(1) 将连通网 G 中所有的边存入集合 Edges,并使它们按权值的升序排列,同时令 $U=V$,$TE=\{\}$,由于此时 TE 为空,最小生成树 T 中每一个顶点都自成一个连通分量。

(2) 依次访问 Edges 中的边,若当前被访问的边的两个顶点属于不同的连通分量,则将该边并入 TE,并标记两个顶点所在的连通分量为同一连通分量;否则将该边从 Edges 中删除。

(3) 重复执行(2),直到最小生成树 T 的所有顶点均属于同一连通分量,此时 Edges 中的边与组成最小生成树 T 的边相同,这些边组成了集合 TE。

Kruskal 算法的时间复杂度为 $O(e^2)$,也就是说,该算法的执行时间与图中边的总数目有关,而与顶点的总数目无关,因此它更适用于稀疏网求最小生成树。事实上,可对上述 Kruskal 算法进行如下改进,即用堆来存储连通网中的边,并采用更加合适的数据类型来描述生成树。此时 Kruskal 算法的时间复杂度为 $O(e\log e)$。

以 A 为起点,由上述 Kruskal 算法构造最小生成树的过程如图 5-35 所示。

注意:对图中所有边按权值的升序排列时,由于采用的排序算法不同,权值相等的边的顺序有可能不同,所以构造图的最小生成树的过程可能不同。

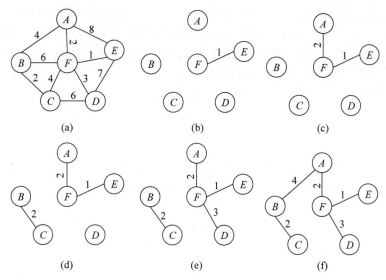

图 5-35　Kruskal 算法构造最小生成树

5.4.2　最短路径

对于带权图而言,可以将从某一个顶点到其余任意一个顶点的一条路径所经过边上的权值之和定义为该路径的带权路径长度,通常将带权路径长度最短的那条路径称为最短路径。最短路径的问题一般可分为两大类:从某一顶点到其余各顶点的最短路径和每对顶点间的最短路径。前者可以通过 Dijkstra 算法求解,后者可以通过 Floyd 算法求解。

1. 从某一顶点到其余各顶点的最短路径

Dijkstra 算法可用于求解图中某一顶点到其余各顶点的最短路径。假设 $G=\{V,\{E\}\}$ 是含有 n 个顶点的有向网,以该图中顶点 v 为源点,使用 Dijkstra 算法求顶点 v 到图中其余各顶点的最短路径的基本思想如下。

(1) 使用集合 S 记录已求得最短路径的终点,初始时 $S=\{v\}$。

(2) 选择一条长度最小的最短路径,该路径的终点 $w \in V-S$,将 w 并入 S,并将该最短路径的长度记为 D_w。

(3) 对于 $V-S$ 中任一顶点 s,将源点到顶点 s 的最短路径长度记为 D_s,并将顶点 w 到顶点 s 的弧的权值记为 D_{ws},若 $D_w+D_{ws}<D_s$,则将源点到顶点 s 的最短路径的长度修改为 D_w+D_{ws}。

(4) 重复执行(2)和(3),直到 $S=V$。

为了实现 Dijkstra 算法,可以使用邻接矩阵 Arcs 存储有向网,当 $i=j$ 时,Arcs$[i][j]=0$;当 $i \neq j$ 时,若下标为 i 的顶点到下标为 j 的顶点有弧且该弧的权值为 w,则 Arcs$[i][j]=w$,否则 Arcs$[i][j]=\infty$。使用列表 Dist 存储源点到每一个终点的最短路径的长度,并使用列表 Path 存储每一条最短路径中倒数第二个顶点的下标,通过对 Path 的处理可以得到从源点到每一个终点完整的最短路径,最后使用集合 flag 记录每一个顶点是否已经求得最短路径。

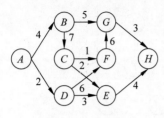

图 5-36 有向图

对于某一包含 n 个顶点的有向图，Dijkstra 算法共执行 $n-1$ 次，每一次的执行时间为 $O(n)$。因此该算法的时间复杂度为 $O(n^2)$。若使用带权的邻接表存储，算法的时间复杂度仍为 $O(n^2)$。

对如图 5-36 所示的有向图，以顶点 A 为源点，按照上述算法思想求源点到图中其余各顶点的最短路径的结果如表 5-2 所示。

表 5-2 算法的某一次执行结果

源 点	终 点	最 短 路 径	路 径 长 度
A	B	A,B	4
	C	A,B,C	11
	D	A,D	2
	E	A,D,E	5
	F	A,D,F	8
	G	A,B,G	9
	H	A,D,E,H	9

注意：若图中有负权值时，Dijkstra 算法并不一定适用。读者可以思考为什么。

2. 每对顶点间的最短路径

假设 $G=\{V,\{E\}\}$ 是含有 n 个顶点的有向网，通过 Dijkstra 算法可以求得图中每一对顶点间的最短路径，即依次以图中每一个顶点作为源点，执行 Dijkstra 算法。除此之外，还可以使用 Floyd 算法求图中每一对顶点间的最短路径，其基本思想如下。

(1) 对于图 G 中任意两个顶点 v 和 w，将顶点 v 到顶点 w 的最短路径的长度记为 D_{vw}，并依次判断其余各顶点是否为这两个顶点间最短路径上的顶点，具体判断过程如下。

对于除了顶点 v 和顶点 w 的任一顶点 u，将顶点 v 到顶点 u 的最短路径的长度记为 D_{vu}，并将顶点 u 到顶点 w 的最短路径的长度记为 D_{uw}，若 $D_{vu}+D_{uw}<D_{vw}$，则将 D_{vw} 的值修改为 $D_{vu}+D_{uw}$，即当前所得顶点 v 到顶点 w 的最短路径经过顶点 u。

(2) 重复执行(1)，直到图中每一对顶点间的最短路径都被求出。

为了实现 Floyd 算法，可使用邻接矩阵 Arcs 存储有向网，当 $i=j$ 时，Arcs[i][j]=0，当 $i\neq j$ 时，若下标为 i 的顶点到下标为 j 的顶点有弧且该弧的权值为 w，则 Arcs[i][j]=w，否则 Arcs[i][j]=∞。通常使用二维数组 Dist 存储每一对顶点间的最短路径的长度，并使用二维数组 Path 存储每一条最短路径中倒数第二个顶点的下标，通过对 Path 的处理可以得到每一对顶点完整的最短路径。Floyd 算法的时间复杂度为 $O(n^3)$（n 为图中顶点的总数目）。

对如图 5-37 所示的有向图，按照上述算法思路求各顶点间的最短路径的结果如表 5-3 所示。

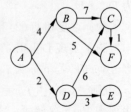

图 5-37 有向图

表 5-3 算法的某一次执行结果

源 点	终 点	最 短 路 径	路 径 长 度
A	B	A,B	4
A	C	A,D,C	8
A	D	A,D	2
A	E	A,D,E	5
A	F	A,B,F	9
B	C	B,C	7
B	F	B,F	5
C	F	C,F	1
D	C	D,C	6
D	E	D,E	3
D	F	D,C,F	7

Floyd 算法也适用于带权无向图,此时可将无向图中任意顶点 v 和顶点 w 的无序对 (v,w) 看成有向图中顶点 v 和顶点 w 的有序对 $<v,w>$ 和 $<w,v>$,即无序对 (v,w) 的权值与有序对 $<v,w>$ 和 $<w,v>$ 的权值相等。在边权值为非负时,将每一个顶点作为源点执行 Dijkstra 算法也可以解决每对顶点之间的最短路径问题,其时间复杂度为 $O(n^3)$ (n 为图中顶点的总数目)。

注意:Floyd 算法允许图中有带负权值的边,但不允许有包含带负权值的边组成的回路。读者可以思考为什么。

5.4.3 拓扑排序

拓扑排序是指构造拓扑序列的过程。对于一个包含 n 个顶点的 AOV 网(Activity On Vertex Network,即用顶点表示活动,用弧表示活动间的优先关系的有向图),假定将这 n 个顶点排列成一个线性序列 $S = v_1, v_2, \cdots, v_n$,如果该 AOV 网中存在从顶点 v_i 到顶点 v_j 的路径,那么在序列 S 中 v_i 必定出现在 v_j 之前,此时可将序列 S 称为该 AOV 网的拓扑序列。通常一个 AOV 网的拓扑序列并不唯一。

假设图 G 是一个包含 n 个顶点的有向图,对其进行拓扑排序的基本思想如下。

(1) 在图 G 中选择一个入度为 0 的顶点,并将其值输出。

(2) 将(1)中的顶点和以该顶点为弧尾的弧均从图 G 中删除。

(3) 重复执行(1)和(2),直到所有顶点的值均被输出,或当前图中已经不存在入度为 0 的顶点(图 G 中包含回路)。

根据上述拓扑排序的基本思想,如图 5-38 所示的 AOV 网的拓扑序列的求解过程如图 5-39 所示,最终输出的拓扑序列为 $C_1, C_2, C_3, C_4, C_6, C_5$。

对于含有 n 个顶点和 e 条弧的有向图,按上述算法思路进行拓扑排序时,可知计算各顶点入度的时间复杂度为 $O(e)$,并且建立存储入度为 0 的顶点的栈的时间复杂度为 $O(n)$。若该图中不包含回路,则每一个顶点进栈一次,出栈一

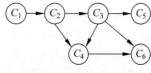

图 5-38 一个 AOV 网

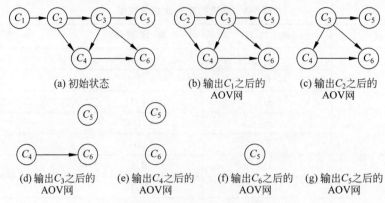

图 5-39 构造拓扑序列的过程

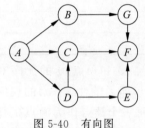

图 5-40 有向图

次,入度减 1 的操作共执行 e 次,经分析可知(可参考 DFS 算法),拓扑排序的时间复杂度为 $O(n+e)$。

如图 5-40 所示的有向图,按照上述算法对其进行拓扑排序的结果为:$ABGDCEF$。

注意:通常从入度为 0 的顶点开始或继续拓扑排序;若一个顶点有多个直接后继,则拓扑排序的结果通常不唯一;对于邻接矩阵是三角矩阵的图,存在拓扑序列,反之则不一定。此外,对于一个 AOV 网 G,还可以进行逆拓扑排序,具体步骤如下。

(1) 在图 G 中选择一个出度为 0 的顶点,并将其值输出。

(2) 将(1)中的顶点和以该顶点为弧头的弧均从 G 中删除。

(3) 重复执行(1)和(2),直到所有顶点的值均被输出,或当前图中已经不存在出度为 0 的顶点(图 G 中包含回路)。

逆拓扑排序所得的序列称为逆向拓扑序列或逆拓扑序列。

5.4.4 关键路径

在 AOE 网(Activity On Edge,即弧表示活动、权值表示活动持续的时间、顶点表示事件的有向网)中,通过对源点到汇点的每一路径上的所有活动持续总时间(即各活动持续时间之和)进行计算,从而获得持续总时间最长的路径,通常把这一路径称为关键路径。

在 AOE 网中,仅有一个入度为 0 的顶点,称为源点,它表示整个工程的开始;仅有一个出度为 0 的顶点,称为汇点,它表示整个工程的结束。AOE 网必定是无环的,只有在某个顶点代表的事件发生后,以该顶点为弧尾的各有向边所代表的活动才能开始;只有以某顶点为弧头的各有向边所代表的活动都已经结束时,该顶点所代表的事件才能发生。

对于含有 n 个顶点的 AOE 网,E_i 表示该网中的某一事件,而 A_i 表示该网中的某一活动。在求该网的关键路径时,假设开始点是 E_1,从 E_1 到 E_i 的最长路径长度称为 E_1 的最早发生时间 EventEarly(i),它决定了所有以 E_i 为弧尾的活动的最早开始时间,与某一事件的最早发生时间对应的是该事件的最晚发生时间 EventLate(i)。可以使用 ActivityEarly(i) 表示活动 A_i 的最早开始时间,并使用 ActivityLate(i) 来表示一个活动的最晚开始时间,这一时间是在不推迟整个项目完成的前提下,活动 A_i 最迟必须开始的时间。两者之差

ActivityLate(i)－ActivityEarly(i)表示完成活动 A_i 的时间余量,若活动 A_i 推迟开始或延迟完成的时间在该时间余量范围内,都不会影响整个项目的工期,并将时间余量为 0 的活动称为关键活动。显然,关键路径上的所有活动均为关键活动,因此提前完成非关键活动并不能加快项目的进度。

在如图 5-41 所示 AOE 网中,关键路径为($E_1, E_2, E_3, E_4, E_{11}, E_8, E_9, E_{10}$)。由此可知,关键活动为 $A_1, A_2, A_3, A_{10}, A_{11}, A_{12}, A_{13}$。关键活动 A_{10} 的最早发生时间是 30,若将其推迟,则会拖延整个项目的工期;而对于非关键活动 A_4 的最早发生时间也是 30,但若将其推迟 2 天后才开始,并不会影响整个项目的工期。因此,在项目管理时获取关键路径可以帮助识别项目中的关键活动,通过提高这些关键活动的执行效率,从而缩短整个项目的工期。

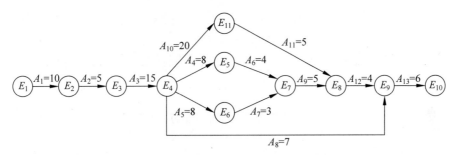

图 5-41 AOE 网

为了获取关键路径,需求出 AOE 网中每一个事件和活动的最早开始时间和最晚开始时间,它们的关系如下。

(1) 令 EventEarly(1)＝0,则有

$$\text{EventEarly}(i) = \text{Max}\{ \text{EventEarly}(j) + W_{<j,i>} \}$$

$$<j, i> \in T \quad 且 \quad i = 2, 3, \cdots, n$$

其中,$<j, i>$是由 E_j 和 E_i 组成的弧,T 是所有以 E_i 为弧头的弧的集合,$W_{<j,i>}$ 表示弧$<j, i>$的权值。

(2) 令 EventLate(n)＝EventEarly(n),则有

$$\text{EventLate}(i) = \text{Min}\{\text{EventLate}(j) - W_{<i,j>}\}$$

$$<i, j> \in S 且 i = n-1, \cdots, 1$$

其中,$<i, j>$是由 E_i 和 E_j 组成的弧,S 是所有以 E_i 为弧尾的弧的集合,$W_{<i,j>}$ 表示弧$<i, j>$的权值。

可以按照拓扑序列和逆向拓扑序列求得 EventEarly(i)和 EventLate(i)。

(3) 若 A_i 由弧$<j, k>$表示,该弧的权值为 $W_{<j,k>}$,则有

$$\text{ActivityEarly}(i) = \text{EventEarly}(j)$$
$$\text{ActivityLate}(i) = \text{EventLate}(k) - W_{<j,k>}$$

假设对于含有 n 个顶点的 AOE 网 G,对其求关键路径的算法思想如下。

(1) 对该网进行拓扑排序,求得每一个顶点对应的 EventEarly(i)。若拓扑序列的数目小于 n,则说明该网包含回路,因此不能求得关键活动;否则执行(2)。

(2) 按照逆向拓扑序列求得每一个顶点的 EventLate(i)。

(3) 通过每一个事件的 EventEarly(i) 和 EventLate(i) 求得每一个活动的 ActivityEarly(i) 和 ActivityLate(i)。

(4) 判断每一个活动的 ActivityEarly(i) 和 ActivityLate(i) 是否相等,若相等,则该弧为关键活动。

(5) 所有关键活动构成的路径即为关键路径。

注意:关键路径上所有活动持续总时间即为完成项目需要的最少时间。

上述关键路径算法的时间复杂度为 $O(n+e)$(其中,n 为图中顶点的总数目,e 为图中边的总数目)。按照上述算法对如图 5-42(a) 所示的 AOE 网求关键路径时,所有顶点和活动的开始时间如表 5-4 所示,最终得到的关键路径如图 5-42(b) 所示。

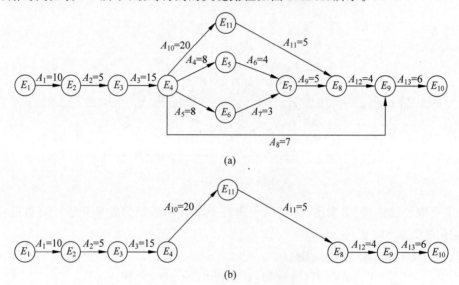

图 5-42 AOE 网及其关键路径

从图 5-42 中可以看出,完成当前项目至少需要 $10+5+15+20+5+4+6=65$ 天,而影响整个项目工期的关键任务是 $A_1, A_2, A_3, A_{10}, A_{11}, A_{12}, A_{13}$。

表 5-4 AOE 网中顶点和活动的开始时间

顶点	EventEarly	EventLate	活动	ActivityEarly	ActivityLate	ActivityLate－ActivityEarly
E_1	0	0	A_1	0	0	0
E_2	10	10	A_2	10	10	0
E_3	15	15	A_3	15	15	0
E_4	30	30	A_4	30	38	8
E_5	38	46	A_5	30	39	9
E_6	38	47	A_6	38	46	8
E_7	42	50	A_7	38	47	9
E_8	55	55	A_8	30	52	22
E_9	59	59	A_9	42	50	8
E_{10}	65	65	A_{10}	30	30	0
E_{11}	50	50	A_{11}	50	50	0
			A_{12}	55	55	0
			A_{13}	59	59	0

影响关键活动的因素有很多,任一活动持续时间的改变都可能会使关键路径中的关键活动发生变化。例如,对于如图 5-43(a)所示的 AOE 网,其关键路径如图 5-43(b)所示。

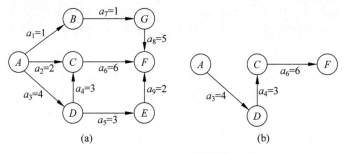

图 5-43　AOE 网及其关键路径

对于如图 5-43(a)所示的 AOE 网,若将 a_9 的持续时间改为如图 5-44(a)所示的 7,则该网的关键活动则为 a_3、a_5、a_9,如图 5-44(b)所示。

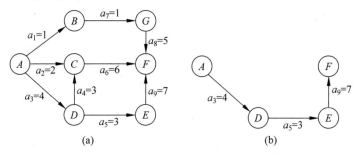

图 5-44　$a_9=7$ 时的 AOE 网及其关键路径

对于如图 5-43(a)所示的 AOE 网,若将 a_9 的持续时间改为 6,则该网的关键活动为 a_3、a_4、a_5、a_6、a_9,它们构成两条关键路径 (A,D,C,F) 和 (A,D,E,F),如图 5-45(b)所示。在这种情况下,若想缩短该网对应项目的完成工期,应提高所有关键路径中的关键活动的工效。

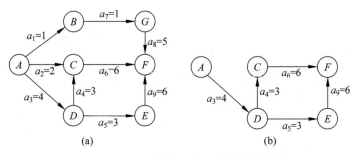

图 5-45　$a_9=6$ 时的 AOE 网及其关键路径

注意:关键路径上的所有活动都是关键活动,可以通过加快关键活动来缩短整个工期,但这样也可能会让关键活动变成非关键活动。此外,对于关键路径不唯一的 AOE 网,仅提高某一条关键路径上的活动速度并不能缩短工期,要加快所有关键路径上的关键活动才可能缩短工期。

小结

本章内容是历年考试的重点,主观题和客观题都有,后者居多。考生务必要掌握图的基本概念、存储结构和遍历等主要以客观题形式考查的内容,同时还要掌握图的基本应用,如最小生成树、最短路径、拓扑排序和关键路径等既能以客观题又能以主观题形式考查的知识点。图的邻接矩阵或邻接表存储、有向图的十字链表存储、无向图的邻接多重表存储也要引起重视。

考生复习时先从基本概念入手,然后是图的存储结构,至少要熟练掌握邻接矩阵存储,然后再掌握图的遍历算法思想和实现,最后才是图的基本应用。对于最小生成树、最短路径、拓扑排序和关键路径的算法思想千万不能死记硬背,而是要全面理解。反复研习历年真题中相关的试题可以帮助考生加深对这些知识的理解。

第 6 章

查 找

本章重点

- 静态查找表中的顺序查找、折半查找和模式匹配的思想和实现。
- 动态查找表中的二叉排序树和平衡二叉树的建立、插入和删除操作、B树和B+树的基本概念。
- 散列表中的散列函数和处理冲突的方法。

从历年试题来看,必须熟练掌握查找的相关术语、静态查找表、动态查找表和散列表的基本概念,本章介绍的知识点对很多考生而言都是难点,如顺序查找、折半查找和分块查找的查找过程、查找效率和对应的查找表,字符串模式匹配中的朴素匹配算法和KMP算法(尤其是next数组和next数组的改进),B树和B+树的定义及构造,散列函数和处理冲突的方法,一定要掌握这些算法的基本思想和实现步骤,并能实现。

思维导图

本章内容的思维导图如图 6-0 所示。

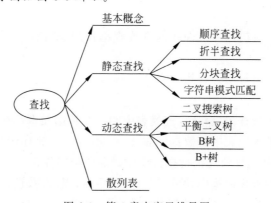

图 6-0　第 6 章内容思维导图

考纲内容

(一) 查找的基本概念

(二) 顺序查找法

(三) 分块查找法

(四) 折半查找法

(五) 树形查找

1. 二叉搜索树
2. 平衡二叉树

3. 红黑树

（六）B树及其基本操作、B+树的基本概念

（七）散列表

（八）字符串模式匹配

（九）查找算法的分析及应用

6.1 查找的基本概念

（1）**查找表**：由一组数据元素（或记录）构成的集合称为查找表。通常对于查找表的操作有：①在查找表中查找某数据元素（或记录）；②在查找表中插入一个数据元素（或记录）；③在查找表中删除一个数据元素（或记录）。

（2）**关键字**：查找表中的某个数据项称为关键字。

（3）**主关键字**：取值唯一的关键字称为主关键字。

（4）**次关键字**：取值不唯一的关键字称为次关键字。

（5）**查找**：根据给定的关键字的值，在查找表中找到一个关键字与给定值相同的数据元素，并返回该数据元素在查找表中的位置的过程。

（6）**查找成功**：在执行查找操作时，若找到指定的数据元素，则称为查找成功。

（7）**查找失败**：在执行查找操作时，若找不到指定的数据元素，则称为查找失败，此时返回空。

（8）**静态查找**：在查找过程中，只是对数据元素执行查找操作，而不对其执行其他操作。

（9）**动态查找**：在查找过程中，不仅对数据元素执行查找操作，同时还执行其他操作（如插入和删除等）。

（10）**静态查找表**：只执行静态查找的查找表称作静态查找表，如顺序查找、折半查找和分块查找。

（11）**动态查找表**：执行动态查找的查找表称作动态查找表，如二叉排序树、二叉平衡树、B树和B+树。

（12）**内查找**：在执行查找操作时，查找表中的所有数据元素都在内存中。

（13）**外查找**：由于查找表中的数据元素太多，不能同时放在内存里，而需要将一部分数据元素放在外存中，从而导致在执行查找操作时需要访问外存。

（14）**查找长度**：在查找运算中，给定值与关键字的比较次数被称为查找长度。

（15）**平均查找长度**：查找长度的期望值称为平均查找长度（Average Search Length，ASL）。

对于含有 n 个数据元素的查找表，查找成功时的平均查找长度为

$$ASL = \sum_{i=1}^{n} P_i C_i$$

P_i 为在表中查找第 i 个数据元素的概率，它满足

$$\sum_{i=1}^{n} P_i = 1$$

C_i 指当找到关键字与给定值相等的第 i 个记录时，给定值与表中关键字的比较次数。

表 6-1 为查找的基本操作,在实现这些基本操作时,还应该考虑动态表和静态表的差异。

表 6-1 查找的基本操作

序号	基本操作的名称	基本操作的功能说明
1	CreateSearchingTable(ST)	创建并初始化查找表 ST
2	DestroySearchingTable(ST)	销毁查找表 ST
3	SearchingTable(ST,key)	若 key 存在,则返回其位置;否则返回空
4	InsertSearchingTable(ST,key,iPos)	把 key 插入查找表中的第 iPos 个位置,返回插入 key 后的查找表 ST
5	DeleteSearchingTable(ST,iPos)	删除查找表 ST 中第 iPos 个位置的数据元素,返回删除第 iPos 个位置的数据元素后的查找表 ST

6.2 静态查找

6.2.1 顺序查找法

顺序查找也称为线性查找,是指在待查找序列中从前往后逐一地与关键字进行比较的过程。实现时可以分别基于顺序和链式存储结构。基于顺序存储结构实现查找时,通常使用数组较为方便;而基于链式存储结构实现时,可以考虑使用单链表。按照待查找序列中关键字是否有序,可将其分为有序表和无序表。从严格意义上来讲,有序表是指关键字按递增或递减的顺序排列的序列,但更宽泛一点也可以认为非递减或非递增顺序排序的序列就是有序表。当然可以认为只要不满足有序表条件的序列就是无序表。

无论是有序表还是无序表,对于静态表的顺序存储均可用图 6-1 所示数据结构进行描述。

```
#define MaxStaticTableSize 20
typedef struct {
    int data[MaxStaticTableSize];      //假定数据元素为 int,用数组存储
    int length;                         //顺序表的长度
}StaticTable;
```

图 6-1 一种静态表的顺序存储结构描述

顺序查找的基本思想为:将给定值与静态查找表中数据元素的关键字逐个比较,若表中某个数据元素的关键字和给定值相等,则说明查找成功,找到所查的数据元素;若直到表中数据元素的关键字全部比较完毕,仍未找到与给定值相等的关键字,则说明查找失败,表中无所查的数据元素。接下来简要介绍一下基于顺序存储结构的有序表与无序表的顺序查找。

1. 无序表的顺序查找

从表的首端开始扫描,逐个检查关键字是否满足给定的条件,若存在满足条件的关键字,则查找成功,返回该关键字在表中的位置;若扫描至尾端还未找到,则返回查找失败的信息。如图 6-2 所示是该思想的算法实现。

在上述算法中,将 ST.data[0] 称为监视哨。引入它可以使得查找时不必判断数组是否会越界,因为当 i=0 时,循环一定会跳出。监视哨可以大大减少查找的时间,从而提高效率。

```
int SequenceSearch(StaticTable ST, int key)
{
    int i = -1;
    ST.data[0] = key;                               //监视哨
    for(i = ST.length;ST.data[i]!= key;i-- )        //从后往前依次查找
    return i;        //若到 i 为 0 时也没有找到该元素,则说明表中不存在该元素,此时将返回 0
}
```

图 6-2　顺序查找无序表算法

注意：监视哨也可以设在尾端。

对于有 n 个元素的表,若给定值 key 与表中第 i 个元素相等,即定位第 i 个元素时,因为是从后往前找,所以当扫描至第 i 个元素时,已经比较了 $n-i$ 次,再加上对第 i 个元素的比较,总共需进行 $n-i+1$ 次关键字的比较,即 $C_i = n-i+1$。查找成功时,顺序查找的平均长度为

$$\text{ASL}_{\text{成功}} = \sum_{i=1}^{n} P_i(n-i+1)$$

当每个元素的查找概率相等,即 $P_i = 1/n$ 时,有

$$\text{ASL}_{\text{成功}} = \sum_{i=1}^{n} P_i(n-i+1) = \sum_{i=1}^{n} \frac{1}{n} = \frac{n+1}{2}$$

查找失败时,因为不仅会比较表中的所有元素(比较次数为 n),还会与 ST.data[0]比较,所以与表中关键字的比较总次数是 $n+1$ 次,因此顺序查找不成功的平均查找长度为 $\text{ASL}_{\text{不成功}} = n+1$。

通常,查找表中记录的查找概率并不相等。若能预先得知每个记录的查找概率,则应先对记录的查找概率进行排序,使表中记录按查找概率由小至大重新排列。

通过以上分析可知,顺序查找的效率与表中关键字个数有关,n 越大,平均查找长度越大,效率越低;n 越小,平均查找长度越小,效率越高。所以顺序查找更适合用于表中关键字个数较少的顺序表。

2. 有序表的顺序查找

若表中关键字已经按值由小至大(或由大至小)排好序,则不需要从表的首端比较到表的尾端就能返回查找失败的信息。假设顺序表中有 n 个关键字,且关键字已按值由小至大排好序,当扫描至第 i 个元素时,发现这个元素的值小于 key,但是第 $i+1$ 个元素的值大于 key,此时就可以确定查找失败,即可以返回查找失败的信息。对其查找失败的平均查找长度,可以借助如图 6-3 所示的判定树来理解。

图中判定树圆形结点是有序表序列,矩形结点是查找失败结点。图中 4 个数据元素(圆形结点)对应 5 个查找失败的结点。同理,对于含 n 个数据元素的结点,对应失败结

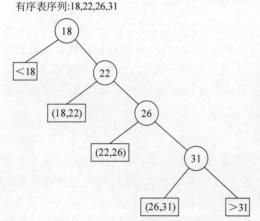

图 6-3　有序表顺序查找的判定树

点个数为 $n+1$。在有序表的顺序查找中,查找成功的平均查找长度和无序线性表的顺序查找一样,查找失败的平均查找长度 $ASL_{不成功}$ 在等概率的前提下为

$$ASL_{不成功} = \sum_{j=1}^{n} q_j (l_j - 1) = \frac{1+2+\cdots+n+n}{n+1} = \frac{n}{2} + \frac{n}{n+1}$$

其中,q_j 是到达第 j 个失败结点的概率,在相等查找概率的情况下,它为 $1/(n+1)$; l_j 是第 j 个失败结点所在的层数。

6.2.2 折半查找法

折半查找又称二分法查找,该方法查找效率较高,但要求静态查找表必须是有序表(假定本节讨论的静态查找表中的数据元素是按其关键字的非递减顺序排列)。折半查找的基本思想为:首先在静态查找表中确定待查找范围(查找区间),然后从该范围的中间位置开始,若给定值与该位置的关键字相等,则查找成功;若给定值大于该位置的关键字,则在该范围的右半部分继续查找,否则在该范围的左半部分继续查找。不断重复上述查找过程,直到查找成功,或者查找范围为空时结束上述查找过程(此时查找失败)。该算法思想的实现如图 6-4 所示。

```
int BinarySearch(StaticTable ST, int key)
{
    int low = 1, high = ST.length, mid = -1;    //初始化 low, high, mid
    while(low <= high)
    {
        mid = (low + high)/2;
        if(ST.data[mid] == key)                  //找到待查找数据元素
            return mid;
        else if(ST.data[mid] > key)              //若中间元素大于待查找元素,则在中间之前查找
            high = mid - 1;
        else low = mid + 1;                      //若中间元素小于待查找元素,则在中间之后查找
    }
    return 0;                                    //待查找数据元素不存在
}
```

图 6-4 折半查找的算法实现

【例 6-1】 已知 7 个元素有序的静态查找表 ST(3,8,10,12,15,18,20),试分别给出查找关键字 8 和 16 的过程,并画出折半查找判定树。

解析:在表 ST 中查找 8 和 16,分别为查找成功和查找失败的过程。折半查找判定树的构造是将表的中间元素作为判定树的根结点,前半部分为根结点的左子树,中间元素作为左子树的根结点,后半部分为右子树,中间元素作为右子树的根结点,重复上述操作,直到将查找序列完全转换为判定树。

首先给出查找关键字 8 的过程,如图 6-5 所示,经过两次比较,查找成功。

接下来给出查找关键字 16 的过程,如图 6-6 所示,经过 3 次比较后 high 小于 low,故查找失败。

最后给出判定树,如图 6-7 所示。

一般地,对于一个长度为 n 的静态查找表,由于其对应的判定树中非二度结点只会出现在最后两层,所以该判定树的深度为 $\lfloor \log_2 n \rfloor + 1$。因此在查找成功时,其查找长度不超过 $\lfloor \log_2 n \rfloor + 1$。

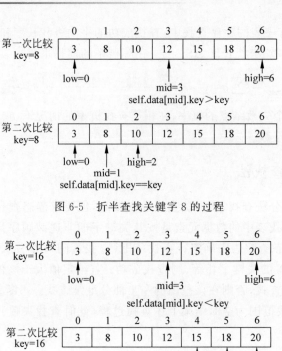

图 6-5　折半查找关键字 8 的过程

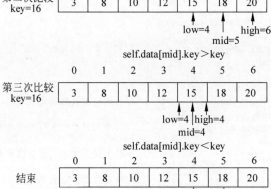

图 6-6　折半查找关键字 16 的过程

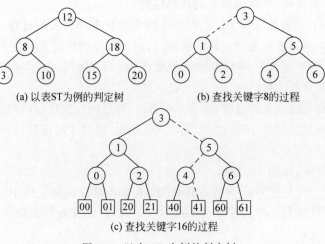

图 6-7　以表 ST 为例的判定树

对于查找不成功的情况,则需要在判定树中加入外部结点。从根结点到外部结点的路径为查找某一元素不成功的过程,给定值与表中关键字的比较次数就是该路径上内部结点的个数。

为讨论方便,假设静态查找表的长度为 $n = 2^h - 1$,则折半查找的判定树是深度为 $h = \log_2(n+1)$ 的满二叉树。由于判定树中深度为 k 的结点有 2^{k-1} 个,因此该层每个结点的查找次数为 k 次,所以找到该层所有结点的比较次数之和为 $k \cdot 2^{k-1}$。假设每个数据元素的查找概率相等 $P_i = \dfrac{1}{n}$,则折半查找的平均查找长度为

$$\begin{aligned} \mathrm{ASL} &= \sum_{i=1}^{n} P_i C_i \\ &= \frac{1}{n} \sum_{i=1}^{h} i \cdot 2^{i-1} \\ &= \frac{n+1}{n} \log_2(n+1) - 1 \end{aligned}$$

其具体推导过程如下。

$$\mathrm{ASL} = \sum_{i=1}^{n} P_i C_i = \frac{1}{n} \sum_{i=1}^{h} i \cdot 2^{i-1} = \frac{1}{n}(1 \times 2^0 + 2 \times 2^1 + 3 \times 2^2 + \cdots + h \times 2^{h-1})$$

令 $S = (1 \times 2^0 + 2 \times 2^1 + 3 \times 2^2 + \cdots + h \times 2^{h-1})$

则 $2S = (1 \times 2^1 + 2 \times 2^2 + 3 \times 2^3 + \cdots + (h-1) \times 2^{h-1} + h \times 2^h)$

因此 $S = 2S - S = (-1 \times 2^0 - 1 \times 2^1 - 1 \times 2^2 - \cdots - 1 \times 2^{h-1} + h \times 2^h)$

$$= (h \times 2^h - 2^h + 1)$$
$$= [(h-1)2^h + 1]$$

因为 $n = 2^h - 1$

所以,$\mathrm{ASL} = \dfrac{1}{n} [(n+1)(\log_2(n+1) - 1) + 1]$

$$= \frac{1}{n}[(n+1)\log_2(n+1) - n - 1 + 1] = \frac{1}{n}[(n+1)\log_2(n+1) - n]$$

$$= \frac{n+1}{n} \log_2(n+1) - 1$$

当 n 很大时,ASL 有以下近似结果:

$$\mathrm{ASL} = \log_2(n+1) - 1$$

折半查找的优点是:比较次数较少,查找效率高。其缺点是:要求静态查找表必须是有序的。

6.2.3 分块查找法

索引查找又称分块查找,其查找效率介于顺序查找和折半查找之间。在使用索引查找算法时,除了需要长度为 n 的静态查找表以外,还需要与静态查找表相对应的索引表。分块查找的基本思想是先将待查找序列分为任意块,尽管每一块内的数据元素不一定有序,但

要求前一块中所有数据元素的关键字小于后一块中所有数据元素的关键字,即"分块有序"。然后再对静态查找表的各个子表建立一个索引项,并将其存储在索引表中。索引项包含两部分:第一部分为该子表的最大关键字;第二部分为该子表中的第一个数据元素在静态查找表中的位置。在执行查找操作时,首先在索引表中查找以确定目标元素在哪一块内,由于索引表是有序顺序表,故既可以顺序查找,也可以折半查找;然后在块内继续查找,由于块内元素无序,只能顺序查找。

如图 6-8 所示的静态查找表及其索引表,其中查找表被分为 3 个长度相等的子表 TA(3,20,9,8)、TB(40,37,25,58)和 TC(79,60,120,99),子表 TA、TB、TC 的索引项分别为 (20,0),(58,4)和(120,8)。

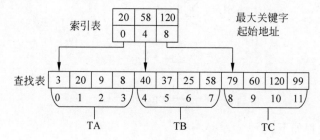

图 6-8 静态查找表及其索引表

分块查找的平均查找长度 ASL 等于在索引表中查找的平均查找长度和在子表中的平均查找长度之和,即

$$\text{ASL} = \frac{1}{s}\sum_{i=1}^{s}i + \frac{1}{t}\sum_{j=1}^{t}j = \frac{s+1}{2} + \frac{t+1}{2}$$
$$= \frac{1}{2}\left(t + \frac{n}{t}\right) + 1$$

由此可见,索引查找的平均查找长度不仅和查找表的长度 n 有关,还和子表的长度 t 有关。当 $t=\sqrt{n}$,索引查找的平均查找长度 ASL 取最小值 $\sqrt{n}+1$,其证明过程如下。

$$\text{ASL} = \frac{1}{2}\left(t + \frac{n}{t}\right) + 1$$

对上式求导得

$$\text{ASL}' = \frac{1}{2}\left(1 - \frac{n}{t^2}\right)$$

令上式值为 0,即

$$\text{ASL}' = \frac{1}{2}\left(1 - \frac{n}{t^2}\right) = 0$$

求得 $t=\sqrt{n}$,此时 ASL 的最小值为 $\sqrt{n}+1$。

对于索引查找,其平均查找长度比顺序查找的平均查找长度小,但比折半查找的平均查找长度大。和顺序查找相比,索引查找的缺点是增加了存储空间以及要求查找表分块有序;同时,和折半查找相比,索引查找的优点是只要求索引表的关键字有序,但不要求静态查找表的关键字有序。

6.3 树形查找

6.3.1 二叉搜索树

1. 二叉搜索树的定义

二叉搜索树(Binary Search Tree,BST)又称为二叉排序树或二叉查找树,它既能用于排序又能用于查找,是一种特殊的二叉树。二叉搜索树要么是空树,要么是满足以下条件的二叉树。

(1) 若根结点的左子树非空,则左子树中所有结点的值都小于根结点的值。

(2) 若根结点的右子树非空,则右子树中所有结点的值都大于根结点的值。

(3) 根结点的左、右子树均是一棵二叉排序树。

根据 BST 的性质可知,中序遍历一棵二叉排序树可得到一个递增序列。作为一种特殊的二叉树,其存储结构如图 6-9 所示。

```
typedef struct BSTNode{
    int key;                                        //关键字
    struct BSTNode * LeftChild, * RightChild;       //左右孩子
}BSTNode, * BSTtree;
```

图 6-9 使用链式结构描述的二叉搜索树

2. 二叉搜索树的查找

在二叉搜索树中查找元素的基本思想如下:若二叉搜索树为空,则查找失败;否则比较给定值和根结点值的大小。若给定值与根结点值相等,则查找成功;否则在该根结点对应的左子树或右子树中继续查找。

二叉搜索树的递归查找算法如图 6-10 所示,读者可以参考二叉树的递归遍历算法转非递归算法的思路来完成二叉搜索树的非递归查找算法。

```
BSTNode * SearchBST(BSTNode * T, int key)
{
    if(T == NULL)
        return T;
    else
    {
        if(key == T->key)
            return T;                               //查找成功
        else if(key < T->key)
            return SearchBST(T->LeftChild,key);     //在左子树中查找
        else
            return SearchBST(T->RightChild,key);    //在右子树中查找
    }
}
```

图 6-10 二叉搜索树的递归查找算法

二叉排序树的平均查找长度与其形态有关。对于含有 n 个结点的二叉排序树而言,其平均查找长度最坏的情况是:二叉排序树为一棵深度为 n 的单支树,其平均查找长度与顺序查找的平均查找长度相同,即 $ASL=(n+1)/2$,而其平均查找长度最好的情况是:二叉排序树的形态与折半查找的判定树形态相似,即平均查找长度与 $\log_2 n$ 是同数量级的。可

以证明,在随机的情况下,二叉排序树的平均查找长度与 $\log_2 n$ 是等数量级的。

3. 二叉搜索树的插入

在二叉排序树中插入某一关键字的基本思想如下:若二叉排序树为空,则创建根结点并将待插入关键字存入其中;否则比较该关键字和根结点值的大小。若该关键字与根结点值相等,则结束插入;否则插入该根结点对应的左子树或右子树中。插入关键字后的二叉排序树仍需满足 BST 的性质。

二叉搜索树的插入算法只需要在查找算法上稍加修改即可,读者可自行完成。

【例 6-2】 试给出关键字为 (11,12,8,5,10,15) 的序列生成二叉排序树的过程。

解析:默认初始化二叉排序树为空,当执行一系列查找和插入操作后,便可生成一棵二叉排序树,过程如图 6-11 所示。

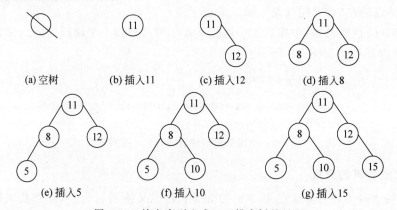

图 6-11 给定序列生成二叉排序树的过程

从图 6-11 中可以看出,每次插入的结点均是作为二叉排序树的叶子结点,因此,在执行插入操作时,不必移动结点。由于二叉排序树插入操作的关键步骤是查找,所以其时间复杂度为 $O(\log_2 n)$。

4. 二叉搜索树的删除

在二叉排序树中删除关键字的基本思想是:若二叉排序树中不存在该关键字,则结束删除;否则删除该关键字所在的结点,并且要保证删除结点后的二叉树仍需满足 BST 性质。二叉排序树的删除算法思路对应的算法步骤如下。

(1) 在二叉排序树中查找待删除关键字 key,若查找失败则结束删除;否则确定 key 所在的结点 p 是否存在左子树或者右子树。

(2) 若结点 p 是叶子结点,不存在左子树和右子树,则直接删除结点 p。

(3) 若结点 p 为单分支结点,并且只有左子树,没有右子树,则将其左子树作为结点 p 的双亲结点的子树。

(4) 若结点 p 为单分支结点,并且只有右子树,没有左子树,则将其右子树作为结点 p 的双亲结点的子树。

(5) 若结点 p 为双分支结点,即同时存在左右子树,则将其左子树中的最大关键字所在的结点 s,代替 p 结点,并删除结点 s。

【例 6-3】 如图 6-12 所示的二叉排序树 BT,试分别给出删除 BT 中结点 28、结点 30、结点 25 和结点 60 的过程。

解析：从图 6-12 中可以看到，结点 28 为叶子结点、结点 30 为只有左子树的结点、结点 25 为只有右子树的结点、结点 60 为既有左子树也有右子树的结点。按照删除结点的算法思路可以知道过程分别如下。

（1）关键字 28 所在的结点为叶子结点，故可直接删除该结点，如图 6-13 所示。

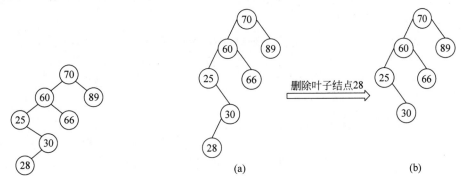

图 6-12　给定序列生成二叉排序树的过程　　　　图 6-13　删除叶子结点 28

（2）关键字 30 所在的结点只有左子树，需将该结点的左子树作为结点 25 的右子树，如图 6-14 所示。

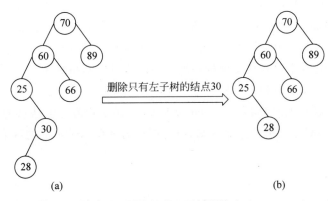

图 6-14　删除只有左子树的结点 30

（3）关键字 25 所在的结点只有右子树，需将该结点的右子树作为结点 60 的左子树，如图 6-15 所示。

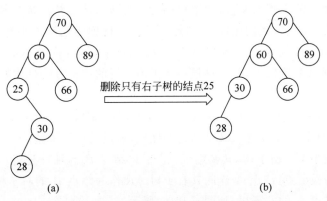

图 6-15　删除只有右子树的结点 25

(4) 关键字 60 所在的结点有左子树和右子树,需将该结点的左子树中的最大关键字 30 所在的结点替代结点 60,并删除关键字 30 所在的结点(具体如图 6-14 所示),具体如图 6-16 所示。

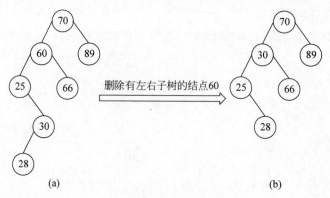

图 6-16 删除有左右子树的结点 60

6.3.2 平衡二叉树

1. 平衡二叉树的概念

平衡二叉树(Balance Binary Tree)或 AVL 树(这一名字来自于它的发明者 G. M. Adelson-Velsky 和 E. M. Landis 的姓名)要么是空树,要么是满足以下性质的二叉排序树。

(1) 每个结点的左子树和右子树的深度之差的绝对值不超过 1。
(2) 每个结点的左子树和右子树均是一棵平衡二叉树。

若将树中某一结点的平衡因子(Balance Factor,BF)定义为该结点的左子树和右子树的深度之差,则由平衡二叉树的定义可知,所有结点的平衡因子可能的取值为 $-1,0,1$(即绝对值不超过 1)。

2. 平衡二叉树的插入

在平衡二叉树中插入关键字的过程与在二叉排序树中插入关键字的过程类似,但不同的是:在平衡二叉树中插入关键字后,若存在某些结点的平衡因子的绝对值超过 1,则需要调整树的形态以使得每个结点的平衡因子符合平衡二叉树的要求。

对于不符合要求的平衡二叉树,调整思路为:找到离插入结点最近并且平衡因子的绝对值超过 1 的祖先结点 A,我们把以 A 结点为根的子树称为最小不平衡子树,并将调整范围局限于这棵子树。根据插入结点与 A 结点的位置关系,可将最小不平衡子树分为 LL 型、RR 型、LR 型和 RL 型四种,每一种最小不平衡子树的调整方法具体如下。

1) LL 型

如图 6-17(a)所示,结点 B 为结点 A 的左孩子,若在结点 B 的左子树中插入结点(如图 6-17(b)所示),则该树不满足二叉平衡树的性质,需对其进行调整。

对于 LL 型最小不平衡子树,其调整规则为:以结点 B 为轴心进行一次顺时针旋转操作,将结点 B 作为根结点,结点 A 连同其右子树 AR 作为结点 B 的右子树,结点 B 原来的右子树 BR 作为结点 A 的左子树,如图 6-17(c)所示。

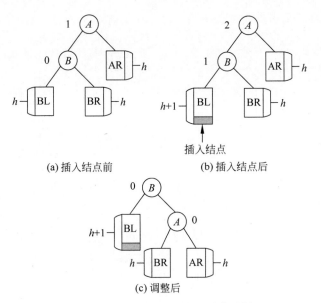

(a) 插入结点前　　(b) 插入结点后

(c) 调整后

图 6-17　调整 LL 型最小不平衡子树

如图 6-18 所示为调整 LL 型最小不平衡子树的例子。

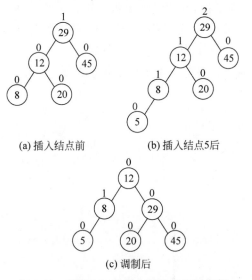

(a) 插入结点前　　(b) 插入结点5后

(c) 调制后

图 6-18　调整 LL 型最小不平衡子树实例

在图 6-18(a)所示的平衡二叉树中插入关键字为 5 的结点后，结点 29 的平衡因子变为 2，如图 6-18(b)所示，此时需对其进行调整。调整过程如下：找到离插入结点 5 最近且平衡因子的绝对值超过 1 的祖先结点 29，进行一次顺时针旋转操作。

调整后的平衡二叉树如图 6-18(c)所示：结点 29 的左孩子结点 12 作为根结点，结点 29 连同其右子树作为结点 12 的右子树，结点 12 原来的右子树作为结点 29 的左子树。

2）RR 型

如图 6-19(a)所示，结点 B 为结点 A 的右孩子，若在结点 B 的右子树中插入结点（如图 6-19(b)所示），则该树不满足平衡二叉树的性质，需对其进行调整。

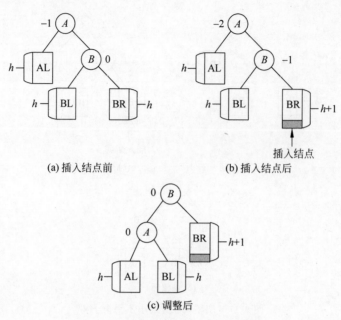

(a) 插入结点前　　　　(b) 插入结点后

(c) 调整后

图 6-19　调整 RR 型最小不平衡子树

对于 RR 型最小不平衡子树，其调整规则为：以结点 B 为轴心进行一次逆时针旋转操作，将结点 B 作为根结点，结点 A 连同其左子树 AL 作为结点 B 的左子树，结点 B 原来的左子树 BL 作为结点 A 的右子树，如图 6-19(c) 所示。

如图 6-20 所示为调整 RR 型最小不平衡子树的例子。

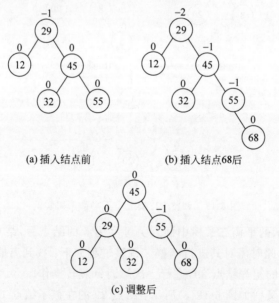

(a) 插入结点前　　　　(b) 插入结点 68 后

(c) 调整后

图 6-20　调整 RR 型最小不平衡子树实例

在如图 6-20(a) 所示的平衡二叉树中插入关键字为 68 的结点后，结点 29 的平衡因子变为 -2，如图 6-20(b) 所示，此时需对其进行调整。调整过程如下：找到离插入结点 68 最近且平衡因子绝对值超过 1 的祖先结点 29，进行一次逆时针旋转操作。

调整后的平衡二叉树如图 6-20(c)所示：结点 29 的右孩子结点 45 作为根结点，结点 29 连同其左子树作为结点 45 的左子树，结点 45 原来的左子树作为结点 29 的右子树。

3) LR 型

如图 6-21(a)所示，结点 B 为结点 A 的左孩子，结点 C 为结点 B 的右孩子，在结点 C 的子树中插入结点（如图 6-21(b)所示），则该树不满足平衡二叉树的性质，需对其进行调整。

对于 LR 型最小不平衡子树，调整时需进行两次旋转操作，具体如下。

第一次以结点 C 为轴心进行逆时针旋转，将结点 C 作为结点 B 的双亲结点，结点 B 连同其左子树 BL 均作为结点 C 的左子树，结点 C 原来的左子树 CL 作为结点 B 的右子树，如图 6-21(c)所示。

第二次以结点 C 为轴心进行顺时针旋转，将结点 C 作为根结点，结点 A 连同其右子树 AR 均作为结点 C 的右子树，结点 C 原来的右子树 CR 作为结点 A 的左子树，如图 6-21(d)所示。

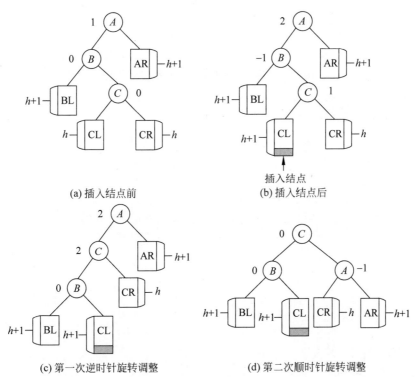

图 6-21 调整 LR 型最小不平衡子树

如图 6-22 所示为调整 LR 型最小不平衡子树的例子。

在如图 6-22(a)所示的平衡二叉树中插入关键字为 15 的结点后，结点 29 的平衡因子变为 2（如图 6-22(b)所示），则该树不满足平衡二叉树的性质，需对其进行调整。调整过程如下：进行两次旋转操作，第一次以结点 20 为轴心进行逆时针旋转，旋转后如图 6-22(c)所示；第二次以结点 20 为轴心进行顺时针旋转，旋转后如图 6-22(d)所示。

4) RL 型

如图 6-23(a)所示，结点 B 为结点 A 的右孩子，结点 C 为结点 B 的左孩子，在结点 C 的子树中插入结点（如图 6-23(b)所示），则该树不满足平衡二叉树的性质，需对其进行调整。

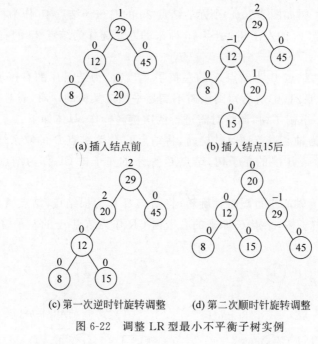

图 6-22 调整 LR 型最小不平衡子树实例

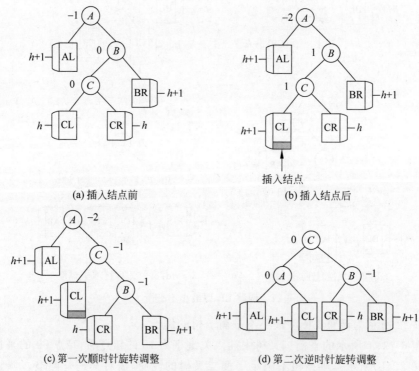

图 6-23 调整 RL 型最小不平衡子树

对于 RL 型最小不平衡子树，调整时需进行两次旋转操作，具体如下。

第一次以结点 C 为轴心进行顺时针旋转，将结点 C 作为结点 B 的双亲结点，结点 B 连同其右子树 BR 均作为结点 C 的右子树，结点 C 原来的右子树 CR 作为结点 B 的左子树，如图 6-23(c)所示。

第二次以结点 C 为轴心进行逆时针旋转,将结点 C 作为根结点,结点 A 连同其左子树 AL 作为结点 C 的左子树,结点 C 原来的左子树 CL 作为结点 A 的右子树,如图 6-23(d) 所示。

如图 6-24 所示为调整 RL 型最小不平衡子树的例子。

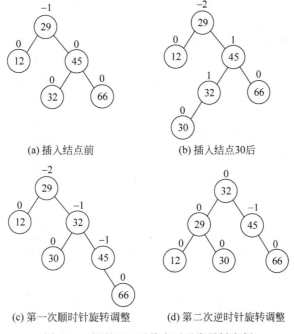

图 6-24　调整 RL 型最小不平衡子树实例

在如图 6-24(a)所示的平衡二叉树中插入关键字为 30 的结点后,结点 29 的平衡因子变为 −2(如图 6-24(b)所示),则该树不满足平衡二叉树的性质,需对其进行调整。调整过程为对其进行两次旋转操作:第一次以结点 32 为轴心进行顺时针旋转,旋转后如图 6-24(c) 所示;第二次以结点 32 为轴心进行逆时针旋转,旋转后如图 6-24(d)所示。

综上所述,在平衡二叉树中插入结点后若导致其不再平衡,仅需对最小不平衡子树进行旋转操作,以达到二叉树重新平衡的目的。

3. 平衡二叉树的删除

在平衡二叉树中删除关键字的过程与在二叉排序树中删除关键字的过程类似,但由于删除关键字后可能导致二叉树不平衡,此时需进一步调整。

在平衡二叉树中删除关键字的基本思路为:首先查找待删除关键字所在的结点,若待删除关键字对应的结点不存在,则结束删除操作;否则删除该结点。若删除结点后导致二叉树不平衡则需进一步调整。

接下来给出在平衡二叉树中删除叶子结点、单分支结点和双分支结点的例子。

(1) 在如图 6-25(a)所示的平衡二叉树中删除叶子结点 12 后,结点 29 的平衡因子变为 −2,导致二叉树不平衡,对其调整后如图 6-25(c)所示。

(2) 在如图 6-26(a)所示的平衡二叉树中删除单分支结点 45 后,树中所有结点的平衡因子的绝对值均未超过 1,二叉树仍保持平衡,无须调整。

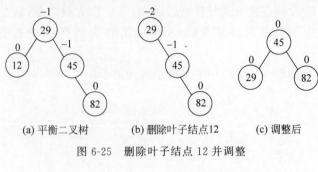

(a) 平衡二叉树　　　(b) 删除叶子结点12　　　(c) 调整后

图 6-25　删除叶子结点 12 并调整

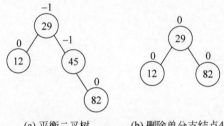

(a) 平衡二叉树　　　(b) 删除单分支结点45

图 6-26　删除单分支结点 45

(3) 在如图 6-27(a) 所示的平衡二叉树中删除双分支结点 29 后，结点 12 的平衡因子变为 -2，导致二叉树不平衡，对其调整后如图 6-27(c) 所示。

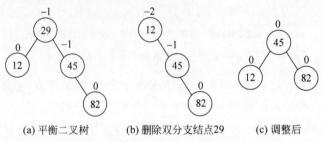

(a) 平衡二叉树　　　(b) 删除双分支结点29　　　(c) 调整后

图 6-27　删除双分支结点 29 并调整

4. 平衡二叉树的查找

由于在平衡二叉树中查找关键字的过程与在二叉排序树中查找关键字的过程相同，因此，其查找长度不超过树的深度。那么含有 n 个结点的平衡二叉树的最大深度 h 为多少呢？

先考虑深度为 h 的平衡二叉树最少含有多少个结点。如图 6-28 所示，创建一系列的平衡二叉树 $T_0, T_1, T_2, T_3, \cdots, T_h$。

T_h 是深度为 h 且结点尽可能少的平衡二叉树，假定其结点数为 $N(h)$，经观察有

$$N(0)=0, N(1)=1, N(2)=2, N(3)=4, \cdots, N(h)=N(h-1)+N(h-2)+1$$

当 $h>1$ 时，此关系类似于之前介绍过的 Fibonacci 数列的关系，即

$$F(1)=1, F(2)=1, F(3)=2, \cdots, F(h)=F(h-1)+F(h-2)$$

通过归纳可知，$F(h)$ 和 $N(h)$ 的关系如下：

$$N(h)=F(h+2)-1$$

由于 Fibonacci 数列满足渐进公式：

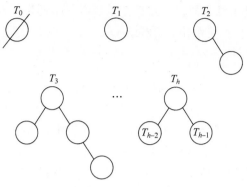

图 6-28 一系列平衡二叉树

$$F(h) = \frac{1}{\sqrt{5}}\varphi^h, \quad 其中,\varphi = \frac{1+\sqrt{5}}{2}$$

所以

$$N(h) = F(h+2) - 1$$
$$= \frac{1}{\sqrt{5}}\varphi^{h+2} - 1$$

根据 $N(h) = \frac{1}{\sqrt{5}}\varphi^{h+2} - 1$

可得

$$h = \log_2[\sqrt{5}(N(h)+1)] - 2$$

因此,在含有 n 个结点的平衡二叉树中查找关键字时,最多比较 $\log_2[\sqrt{5}(n+1)] - 2$ 次,其平均查找长度与 $\log_2 n$ 等数量级。

6.3.3 红黑树

1. 红黑树的定义

红黑树是一种自平衡二叉树,也是一种特殊的二叉搜索树。每个结点上都有存储表示结点颜色(红或黑)的存储位,通过对结点颜色的控制来确保树在插入和删除期间保持平衡。在红黑树中:①每个结点不是红色就是黑色,其中,根结点和叶子结点(虚构的外部结点,值为 NULL)是黑色;②红结点的父结点或孩子结点都是黑色;③每个结点到叶子结点的路径上黑结点个数相同。

2. 红黑树的性质

性质 1:红黑树中根结点到叶子结点的最长路径不会大于根结点到叶子结点最短路径的两倍。

证明:根结点到叶子结点的最长路径必定是含有红结点个数最多的那条路径,此时红结点与黑结点个数相同;根结点到叶子结点的最短路径必定是这条路径上只有黑结点,因为根结点到叶子结点的所有路径上黑结点个数相同,所以最长路径不大于最短路径的两倍。

性质 2:有 n 个内部结点的红黑树的高度 $h \leqslant 2\log_2(n+1)$。

证明：从根结点到叶子结点的任一路径上至少有一半的黑结点，所以树高至少为 $h/2$，故树的总结点数 $n \geqslant 2^{h/2}-1$，可解出 $h \leqslant 2\log_2(n+1)$。

3. 红黑树的插入

红黑树的插入操作同二叉搜索树的插入操作类似，先确定结点的初始位置，若插入后没有满足红黑树的性质就要对树进行调整。在红黑树中，新插入结点初始着色默认为红色。假设 CNODE 结点是新插入的结点，一般可分为以下几种情况：①若 CNODE 是根结点，则将 CNODE 调整为黑色；②若 CNODE 的父结点为黑色，则直接插入；③CNODE 的父结点 PCNODE 为红色，此时若当前结点的父结点是红色，且当前结点的祖父结点的另一个子结点（叔叔结点）也是红色，则将父结点、叔叔结点设为黑色，祖父结点设为红色；若当前结点的父结点是红色，叔叔结点是黑色，且当前结点是其父结点的右孩子，则将父结点设为黑色，祖父结点设为红色，以祖父结点为支点进行左旋；若当前结点的父结点是红色，叔叔结点是黑色，且当前结点是其父结点的左孩子，则将父结点作为新的当前结点，以新的当前结点为支点进行右旋。

6.4 B 树和 B+树

6.4.1 B 树及其基本操作

1. B 树的定义

B 树又称多路平衡查找树，树中所有结点平衡因子都为 0。通常不会用"B 树"一词来形容一棵具体的 B 树，而是用"m 阶 B 树"来形容，例如"3 阶 B 树"。其中，B 树的阶是指所有结点中孩子结点个数的最大值（计算阶数时可先在树中寻找关键字个数最多的结点，阶数为该结点的关键字个数再加 1，这也意味着 m 阶 B 树的任一结点的关键字个数不超过 $m-1$）。一棵 m 阶 B 树要么是一棵空树，要么是满足以下要求的 $m(m \geqslant 3)$ 叉树。

(1) 树中每个结点最多含有 m 棵子树。

(2) 若根结点不是叶子结点，则至少含有两棵子树。

(3) 除根结点外所有非叶子结点至少有 $\lceil m/2 \rceil$ 棵子树。

(4) 所有外部结点都出现在同一层，并且不带信息。

(5) 所有非叶子结点的结构如图 6-29 所示。

| n | A_0 | K_1 | A_1 | K_2 | A_2 | $\cdots$ | K_n | A_n |

图 6-29 B 树结点的结构

其中，n 表示结点含有的关键字个数，除根结点以外，所有结点的关键字个数 n 都满足 $\lceil m/2 \rceil-1 \leqslant n \leqslant m-1$。$K_i(1 \leqslant i \leqslant n)$ 为该结点的关键字且满足 $K_i \leqslant K_{i+1}$。$A_i(0 \leqslant i \leqslant n)$ 指针指向了该结点的子树，且 $A_i(0 \leqslant i \leqslant n-1)$ 指向的子树中所有结点的关键字均大于 K_i 并且均小于 K_{i+1}，A_n 所指向的子树中所有结点的关键字均大于 K_n。如图 6-30 所示是一棵深度为 3 的 3 阶的 B 树。

注意：在部分书籍（教材或教辅）中将 B 树称为 B—树。

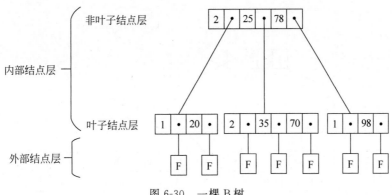

图 6-30 一棵 B 树

2. B 树的查找

在 B 树中查找关键字的过程与在二叉排序树中查找关键字的过程类似,其基本思想为:若 B 树为空,则查找失败;否则依次比较给定值和根结点中的每一关键字。若找到与之相等的关键字则查找成功;否则根据给定值与根结点中关键字的大小关系,在根结点的某一子树中继续查找给定值。

在 B 树中查找的基本过程如下。

(1) 若 B 树为空,则查找失败;否则依次比较给定值 key 与根结点中的每一关键字 $K_i(1 \leq i \leq n-1)$。

(2) 若 key$=K_i$,则查找成功。

(3) 若 key$<K_i$,则在 A_{i-1} 指向的子树中继续查找。

(4) 若 $K_i<$key$<K_{i+1}$,则在 A_i 指向的子树中继续查找。

(5) 若 key$>K_{i+1}$,则在 A_{i+1} 指向的子树中继续查找。

【例 6-4】 试给出在如图 6-31 所示的 B 树中查找关键字 98 的查找过程。

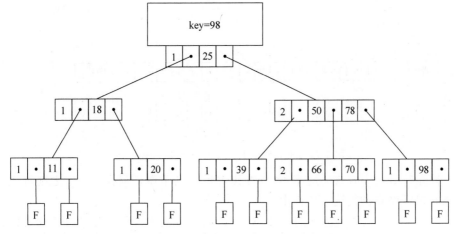

图 6-31 在 B 树中查找关键字 98 的查找过程

解析:图 6-32 给出了在给定的 B 树中查找关键字 98 的查找过程。

3. B 树的插入

在 B 树中插入关键字的基本思路如下。

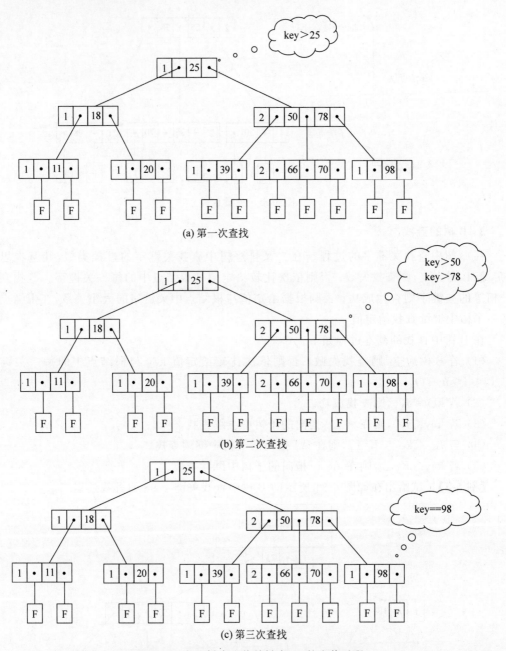

图 6-32 在 B 树中查找关键字 98 的查找过程

(1) 首先在 B 树中查找关键字,若存在该关键字则不做任何操作;反之则将该关键字插入到某个叶子结点的关键字序列中。

(2) 此时若该结点的关键字的个数小于 m,则结束插入操作;反之则调整某些结点的关键字序列。

按照上述思路,在 B 树中插入关键字的步骤如下。

(1) 首先在 B 树中查找关键字 key,若查找成功则不做任何操作;反之则将该关键字插入到查找失败时对应的叶子结点中。

(2) 此时若该结点的关键字个数小于 m,则不做任何操作;反之则调整某些结点的关键字序列,执行第(3)步。

(3) 调整规则:以该结点的第 $\lceil m/2 \rceil$ 个关键字 $K_{\lceil m/2 \rceil}$ 为界,分成三部分,即 $K_{\lceil m/2 \rceil}$ 的左边部分、$K_{\lceil m/2 \rceil}$ 和 $K_{\lceil m/2 \rceil}$ 的右边部分。$K_{\lceil m/2 \rceil}$ 的左边部分保留在原结点中,$K_{\lceil m/2 \rceil}$ 的右边部分"分裂"出去,作为原结点的兄弟结点,$K_{\lceil m/2 \rceil}$ 插入原结点的双亲结点中。若双亲结点也需"分裂"则重复该过程直至双亲结点为根结点,此时执行第(4)步。

(4) 由于根结点无双亲结点,所以需创建关键字为 $K_{\lceil m/2 \rceil}$ 的结点作为根结点,此时 B 树的深度增加 1。

【例 6-5】 试给出在如图 6-33 所示的 B 树中插入关键字 19 的过程。

解析:在 3 阶 B 树中插入关键字 19,先找到关键字 19 的插入位置,即结点 E。由于插入后结点 E 的关键字的个数未超过 $2(m-1=3-1=2)$,因此插入关键字 19 的操作完成,其过程如图 6-34 所示。

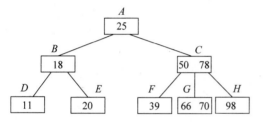

图 6-33 在 B 树中插入关键字 19

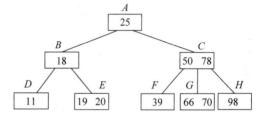

图 6-34 在 B 树中插入关键字 19 的过程

4. B 树的删除

在 B 树中删除关键字时可分为两种情况:①被删除的关键字所在的结点为叶子结点;②被删除的关键字所在的结点为非叶子结点。在第②种情况下,将被删除的关键字右邻(与该关键字相邻并位于该关键字的右方)的指针指向的子树中最大(或最小)的关键字(该关键字所在的结点一定是叶子结点)替换将被删除的关键字,并删除子树中最大(或最小)关键字及其右邻的指针。因此,在 B 树中删除关键字这一问题可归结为在 B 树的叶子结点中删除关键字。

接下来仅讨论在 B 树的叶子结点中删除关键字的情况,其基本思想如下。

(1) 在 B 树中查找关键字,若该关键字不存在,则结束删除操作;否则在该关键字所在的结点中删除该关键字及其右邻的指针。

(2) 若此时该结点的关键字个数小于 $\lceil m/2 \rceil - 1$,则执行结点的调整操作;反之则结束删除操作。

上述思想对应的删除过程如下。

(1) 在 B 树中查找关键字 key,若查找失败则不做任何操作;否则在该关键字所在的结点中删除该关键字及其右邻的指针,若执行这一操作后,该结点的关键字数目不小于 $\lceil m/2 \rceil - 1$,则结束删除,否则执行第(2)步调整某些结点的关键字序列。

(2) 若该结点的关键字数目小于 $\lceil m/2 \rceil - 1$,但其右邻(或左邻)结点的关键字数目大于 $\lceil m/2 \rceil - 1$,那么执行第(3)步。

若该结点的关键字数目小于 $\lceil m/2 \rceil - 1$,但其右邻(或左邻)结点的关键字数目等于 $\lceil m/2 \rceil - 1$,那么执行第(4)步。

(3) 将右邻结点中最小关键字移至其双亲结点中,并将双亲结点中小于该最小关键字的前一个关键字移至被删除关键字所在的结点中;或者将左邻结点中最大关键字移至其双亲结点中,并将双亲结点中大于该最大关键字的后一个关键字移至被删除关键字所在的结点中。

(4) 将该结点(假定其右邻结点的双亲结点中指向该右邻结点的指针为 P)中剩余的关键字和指针,和 P 的左邻关键字一起合并到该右邻结点中;若该结点没有右邻结点,则按同一思路合并至左邻结点中。若此时双亲结点的关键字数目小于 $\lceil m/2 \rceil - 1$,则继续按上述思路合并双亲结点。

【例 6-6】 试给出在如图 6-35 所示的 B 树中删除关键字 39 的过程。

解析:在如图 6-35 所示的 3 阶 B—树($m=3$)中删除关键字 39。首先找到 39 所在的结点 F,删除关键字后,F 中的关键字数目等于 0(该结点中的关键字数目小于 $\lceil m/2 \rceil - 1 = 2-1$),$F$ 的右邻结点 G 中的关键字数目等于 2(右邻结点中的关键字数目不小于 $\lceil m/2 \rceil - 1 = 2-1$),如图 6-36(a)所示。由于 F 中的关键字数目等于 0,此时需调整相应结点的关键字序列,具体如下:将结点 G 的关键字 66 插入双亲结点中,将 F 结点的双亲结点 C 中的关键字 50 插入 F 结点中。此时,删除关键字 39 的操作完成,结果如图 6-36(b)所示。

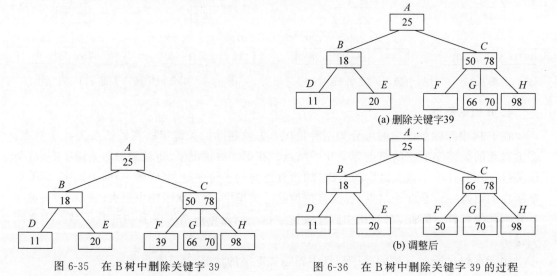

图 6-35　在 B 树中删除关键字 39

图 6-36　在 B 树中删除关键字 39 的过程

6.4.2　B+树的基本概念

B+树是 B 树的一种变形树,但比 B 树更适合于操作系统的文件索引和数据库索引。

1. B+树的定义

一棵 m 阶 B+树满足以下条件。

(1) 每个非叶子结点最多含有 m 棵子树。

(2) 根结点要么没有子树,要么最少有两棵子树。

(3) 除根结点以外,每个结点至少有 $\lceil m/2 \rceil$ 棵子树。

(4) 任一结点中若含有 n 个关键字,则该结点含有 n 棵子树。

(5) 叶子结点中包含指向该结点的指针,并且结点按照关键字从小到大依次链接。所有叶子结点的关键字集合包含全部的关键字。

(6) 所有非叶子结点仅含有所有孩子结点中的最大关键字和指向该孩子结点的指针。

如图 6-37 所示的一棵 3 阶的 B+树,通常 B+树中有两个指针,root 指针指向根结点,sqt 指针指向最小关键字所在的叶子结点。

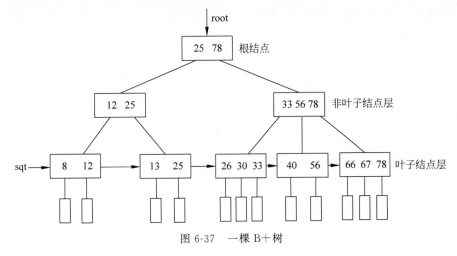

图 6-37 一棵 B+树

一棵 m 阶的 B+树和 B 树的差异如表 6-2 所示。

表 6-2 B+树和 B 树的差异

名 称	m 阶 B 树	m 阶 B+树
含有 n 个关键字的结点的子树数目	$n+1$	n
除根结点外的结点的关键字数目的范围	$\lceil m/2 \rceil - 1 \leq n \leq m-1$	$\lceil m/2 \rceil \leq n \leq m$
根结点的关键字数目的范围	$1 \leq n \leq m-1$	$2 \leq n \leq m$
叶子结点	所有叶子结点的关键字集合不会包含全部的关键字	所有叶子结点的关键字集合包含全部的关键字
非叶子结点	不包含重复的关键字序列	包含子树中最大关键字,发生关键字重复的情况。仅起到索引的作用
头指针	只有一个 root 指针,指向根结点	一个 root 指针,指向根结点;一个 sqt 指针,指向关键字最小的叶子结点

2. B+树的查找

在 B+树中可以利用 sqt 指针从最小关键字所在的叶子结点开始,执行顺序查找某一关键字。

在 B+树中执行随机查找时可利用 root 指针从根结点开始查找,和在 B 树中执行随机查找的过程类似。但不同的是,在 B+树中查找关键字时,若在非叶子结点中查找到该关键字并不结束查找操作,而是继续查找直至该关键字所在的叶子结点。因此,不管查找成功与否,在 B+树中随机查找的过程都是经历了一条从根结点到叶子结点的路径。

3. B+树的插入

在 B+树中插入关键字与在 B 树中插入关键字的过程类似,均是将关键字插入某个叶子结点中。但不同的是,当在一棵 m 阶的 B+树的某一结点中插入关键字后,若结点中的关键字数目大于 m,则需将该结点调整成为两个结点,它们所含关键字的数目分别为 $\lceil (m+1)/2 \rceil$ 和 $\lceil (m+1)/2 \rceil$;同时其双亲结点中应包含这两个结点中的最大关键字。若此时双亲结点需调整,则按照上述思路继续调整。

4. B+树的删除

在 B+树中删除关键字均是在叶子结点中执行的。若删除某一关键字后,该关键字所在的结点的关键字数目小于 $\lceil m/2 \rceil$,则调整过程与 B 树相同;若该关键字是所在结点中最大的关键字,虽然该结点的双亲结点也有这一关键字,但此时不删除双亲结点中的这一关键字。

6.5 散列表

6.5.1 散列表的相关术语

与之前介绍的以关键字的比较为基础的查找思路不同,散列查找的基本思想是不做任何的比较就能找到所查的数据元素,此时需将数据元素的关键字及其在查找表中的位置建立关系 H,使得每个关键字与表中唯一的位置相对应。在查找时,若存在某一数据元素的关键字与给定值 key 相等,则可根据关系 H 得到该数据元素在表中的位置为 $H(key)$。通常将关系 H 称为散列函数或哈希函数,按散列函数建立的表为散列表或哈希(Hash)表。接下来给出散列查找的相关术语。

散列函数:为某一数据元素的关键字 key 及其在散列表中存储位置 p 之间建立一个对应关系 H,即 $p=H(key)$,则称关系 H 为散列函数。

散列表:为数据元素的关键字 key 和其存储地址建立的表。

散列地址:根据散列函数求得某一数据元素的存储位置 p,将其称作散列地址(Hash Address)。

冲突和同义词:不同数据元素的关键字通过散列函数 H 计算可能得到相同的散列地址,即 key1≠key2,而 $H(key1)=H(key2)$,这种情况称为发生冲突,并将 key1 和 key2 称为同义词。

装填因子:散列表中已存入的数据元素个数 n 和散列表的长度 m 的比值,即装填因子 α 为

$$\alpha = \frac{n}{m}$$

6.5.2 散列函数构造方法

构造散列函数要注意:①关键字的散列地址应尽可能地均匀分布;②计算散列函数值应该尽可能简单,否则会影响查找的速率;③散列函数的定义域必须包括待存储的全部关键字,值域则取决于散列表的长度。

构造散列函数的方法有很多种,应该根据具体问题选用具体的散列函数。构造"好"的散列函数要考虑的因素有:

(1) 散列表的长度。
(2) 关键字的长度和分布情况。
(3) 散列函数的复杂程度。
(4) 关键字所在的记录的查找频率。

下面介绍几种常用构造散列函数的方法。

1. 直接定址法

直接定址法构造散列函数的思想是将关键字或关于关键字的某个线性函数值作为散列地址。即

$$H(key) = key \quad 或者 \quad H(key) = a \cdot key + b (a 和 b 为常数)$$

直接定址法构造的散列函数计算简单,所得的散列地址集合大小和关键字集合大小相同,因此,对于不同的关键字不会发生冲突。当关键字的分布基本连续时,可用这种方法构造散列函数,但在实际中使用不多。

2. 除留余数法

除留余数法构造散列函数的思想是将关键字 key 除以一个不大于散列表长度 m 的数 p,取其余数作为散列地址,即

$$H(key) = key \% p$$

其中,% 为取模运算。这种方法的关键是选取适当的 p,一般情况下,将 p 设为不大于 m 的最大质数,若选择不当,容易产生同义词。

除留余数法构造的散列函数计算简单,取模运算后能够保证散列函数值一定在散列表的地址范围内。这种方法的适用范围非常广,是构造散列函数最常用的方法。

3. 数字分析法

数字分析法构建散列函数的思想是分析关键字的每一位上的数字,取分布均匀的若干位作为散列地址,这样散列地址的分布情况较为均匀,取的位数由散列表的长度决定。

数字分析法构造散列函数适用于事先知道关键字的每一位数据的分布情况,且关键字的位数大于散列表的地址位数。

4. 平方取中法

平方取中法构造散列函数的思想是取关键字进行平方运算后的中间几位作为散列地址,所取的位数由散列表的长度决定。

通常在选取散列函数时,不一定了解关键字的全部情况,取其中某几位作为散列地址也不一定适用。但因为一个数进行平方运算后的中间几位数和该数的每一位都相关,所以随机分布的关键字通过平方取中法得到的散列地址也是随机的。

5. 折叠法

折叠法构造散列函数的思想是将关键字分割成位数相同的几部分(最后一部分位数可能不同),然后取这几部分的叠加和(舍去最高进位)作为散列地址,分割的位数由散列表的长度决定。

根据叠加的方式,折叠法可以分为移位叠加和间界叠加两种。移位叠加是将分割后的每一部分低位对齐相加;间界叠加是指将分割后的数字从一端向另外一端沿分割界来回折

叠后再对齐相加。

折叠法构造散列函数适用于散列地址位数较少,而关键字位数较多且关键字每一位的数据分布大致均匀。

6. 随机数法

随机数法是选择一个随机函数 RandomFunction(),以关键字作为自变量计算出的函数值作为散列地址,即 $H(key) = RandomFunction(key)$。该方法适合关键字长度不等时构造散列函数。

6.5.3 解决冲突的方法

在构造散列表时,若冲突不可避免,此时需要提供解决冲突的办法。解决冲突的基本思想是:替发生冲突的关键字寻找新的散列地址,直至该散列地址单元是空闲的。处理冲突的办法与散列表的结构相关,按结构不同,通常分为两类:开放定址法和拉链法。

1. 开放定址法

开放定址法解决冲突的基本思想为:某一关键字为 key 的数据元素通过散列函数 H 求得的散列地址为 $p_0 = H(key)$,当该数据元素插入散列表中发生冲突时,则以 p_0 为基础,按照某种方法生成新的散列地址 p_1,若此时冲突未解决,则按照相同方法生成下一个新的散列地址,直至 p_k 不再发生冲突(装填因子小于 1 时一定能解决冲突),然后将该数据元素插入。

生成新的散列地址的方法可用以下公式表示:

$$p_i = (p_0 + d_i)\%m$$

其中,$1 \leq i \leq m-1$,m 为散列表的长度,d_i 为增量序列。根据 d_i 的不同,生成新的散列地址的方法可分为线性探测法和平方探测法。生成新地址并寻找空闲地址单元的过程称为"探测",寻找空闲地址单元的次数称为探测次数。

1) 线性探测法

线性探测的增量序列 d_i 为

$$d_i = 1, 2, 3, \cdots, m-1$$

由 d_i 的取值可看出:当发生冲突时,从发生冲突的地址单元开始,向后依次探测空闲的地址单元,若探测到最后一个地址单元仍未找到空闲的地址单元,则从散列表的第一个地址单元开始继续查找,直至冲突解决。

线性探测法的优点是:解决冲突简单,若散列表未满,则总能探测到散列表的空闲地址单元。但线性探测法容易发生"聚集"现象,即散列地址不同的关键字试图占用同一个新的地址单元。

2) 平方探测法

平方探测法的增量序列 d_i 为

$$d_i = 1^2, -1^2, 2^2, -2^2, \cdots, +k^2, -k^2 \quad (k \leq m/2)$$

平方探测法的优点是避免了聚集现象,而其缺点是不能保证一定能探测到散列表的空闲地址单元,因为平方探测法只探测了散列表一半的地址空间。

3) 再散列法

再散列法又称为双散列法,是指用另一个散列函数来计算该关键字的地址增量序

列 d_i。

4)伪随机序列法

伪随机序列法是指增量序列 d_i 为伪随机序列。

2. 拉链法

拉链法解决冲突的思想是将同义词存储在一个单链表中。散列表的地址单元存储的不再是数据元素,而是各个单链表的头指针。

与开放地址法相比,拉链法的优点如下。

(1)拉链法解决了非同义词之间的冲突,因此,拉链法提高了查找效率。

(2)使用拉链法解决冲突时,各地址单元指向的单链表的存储空间是动态申请的,因此,适合提前不清楚表长的情况。

(3)对使用拉链法构造的散列表执行插入、删除操作简单。

(4)开放地址法要求装填因子必须小于 1,拉链法的装填因子可以大于或等于 1,节省了地址空间。

拉链法的主要缺点是指针需要额外的存储空间。

【例 6-7】 假设散列表的长度为 5,现有关键字序列(5,23,9,8,15),若采用除留余数法构建散列函数,并使用拉链法解决冲突,试创建散列表。

解析:由于题目要求使用除留余数法构建散列函数 $H(\text{key}) = \text{key}\%5$,并使用拉链法解决冲突,构建散列表的过程如表 6-3 所示。

表 6-3 拉链法构建散列表的过程

序号	散列地址	说　　明
1	$H(5)=0$	没有冲突,将关键字 5 存入以 $i=0$ 为头结点的单链表中,探测 1 次
2	$H(23)=3$	没有冲突,将关键字 23 存入以 $i=3$ 为头结点的单链表中,探测 1 次
3	$H(9)=4$	没有冲突,将关键字 9 存入以 $i=4$ 为头结点的单链表中,探测 1 次
4	$H(8)=3$	发生冲突(第一次探测)
		将关键字 8 存入以 $i=3$ 为头结点的单链表中,冲突解决,探测 2 次
5	$H(15)=0$	发生冲突(第一次探测)
		将关键字 8 存入以 $i=0$ 为头结点的单链表中,冲突解决,探测 2 次

由上述过程构建的散列表如图 6-38 所示。散列表的地址空间从 0 到 4,每个地址单元作为存储同义词的单链表的头结点,如果没有对应的单链表,则该地址单元置为空指针。

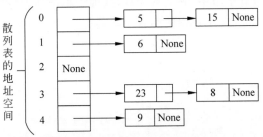

图 6-38 采用拉链法建立的散列表

6.6 字符串模式匹配

6.6.1 字符串的基本概念和操作

1. 字符串的基本概念

字符串通常简称为串,它是由数字、字母或其他字符组成的有限序列。一般记为
$$StringName="a[0]a[1]a[2]\cdots a[i]\cdots a[n-1]" \quad (n \geqslant 0, 0 \leqslant i \leqslant n-1)$$
其中,StringName 是串名,双引号内的序列是该串的值,n 为串的长度,i 为某一字符在该串中的下标。

接下来给出串的常用术语。

(1) 串的长度:串中包含的字符个数即为串的长度。

例如,StringHM = "HuiMin",该字符串的长度为 6。

(2) 空串:当串中不包含任何字符时称为空串,此时串的长度为 0。

例如,StringBlank = " ",该字符串为空串,其长度为 0。

(3) 空格串:由一个或多个空格组成的串称为空格串,它的长度为串中空格的个数。

例如,StringBlank = " ",该字符串为仅含一个空格的空格串,故其长度为 1。

(4) 子串:串中任意个连续字符组成的子序列称为该串的子串。空串是任意串的子串。

例如,StringH = "Hui",该字符串的所有子串共有 7 个,分别为

StringH_1 = " "

StringH_2 = "H"

StringH_3 = "u"

StringH_4 = "i"

StringH_5 = "Hu"

StringH_6 = "ui"

StringH_7 = "Hui"

(5) 主串:包含子串的串称为主串。

例如,对于 StringHM = "HuiMin" 和 StringH = "Hui",字符串 StringHM 为字符串 StringH 的主串。

(6) 真子串:串的所有子串中,除其自身外,其他子串都称为该串的真子串。

例如,StringH = "Hui",该字符串的所有子串共有 7 个,分别为

StringH_1 = " "

StringH_2 = "H"

StringH_3 = "u"

StringH_4 = "i"

StringH_5 = "Hu"

StringH_6 = "ui"

StringH_7="Hui"

除 StringH_7 以外,其他子串 StringH_1~StringH_6 均为 StringH 的真子串。

(7) 子串的位置:子串的第一个字符在主串中对应的位置称为子串在主串中的位置,简称子串的位置。

例如,对于 StringHM="HuiMin"和 StringH="Hui",子串 StringH 在主串 StringHM 中的位置为 0。

(8) 串相等:当两个串的长度相等且对应位置的字符依次相同时,称这两个串是相等的。

例如,对于 StringH="Hui"和 StringM="Hui",串 StringH 和串 StringM 相等。

2. 字符串的基本操作

串的基本操作除了创建和销毁之外,还包括判空、求串长、查找子串和取子串等,如表 6-4 所示。

表 6-4 串的基本操作

基本操作	说　　明
InitString(string)	串 string 被初始化
StringAssign(stringDest,stringSrc)	将 stringSrc 的字符序列赋值给 stringDest
IsEmptyString(string)	判断当前串是否为空,若为空,则返回 True;否则返回 False
StringCopy(stringDest,stringSrc)	由串 stringSrc 复制得串 stringDest
StringCompare(stringDest,stringSrc)	将串 stringDest 和串 stringSrc 的内容进行比较
StringLength(string)	获取串 string 的长度
ClearString(string)	清空串 string
StringConcat(stringDest,stringSrc)	将串 stringSrc 连接到串 stringDest 后
SubString(string,iPos,length)	从串 string 的指定位置 iPos 处开始获取指定长度为 length 的子串
IndexString(stringDest,stringSrc,iPos)	若串 stringDest 中存在与串 stringSrc 相同的子串,则返回它在串 stringDest 中第 iPos 个字符之后第一次出现的位置;否则令 iPos 为−1 并返回其值
StringDelete(string,iPos,length)	从串 string 的指定位置 iPos 处开始删除指定长度为 length 的子串
StringInsert(stringDest,iPos,stringSrc)	在串 stringDest 的第 iPos 个位置后插入串 stringSrc
StringReplace(stringDest,stringSrc,stringTemp)	在串 stringDest 中用串 stringTemp 替换串 stringSrc 的所有出现
DestroyString(string)	销毁串 string

6.6.2 字符串的存储

串的存储包括顺序存储和链式存储。串的顺序存储(以下简称顺序串)就是采用一组物理上连续的存储单元来存放串中所有字符。如图 6-39(a)所示,初始化一个串时,为其分配长度为 MaxStringSize 的连续存储空间;如图 6-39(b)所示,创建一个串 stringSH,串的每一个字符占用一个存储单元,最终得到长度为 13 的串。

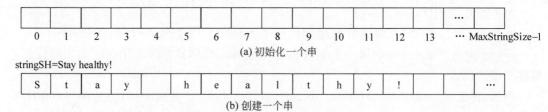

图 6-39 串的顺序存储

在串的链式存储(以下简称链串)中,每个结点可以存放一个或多个字符,每个结点存放的字符个数称为结点长度(也称"结点大小"),图 6-40(a)和图 6-40(b)中每个结点分别存放了三个和一个字符,即结点长度分别为 3 和 1。

如图 6-40(a)所示,当结点长度大于 1 时,由于串"abcdefg"的长度不是结点长度的整倍数,因此链串的最后一个结点需要使用"♯"来填满(此时认为"♯"不属于该串,而属于填充字符);当结点长度等于 1 时,则不存在这一填充问题,如图 6-40(b)所示。

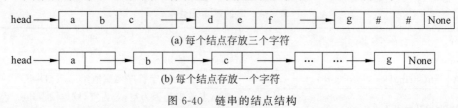

图 6-40 链串的结点结构

通常以整个串为对象对其进行相关操作,因此在对串进行存储时,需合理选择结点长度,此时就需要考虑串的存储密度,其定义如下。

$$串的存储密度 = \frac{串所占的存储位}{实际分配的存储位}$$

由上述定义可以看出,对某一定长串而言,存储密度越大,实际分配的存储位(即所占用的存储空间)就越小,但在实现串的基本操作(如插入、删除和替换等)时可能会导致大量字符的移动;而存储密度越小,所占用的存储空间就越大,但在实现串的基本操作(如插入、删除和替换等)时则不会导致大量字符的移动。

6.6.3 字符串模式匹配算法

在本节中将介绍两种基于顺序串实现模式匹配的方法,一种为简单的模式匹配算法(Bruce-Force,暴力匹配算法,简称 BF 算法),另一种为改进后的模式匹配算法(KMP 算法)。

1. BF 算法

假设有主串 S 和模式串 T,要求使用 BF 算法从主串 S 的指定位置 pos 处开始进行模式匹配,其对应的算法思路如下。

(1) 用 i 和 j 分别指示主串 S 和模式串 T 当前待比较字符的位置,初始时,i 为主串 S 的指定位置 pos,j 为模式串 T 的第一个字符的位置。

(2) 若主串 S 和模式串 T 中仍存在未比较的字符,则执行第(3)步~第(7)步;否则执行第(8)步。

(3) 记下当前主串 S 的下标 i。

(4) 判断两个串当前位置的字符是否相等。

(5) 若第(4)步为真,则执行第(6)步;否则执行第(7)步。

(6) 将 i 和 j 分别执行加 1 操作,并转第(4)步。

(7) 将第(3)步中的值加 1 并赋值给 i,再将 j 的值修改为 1(此时 j 指示模式串 T 的第一个字符);并转第(2)步,重新进行匹配。

(8) 输出模式匹配失败的提示。在一个串中定位某子串的操作称为串的模式匹配,其中待定位的子串称为模式串。

上述算法思路对应的实现代码如图 6-41 所示。

```
int IndexBF(String S, String T, int pos)
{
    int i = -1, j = -1;
    if(pos > 0 && pos <= S.length)          //在主串中匹配的起始位置需介于 1 和 S.length 之间
    {
        if(S.length < T.length)              //主串长度小于子串,无法匹配
            return 0;
        else
        {
            i = pos;
            j = 1;
            while(i <= S.length - T.length + 1 && j <= T.length)
            {
                if(S.ch[i] = T.ch[j])        //继续比较后续字符
                {
                    i = i + 1;
                    j = j + 1;
                }
                else
                {
                    i = i - j + 2;           //后退到此次比较主串 S 开始处的下一个字符继续比较
                    j = 1;                   //子串 T 从头开始比较
                }
            }
            if(j > T.length)                 //直到子串 T 的最后一个字符均匹配上
                return i - T.length;
            else
                return 0;
        }
    }
    else                                     //pos 小于 0,无法匹配
        return 0;
}
```

图 6-41　BF 算法实现

假定使用 i 指示主串,j 指示模式串,分别从 $i=1$,$j=1$ 开始匹配。表 6-5 展示了主串 S ="ABABCABCACBAB" 和模式串 T ="ABCAC" 按上述算法执行的 6 趟匹配过程。

表 6-5　BF 算法 6 趟匹配过程

0	1	2	3	4	5	6	7	8	9	10	11	12	13	备　注
第 1 趟	A	B	A	B	C	A	B	C	A	C	B	A	B	$i=3,j=3$ 时匹配失败
	A	B	C	A	C									
第 2 趟	A	B	A	B	C	A	B	C	A	C	B	A	B	$i=2,j=1$ 时匹配失败
		A	B	C	A	C								

续表

0	1	2	3	4	5	6	7	8	9	10	11	12	13	备 注
第 3 趟	A	B	A	B	C	A	B	C	A	C	B	A	B	$i=7,j=5$ 时 匹配失败
				A	B	C	A	C						
第 4 趟	A	B	A	B	C	A	B	C	A	C	B	A	B	$i=4,j=1$ 时 匹配失败
				A	B	C	A	C						
第 5 趟	A	B	A	B	C	A	B	C	A	C	B	A	B	$i=5,j=1$ 时 匹配失败
					A	B	C	A	C					
第 6 趟	A	B	A	B	C	A	B	C	A	C	B	A	B	$i=11,j=6$ 时 匹配成功
						A	B	C	A	C				

2. KMP 算法

BF 算法思路简单，便于读者理解，但在执行时效率太低。在主串 $S=$"ABABCABCACBAB" 和模式串 $T=$"ABCAC" 的 6 次匹配中，第 3 趟匹配 $i=7,j=5$ 时匹配失败后，又从 $i=4$，$j=1$ 重新开始比较，其实这是没有必要的，因为从第 3 趟的匹配结果来看，主串 S 中的第 4、5 和 6 个字符必然是 B、C 和 A（对应模式串 T 中的第 2、3 和 4 个字符），而模式串 T 中的第一个字符是 A，故此时该将模式串 T 向右滑动 3 个字符继续进行 $i=7,j=2$ 比较即可。在第 1 趟匹配中出现字符不等时也存在类似问题。基于上述分析，可以考虑对 BF 算法做出改进，即在匹配失败后，重新开始匹配时不改变主串 S 中的 i，只改变模式串 T 中的 j，从而减少匹配的次数，以提高模式匹配的效率。接下来将介绍这一改进的模式匹配算法，它是由 D. E. Knuth、J. H. Morris 和 V. R. Pratt 同时发现的，所以该算法又被称为克努特-莫里斯-普拉特操作，简称 KMP 算法。该算法的基本思想是在匹配失败后，无须回到主串和模式串最近一次开始比较的位置，而是在不改变主串已经匹配到的位置的前提下，根据已经匹配的部分字符，从模式串的某一位置开始继续进行串的模式匹配。

假设主串 $S=$"$s[0]s[1]\cdots s[n-1]$"和模式串 $T=$"$t[0]t[1]\cdots t[m-1]$"进行匹配，用 i 和 j 分别指示主串 S 和模式串 T 当前待比较的字符的位置。当 $S[i]!=T[j]$ 时，即当前匹配失败后，下一次匹配前 $S[i]$ 应与模式串的哪个字符进行比较呢？

当 $S[i]!=T[j]$ 时，已经得到的部分匹配结果 TS 为

$$T[0,j-1]==S[i-j,i-1]$$

假定下一次匹配前 $S[i]$ 应与模式串的 k 位置进行比较，则模式串中的前 k 个字符必须满足下式：

$$T[0,k-1]==S[i-k,i-1]$$

注意：此时不存在比 k 更长的字符串满足上式，否则就会从更长的字符串开始匹配。

而对于匹配失败时已经得到的长度为 j 的部分匹配结果 TS 而言，其从后往前的 $k(k<j)$ 个字符在主串和模式串中均存在，且满足以下等式：

$$S[i-k,i-1]==T[j-k,j-1]$$

所以可以得到 $T[0,k-1]==T[j-k,j-1]$，这意味着在模式串的 j 位置匹配失败后，可以从模式串的 k 位置开始继续与主串 S 中 i 指示的字符进行比较。

将模式串在当前位置 j 与主串对应位置的字符匹配失败后应移到的位置记为 ListNext$[j]$，下面给出其定义。

$$\text{ListNext}[j] = \begin{cases} -1 & \text{当 } j = 0 \text{ 时} \\ \text{Max}\{k \mid 0 < k < j \text{ 且 } T[0 \sim k-1] == T[j-k \sim j-1]\} & \text{当此集合不为空时} \\ 0 & \text{其他情况} \end{cases}$$

当 $j=0$ 时,若匹配失败,则以 -1 表示,此时从模式串的第一个位置开始匹配。

给定模式串 $T=$"abaabcac",其 ListNext 如表 6-6 所示。

表 6-6 模式串 T 的 ListNext

j	0	1	2	3	4	5	6	7
模式串 T	a	b	a	a	b	c	a	c
ListNext[j]	-1	0	0	1	1	2	0	1

在成功计算出 ListNext 之后,就可以基于 ListNext 并使用 KMP 算法进行串的模式匹配,其基本思想如下:用 i 和 j 分别指示主串和模式串当前待比较的字符,令 i 和 j 的初值分别为 iPos 和 0。若在匹配的过程中 i 和 j 指示的字符相等,则将 i 和 j 的值都加 1;否则 i 的值不变,令 $j=$ ListNext[j] 后,并将当前 j 指示的字符与 i 指示的字符再次进行比较,重复以上过程进行比较。在重复比较时,若 j 值为 -1,则需将主串的 i 值加 1,并将 j 回退到模式串起始位置重新与主串进行匹配。

通过以上分析,可以基于主串 S、主串 S 的指定位置 iPos 和模式串 T,并借助 ListNext 给出 KMP 算法的实现,具体思路如下。

(1) 分别用 i 和 j 指示主串和模式串当前待比较的字符,初始时,i 等于主串 S 的指定位置 iPos,j 指示模式串的第一个字符。

(2) 若模式串和主串均未比较结束,则执行第(3)步~第(6)步;否则执行第(7)步。

(3) 判断 j 的值是否为 -1 或两个串当前位置对应的字符是否相等。

(4) 若第(3)步为真,则执行第(5)步;否则执行第(6)步。

(5) 将 i 和 j 分别加 1。

(6) 修改 j 的值为在当前位置匹配失败后应移到的位置,并转第(2)步。

(7) 判断 j 是否等于模式串的长度。

(8) 若第(7)步为真,则输出匹配成功的提示;否则执行第(9)步。

(9) 输出匹配失败的提示。

上述 KMP 算法必须在模式串的 ListNext 值已知的前提下进行,所以必须实现对 ListNext 值的求解,其对应的算法思路如下。

由于模式串的第一个字符与主串中的某一字符匹配失败后,下一次匹配时需从模式串的第一个位置(即为 ListNext[0] 的值,将其设为 -1)开始,也就是说,ListNext[0]$=-1$。

现考虑一般情况,假设当前位置为 j 时,ListNext[j]$=k$,这表示在模式串中有 $T[0,k-1]==T[j-k,j-1]$,那么对于 ListNext[$j+1$] 的求解应分为以下两种情况。

(1) 若 $T[k]==T[j]$,这表示在模式串中有 $T[0,k]==T[j-k,j]$,那么 ListNext[$j+1$]$=k+1$,即 ListNext[$j+1$]$=$ListNext[j]$+1$。

(2) 若 $T[k] \neq T[j]$,此时可以将模式串既看作主串又看作模式串,参照 KMP 算法的匹配思路根据已经匹配成功的部分 $T[0,k-1]==T[j-k,j-1]$,将模式串向右移动到 ListNext[k] 指示的位置再与 j 指示的字符进行比较。

假设 ListNext[k]$=ik$,若 $T[j]=T[ik]$,则说明 $T[0,ik]==T[j-ik,j]$,此时

ListNext$[j+1]=ik+1$,又因为 ListNext$[k]=ik$,所以 ListNext$[j+1]=$ListNext$[k]+1$;若 $T[j]\neq T[ik]$,此时需将模式串向右移动到 ListNext$[ik]$指示的位置,再与此时 j 指示的字符进行比较……,若不存在任何 ik 满足 $T[0,ik]==T[j-ik,j]$,此时则令 ListNext$[j+1]=-1$,即应从模式串的第一个字符开始重新进行匹配。

至此完成了 ListNext 值的求解,在使用基于 ListNext 的 KMP 算法时,若主串和模式串匹配失败,主串不需要回退,只需将模式串向右滑动。

3. KMP 算法的改进

但在某些情况下,上述 KMP 算法中使用的 ListNext 值的求解方法仍存在缺陷。例如,使用此方法对主串 $S=$"aaabaaaab"和模式串 $T=$"aaaab"进行匹配时,模式串 T 对应的 ListNext 如表 6-7 所示。

表 6-7 模式串 T 的 ListNext

j	0	1	2	3	4
模式串 T	a	a	a	a	b
ListNext$[j]$	-1	0	1	2	3

具体的匹配过程如图 6-42 所示,当第一次匹配失败后,根据 ListNext 的值,在第二次匹配时将 $j=0$、1、2、3 指向的字符分别和 $i=3$ 指向的字符进行比较,其实 $j=0$ 与 $i=3$ 指示的字符比较失败后,$j=1$、2 和 3 分别与 $i=3$ 这三步的比较是不需要的,因为 $T[1]$、$T[2]$ 和 $T[3]$ 都与 $T[0]$ 相等(即都为 a),因此可以跳过第二次匹配直接进行第三次匹配。

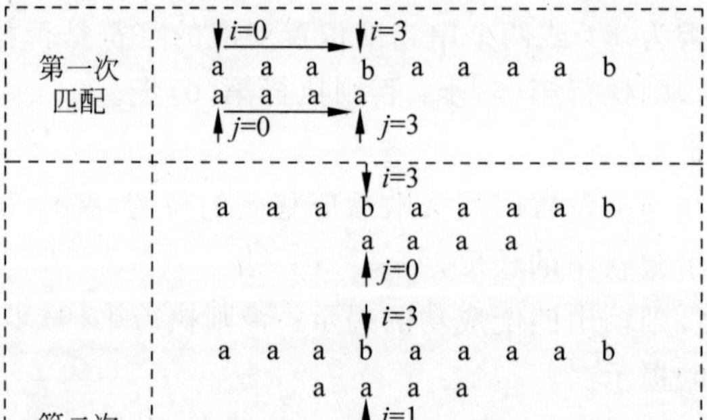

```
          ↓i=0    ↓i=3
第一次    a a a b a a a a b
匹配      a a a a
          ↑j=0    ↑j=3

                  ↓i=3
          a a a b a a a a b
            a a a a
              ↑j=0

                  ↓i=3
          a a a b a a a a b
              a a a a
第二次          ↑j=1
匹配
                  ↓i=3
          a a a b a a a a b
                a a a a
                  ↑j=2

                  ↓i=3
          a a a b a a a a b
                  a a a a
                    ↑j=3

                  ↓i=4        ↓i=8
第三次    a a a b a a a a b
匹配            a a a a
                  ↑j=0        ↑j=4
```

图 6-42 主串 S 和模式串 T 的匹配过程

对于上述特殊实例的一般情况,有如下结论:当 ListNext$[j]=k$,而 $T[k]==T[j]$,若有 $S[i]\neq T[j]$,则不需要进行 $S[i]$ 与 $T[k]$ 的比较,而是直接得出当前位置匹配失败的结论,继续获取下一个 ListNext 值,并与 $T[j]$ 进行比较。

因此可以对模式串 $T=$ "aaaab" 的 ListNext 值进行修正,修正后的 ListNext 称为 ListNextValue,具体结果如表 6-8 所示。

表 6-8 模式串 T 的 ListNextValue

j	0	1	2	3	4
模式串 T	a	a	a	a	b
ListNextValue$[j]$	-1	-1	-1	-1	3

KMP 算法对于初学者来说是个难点,而对于考研而言尽管谈不上是重点,但确实又该是一个送分的考点,所以读者需要耐心阅读上述内容,争取在上考场前搞懂这一知识点。

6.7 查找算法的分析及应用

通常按照对查找表进行的操作来分,可粗略地将其分为静态查找表和动态查找表。表 6-9 给出了各个查找算法的平均时间复杂度、空间复杂度和查找表的结构。

表 6-9 查找算法小结

查找算法	平均时间复杂度	空间复杂度	查找表结构
顺序查找	$O(n)$	$O(1)$	顺序表/链表
折半查找	$O(\log_2 n)$	$O(1)$	顺序表
分块查找	$O(\log_2 n) \sim O(n)$	$O(1) \sim O(n)$	顺序表
BF 算法	$O(m \times n)$	$O(m)$	顺序表
KMP 算法	$O(m+n)$	$O(m)$	顺序表
二叉搜索树	$O(\log_2 n)$	$O(n)$	二叉树
平衡二叉树	$O(\log_2 n)$	$O(1)$	二叉树
B 树	$O(\log_2 n)$	$O(1)$	树
B+ 树	$O(\log_2 n)$	$O(1)$	树
散列表	$O(1)$	$O(n)$	顺序表/链表

小结

本章是历年考试的重点,考生应了解并掌握查找相关的概念,掌握静态查找表、动态查找表和散列表的基本概念,理解顺序查找的过程,熟练掌握折半查找的过程及递归和非递归实现方式、分块查找的过程,深刻理解字符串模式匹配算法,掌握散列函数的构造及冲突处理的方法,对于 B 树和 B+ 树的基本概念,插入和删除操作均须掌握。本章各知识点相对独立,考点较多,考查形式包括客观题和主观题,以客观题为主,其中对散列表内容的考查偏向主观题,希望考生复习时能引起重视。

第 7 章

排 序

本章重点
- 各种排序算法的比较。
- 各种排序算法的应用。

堆排序、快速排序和归并排序是本章的重难点。要求掌握各种排序算法的思想、排序过程和特征(初态的影响、复杂度、稳定性、适用性等),通常以选择题的形式考查不同算法之间的对比。此外,对于一些常用排序算法的关键代码,要达到熟练编写的程度;看到某特定序列,要求具有选择最优排序算法的能力。

思维导图

本章内容的思维导图如图 7-0 所示。

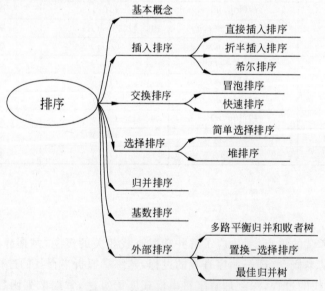

图 7-0　第 7 章内容思维导图

考纲内容

(一) 排序的基本概念

(二) 直接插入排序

(三) 折半插入排序

(四) 起泡排序(Bubble Sort)

(五) 简单选择排序

（六）希尔排序(Shell Sort)

（七）快速排序

（八）堆排序

（九）二路归并排序(Merge Sort)

（十）基数排序

（十一）外部排序

（十二）排序算法的分析及应用

7.1 排序的基本概念

排序，即将原本无序的序列重新排列成有序序列的过程。排序的一个定义如下：给定一个含有 n 个记录的序列为 $\{S[1],S[2],S[3],S[4],S[5],\cdots,S[n]\}$，其排序码分别为 $\{K[1],K[2],K[3],K[4],K[5],\cdots,K[n]\}$，确定 $1,2\cdots,n$ 的一种排列 $k_1,k_2,\cdots,k_n$，将这些排序码排成如下顺序的一个序列。

$$\{K[k_1],K[k_2],K[k_3],K[k_4],K[k_5],\cdots,K[k_n]\}$$

同时使它们满足以下非递减（$K[k_1] \leqslant K[k_2] \leqslant K[k_3] \leqslant K[k_4] \leqslant K[k_5] \leqslant \cdots \leqslant K[k_n]$）或非递增（$K[k_1] \geqslant K[k_2] \geqslant K[k_3] \geqslant K[k_4] \geqslant K[k_5] \geqslant \cdots \geqslant K[k_n]$）的关系。

排序是指使序列 $\{S[1],S[2],S[3],S[4],S[5],\cdots,S[n]\}$ 排成一个按排序码有序的序列 $\{S[k_1],S[k_2],S[k_3],S[k_4],S[k_5],\cdots,S[k_n]\}$ 的过程。

排序码：排序码是排序的依据，通常它可以是某个数据序列，或者是记录的一个或多个属性。

关键字：能够唯一标识一个记录的字段，有时也被称为关键码。排序码可以作为关键字，关键字也可以作为排序码。

有序序列和无序序列：一组按排序码非递减或非递增的顺序排列的记录称为有序序列，反之则称为无序序列。

排序算法稳定性：稳定性是指当待排序序列中有两个或两个以上相同的关键字时，排序前和排序后这些关键字的相对位置，如果没有发生变化就是稳定的，否则就是不稳定的。例如，某序列有两个关键字都是 25，以 25(a) 和 25(b) 来区分它们，用某种算法对其排序，排序前 25(a) 在 25(b) 之前，如果排序后 25(a) 仍然在 25(b) 之前，则该算法是稳定的；如果能找出一种情况，使排序后 25(a) 在 25(b) 之后，则该算法是不稳定的。

如果关键字不能重复，则排序结果是唯一的，那么选择的排序算法稳定与否就无关紧要；如果关键字可以重复，则在选择排序算法时，就要根据具体的需求来考虑选择稳定的还是不稳定的排序算法。

内部排序和外部排序：在排序过程中，根据数据元素是否完全在内存中，可将排序算法分为两类：①内部排序，是指在排序期间元素全部存放在内存中的排序；②外部排序，是指在排序期间元素无法全部同时存放在内存中，必须在排序的过程中根据要求不断地在内、外存之间移动的排序。

一般情况下，内部排序算法在执行过程中都要进行两种操作：比较和移动。通过比较两个关键字的大小，确定对应元素的前后关系，然后通过移动元素以达到有序。当然，并非所有的内部排序算法都要基于比较操作,事实上,基数排序就不基于比较。

每种排序算法都有各自的优缺点,适合在不同的环境下使用,就其全面性能而言,很难提出一种被认为是最好的算法。通常可以将排序算法分为插入排序、交换排序、选择排序、归并排序和基数排序五大类,后面几节会分别进行详细介绍。内部排序算法的性能取决于算法的时间复杂度和空间复杂度,而时间复杂度一般是由比较和移动的次数决定的。为了方便后续的算法实现,图 7-1 给出了顺序表的结构。

```
#define MaxSize 20              //最大长度
typedef struct{
    int key;                    //关键字
    InfoType otherInfo;         //其他信息
}SortListType;                  //待排序列表类型

typedef struct{
    SortListType r[MaxSize + 1]; //r[0]作为哨兵或闲置
    int length;                  //待排序列表长度
}SeqList;                        //待排序的顺序表
```

图 7-1　顺序表的结构

7.2　插入排序

插入排序是一种简单直观的排序方法,其基本思想是每次将一个待排序的记录按其关键字大小插入到前面已排好序的子序列中,直到全部记录插入完成。本节将介绍基于这一基本思想的三个排序算法:直接插入排序、折半插入排序和希尔排序。

7.2.1　直接插入排序

直接插入排序的基本思想是将待排序的每一个记录依次插入已排好序的有序表中。

【例 7-1】　假定初始序列 S 为{34,25,68,57,36,18,29,63},试对该序列执行直接插入排序。

解析:图 7-2 展示了对序列 S 执行直接插入排序的全过程。

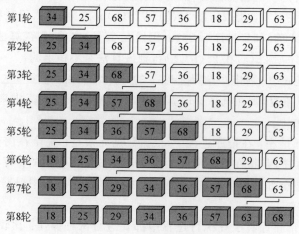

图 7-2　直接插入排序

在第 1 轮中假定{34}为有序表,需要将 25 插入该有序表中。由于 25＜34,故将 34 后移一个位置即可。

在第 2 轮中{25,34}为有序表,需要将 68 插入该有序表中,由于 68＞34,故不需要移动。

在第 3 轮中{25,34,68}为有序表,需要将 57 插入该有序表中,由于 57＜68,故将 68 后移一个位置后仍继续比较,由于 57＞34,故不需要移动。

在第 4 轮中{25,34,57,68}为有序表,需要将 36 插入该有序表中,由于 36＜68,所以将 68 向后移动一个位置后仍继续比较,由于 36＜57,故将 57 向后移动一个位置后继续比较,由于 36＞34,故不需要移动。

在第 5 轮中{25,34,36,57,68}为有序表,需要将 18 插入该有序表中,由于 18＜68,所以将 68 后移一个位置后仍继续比较;由于 18＜57,所以将 57 后移一个位置后仍继续比较……这样依次向前比较后,发现 18 应该插入在最前面。

在第 6 轮中{18,25,34,36,57,68}为有序表,需要将 29 插入该有序表中,还是从后向前进行比较,确定 29 插入在 25 之后、34 之前。

在第 7 轮中{18,25,29,34,36,57,68}为有序表,需要将 63 插入该有序表中,同样从后向前比较将 63 插入 57 和 68 之间,至此,直接插入排序全过程完成,初始序列 S 已经按递增有序,故在第 8 轮结束排序。

图 7-3 是直接插入排序的算法代码。

```
void InsertSort(SeqList & L)
{
    int i = 0, j = 0;
    for(i = 2; i <= L.length; i++)                //从第 2 个元素开始执行插入操作
    {
        if(L.r[i].key < L.r[i-1].key)
        {
            L.r[0] = L.r[i];                      //第 0 个空间作为哨兵
            for(j = i-1; L.r[0].key < L.r[j].key; --j)    //记录后移
                L.r[j+1] = L.r[j];
            L.r[j+1] = L.r[0];                    //插入正确位置
        }
    }
}
```

图 7-3 直接插入排序算法代码

直接插入排序是一个稳定的排序方法,可基于顺序结构和链式结构实现。在排序过程中,向有序子表中逐个地插入元素的操作进行了 $n-1$ 趟,每趟操作都分为比较关键字和移动元素,而比较次数和移动次数取决于待排序表的初始状态。

由于该算法仅使用了常数个辅助单元,因而空间复杂度为 $O(1)$。在最好情况下,表中元素已经有序,此时每插入一个元素,都只需比较一次而不用移动元素,因而时间复杂度为 $O(n)$;在最坏情况下,表中元素顺序刚好与排序结果中的元素顺序相反(逆序),总的比较次数达到最大为 $\sum_{i=2}^{n} i$,总的移动次数也达到最大为 $\sum_{i=2}^{n} i+1$;在平均情况下,考虑待排序表中元素是随机的,此时可以取上述最好与最坏情况的平均值作为平均情况下的时间复杂度,总的比较次数与总的移动次数均约为 $n^2/4$。因此,直接插入排序算法的时间复杂度为 $O(n^2)$。

7.2.2 折半插入排序

折半插入排序的基本思想和直接插入排序类似,区别是查找插入位置的方法不同,折半插入排序是采用折半查找法来查找插入位置的。

折半查找法的一个基本条件是序列已经有序,而从直接插入排序的流程中可以看出,每次都是在一个已经有序的序列中插入一个新的关键字,因此可以用折半查找法在这个有序序列中查找插入位置。折半插入的算法代码如图 7-4 所示。

```
void BinaryInsertSort(SeqList & L)
{
    int i = 0,j = 0;
    for(i = 2;i <= L.length;i++)            //从第 2 个元素开始执行插入操作
    {
        L.r[0] = L.r[i];                    //第 0 个空间作为哨兵
        low = 1;
        high = i - 1;
        while(low <= high)
        {
            m = (low + high)/2;
            if(L.r[0].key < L.r[m].key)
                high = m - 1;
            else
                low = m + 1;
        }
        for(j = i - 1;j >= high + 1; -- j)   //记录后移
            L.r[j + 1] = L.r[j];
        L.r[high + 1] = L.r[0];              //插入正确位置
    }
}
```

图 7-4 折半插入排序算法代码

折半插入排序是一种稳定的排序方法。从上述算法可以看出,折半插入排序仅减少了元素比较的次数,约为 $O(n\log_2 n)$,该次数与待排序表的初始状态无关,仅取决于表中的元素个数 n;而元素的移动次数并未改变,它依赖于待排序表的初始状态。因此,折半插入排序的时间复杂度仍为 $O(n^2)$,对于数据量不大的待排序表,折半插入排序往往能表现出很好的性能。

7.2.3 希尔排序

希尔排序也称递减增量排序算法,它是研究人员观察到直接插入排序在待排序数据基本有序且数据元素个数较少时效率更高,从而对其进行改进得到的。希尔排序是非稳定排序算法,它的基本思想是:先将待排序表分割成若干形如 $L[i,i+d,i+2d,\cdots,i+kd]$ 的"特殊"子表,即把相隔某个"增量"的记录组成一个子表,对各个子表分别进行直接插入排序,当整个表中的元素已呈"基本有序"时,再对全体记录进行一次直接插入排序。

【例 7-2】 假定初始序列 S 为 $\{34,25,68,57,36,18,29,63\}$,试对该序列执行希尔排序。

解析:图 7-5 展示了对序列 S 执行第一趟希尔排序的过程,取 $d=4$,即以 4 为间隔对

初始序列 S 进行划分子序列,得到 4 个子序列,对这 4 个子序列进行直接插入排序。

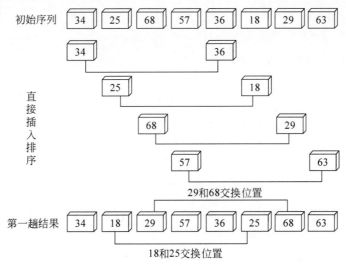

图 7-5　执行第一趟希尔排序的过程

图 7-6 展示了对序列 S 执行第二趟希尔排序的过程。在第二趟排序时取 $d/2=2$,即以 2 为间隔对第一趟结果进行划分子序列,得到两个子序列,对这两个子序列进行直接插入排序。

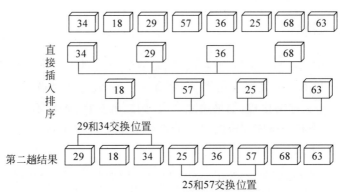

图 7-6　执行第二和第三趟希尔排序的过程

第三趟则对第二趟的排序结果进行直接插入排序,最终得到全部有序的序列,如图 7-7 所示。

图 7-7　执行第三趟希尔排序的过程

图 7-8 为一趟希尔排序的算法代码。

假定增量序列存储在数组 $D[0\cdots n-1]$ 中,可遍历该数组的每一维增量值 $D[k]$,作为参数调用上述函数 ShellSort(L, $D[k]$)。

希尔排序算法的空间复杂度为 $O(1)$。由于希尔排序的时间复杂度依赖于增量序列的函数,其时间复杂度分析比较困难。当 n 在某个特定范围时,希尔排序的时间复杂度约为 $O(n^{1.3})$,在最坏情况下希尔排序的时间复杂度为 $O(n^2)$。

```
void ShellSort(SeqList & L, int dk)
{
    int i = 0, j = 0;
    for(i = dk + 1; i < = L.length; i++)
    {
        if(L.r[i].key < L.r[i - dk].key)
        {
            L.r[0] = L.r[i];                                    //作为辅助空间暂存
            for(j = i - dk; j > 0 &&L.r[0].key < L.r[j].key; j = j - dk)  //记录后移
                L.r[j + dk] = L.r[j];
            L.r[j + dk] = L.r[0];                               //插入正确位置
        }
    }
}
```

图 7-8　一趟希尔排序的算法代码

由于相同关键字的记录被划分到不同的子表时,可能会改变它们之间的相对次序,故希尔排序是一种不稳定的排序方法。

7.3　交换排序

交换排序的基本思想是两两比较待排序记录的关键字,一旦发现两个记录不满足次序要求则进行交换,直到整个序列全部满足要求为止。

7.3.1　起泡排序

起泡排序(Bubble Sort)又称冒泡排序。它是通过一系列的比较和交换的操作完成的。首先第一个关键字和第二个关键字比较,如果第一个大,则二者交换,否则不交换;然后第二个关键字和第三个关键字比较,如果第二个大,则二者交换,否则不交换……一直按这种方式进行下去,当一趟起泡排序完成时最大的那个关键字被交换到了最后。经过多趟这样的排序,最终使整个序列有序。

【例 7-3】 假定初始序列 S 为{34,25,68,57,36,18,29,63},试对该序列执行冒泡排序。

解析:按照上述思想,对序列 S 执行冒泡排序的过程如图 7-9 所示。

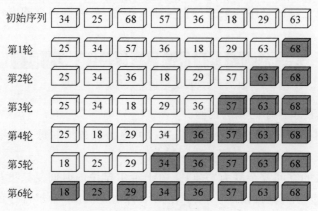

图 7-9　冒泡排序

初始序列 S 为$\{34,25,68,57,36,18,29,63\}$,在第 1 轮排序时,比较 $34>25$,交换之;比较 $34<68$,不需要交换;比较 $68>57$,交换之;比较 $68>36$,交换之;比较 $68>18$,交换之;比较 $68>29$,交换之;比较 $68>63$,交换之;此时最大的元素 68 到达了对应的位置,第一趟冒泡结束。按照此规则进行第 2 轮冒泡排序……直到第 6 轮没有发生任何元素交换,至此 S 为有序序列,冒泡排序完成。

冒泡排序实现时需要双循环,最容易想到的是内外循环均从 1 到表长为止。但图 7-9 展示的冒泡排序每一轮都会将序列 S 中无序部分的最大值挑出来,有序部分每轮长度增 1。图 7-10 为对应的冒泡排序的算法代码。

```
void BubbleSort(SeqList & L)
{
    int i = 0,j = 0;
    for(i = L.length-1;i>=1;i--)            //每一轮都会将待排序中最大的元素挑出来
    {
        for(j=1;j<=i;j++)                    //每次从第一个元素开始往后比,每一轮只需要比到 i 为止
        {
            if(L.r[j].key>L.r[j+1].key)     //如果前面的元素比后面大,就借助 r[0]交换之
            {
                L.r[0] = L.r[j];
                L.r[j+1] = L.r[j];
                L.r[j] = L.r[0];
            }
        }
    }
}
```

图 7-10 冒泡排序算法代码

冒泡排序是一种稳定的排序方法,它的空间复杂度为 $O(1)$。当初始序列有序时,冒泡排序没有元素交换,比较次数为 $n-1$,移动次数为 0,从而最好情况下的时间复杂度为 $O(n)$;当初始序列为逆序时,需要进行 $n-1$ 趟排序,第 i 趟排序要进行 $n-i$ 次关键字的比较,而且每次比较后都必须移动元素 3 次来交换元素位置。这种情况下比较次数为 $\dfrac{n(n-1)}{2}$,移动次数为 $\dfrac{3n(n-1)}{2}$,最坏情况下的时间复杂度为 $O(n^2)$,其平均时间复杂度也为 $O(n^2)$。

7.3.2 快速排序

快速排序是使用分治法的思想把一个串行分为两个子串行。

从本质上来看,快速排序应该算是在冒泡排序基础上的递归分治法。从数列中挑出一个元素,称为枢轴或支点,然后对所有元素执行分区操作,即比枢轴值小的元素放在枢轴前面,比枢轴值大的放在枢轴的后面,与枢轴相同的数可以到任一边。按照上述思路,递归地把小于枢轴值元素的子数列和大于枢轴值元素的子数列重复上述操作,直到整个序列有序。

【例 7-4】 假定初始序列 S 为$\{34,25,68,57,36,18,29,63\}$,试对该序列执行快速排序。

解析:初始序列 S 为$\{34,25,68,57,36,18,29,63\}$,假定以第一个元素 34 为枢轴,$i$ 初始指示序列 S 中的第一个元素,j 初始指示序列 S 中的最后一个元素。图 7-11 给出了对序

列 S 执行快速排序的第一趟排序的过程。

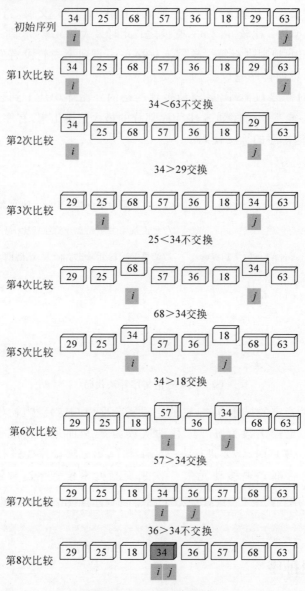

图 7-11 第一趟快速排序

从图 7-11 中可以看出,初始序列 S 为{34,25,68,57,36,18,29,63}。第 1 次比较时由于 34<63,故不交换;第 2 次比较时由于 34>29,故交换之;第 3 次比较时由于 25<34,故不交换;第 4 次比较时由于 68>34,故交换之;第 5 次比较时由于 34>18,故交换之;第 6 次比较时由于 57>34,故交换之;第 7 次比较时由于 34<36,故不交换;第 8 次比较时 i 与 j 相遇,第一趟快速排序完成。

可以看出第一趟划分后,将原来的序列以 34 为枢轴,划分为两个子序列{29,25,18}和{36,57,68,63}。接下来按照同样的方法对这两个子序列分别进行排序,最终得到一个有序的序列。上述快速排序时可将枢轴记录暂存在 r[0]处,待一趟排序结束后再将其移动到正确位置上,故改进后快速排序算法的代码如图 7-12 所示。

```
Int Partition(SeqList &L, int low, int high)
{
    L.r[0] = L.r[low];                                    //用第一个记录做枢轴记录
    pivotkey = L.r[low].key;                              //获取枢轴记录关键字
    while(low < high)
    {
        while (low < high && L.r[high].key >= pivotkey)  - high;
            L.r[low] = L.r[high];                         //将比枢轴记录小的记录交换到其前端
        while (low < high && L.r[low].key >= pivotkey) ++low;
            L.r[high] = L.r[low];                         //将比枢轴记录大的记录交换到其后端
    }
    L.r[low] = L.r[0];                                    //返回枢轴所在的位置
    return low;
}
void QSort(SeqList & L, int low, int high)
{
    if(low < high)                                        //长度大于1
    {
        pivotloc = Partition(L, low, high);               //调用 Partition()将 L 一分为二
        QSort(L, low, pivotloc - 1);                      //对 L 的枢轴
        QSort(L, pivotloc + 1, high);
    }
}

void QuickSort(SeqList & L)
{
    QSort(L, 1, L.length);
}
```

图 7-12 快速排序算法代码

快速排序是一种不稳定的排序方法,它借助一个递归工作栈来保存每层递归调用的必要信息,其容量应与递归调用的最大深度一致。最好情况下为 $O(\log_2 n)$;最坏情况下,因为要进行 $n-1$ 次递归调用,所以栈的深度为 $O(n)$;平均情况下,栈的深度为 $O(\log_2 n)$。

快速排序的运行时间与划分是否对称有关,快速排序的最坏情况发生在两个区域分别包含 $n-1$ 个元素和 0 个元素时,这种最大程度的不对称性若发生在每层递归上,即对应于初始排序表基本有序或基本逆序时,就得到最坏情况下的时间复杂度为 $O(n^2)$。在最理想的状态下,即可能做到最平衡的划分,得到的两个子问题的大小都不可能大于 $n/2$,在这种情况下,快速排序的运行速度将大大提升,此时,时间复杂度为 $O(n\log_2 n)$。快速排序平均情况下的运行时间与其最佳情况下的运行时间很接近,是所有内部排序算法中平均性能最优的排序算法。

7.4 选择排序

选择排序是每一趟(如第 i 趟)在后面 $n-i+1(i=1,2,\cdots,n-1)$ 个待排序元素中选取关键字最小的元素,作为有序序列的第 i 个元素,直到整个序列完全有序。

7.4.1 简单选择排序

简单选择排序首先在待排序序列中找到最小(大)元素,存放到排序序列的起始位置。再从剩余待排序元素中继续寻找最小(大)元素,然后放到已排序序列的末尾。重复第二步,

直到所有元素均排序完毕。

【例 7-5】 假定初始序列 S 为 $\{34,25,68,57,36,18,29,63\}$，试对该序列执行简单选择排序。

解析：假定每一轮找出待排序序列中的最小值，对初始序列 $S\{34,25,68,57,36,18,29,63\}$ 进行简单选择排序如图 7-13 所示。

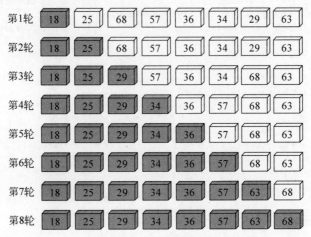

图 7-13 简单选择排序

简单选择排序算法的代码如图 7-14 所示。

```
void SelectSort(SeqList & L)
{
    int i = 0, j = 0, k = 0;
    for(i = 1; i < L.length; i++)           //第 i 轮将待排序序列中的最小值找出来存在第 i 个位置
    {
        k = i;                               //k 用于记录最小元素的下标,初始为第 i 个元素
        for(j = i + 1; j < L.length; j++)    //每一轮都将待排序序列中的最小值找出来
        {
            if(L.r[j].key < L.r[k].key)      //如果当前元素比最小元素小,就记录其下标
            {
                k = j;
            }
        }
        //若此轮最小值下标 k 不为 i,则借助于 L.r[0]交换之
        if(k != i)
        {
            L.r[0] = L.r[k];
            L.r[k] = L.r[i];
            L.r[i] = L.r[0];
        }
    }
}
```

图 7-14 简单选择排序算法代码

简单选择排序算法是一种不稳定的排序方法，它的空间效率为 $O(1)$。在简单选择排序过程中，元素移动的操作次数很少，不会超过 $3(n-1)$ 次，最好的情况是移动 0 次，此时对应的表已经有序；但元素间比较的次数与序列的初始状态无关，始终是 $\dfrac{n(n-1)}{2}$ 次，因此时间复杂度始终是 $O(n^2)$。

7.4.2 堆排序

首先给出堆的定义,假定存在一个含有 n 个记录的序列 SL。

$$[K[1],K[2],K[3],K[4],K[5],\cdots,K[n]]$$

若该序列中所有记录的某一关键字满足以下条件:

$$[K[i] \geqslant K[2i], K[i] \geqslant K[2i+1]], \quad \left(i=1,2,3,\cdots,\frac{n}{2}\right)$$

则称其为大根堆。若该序列中所有记录的某一关键字满足以下条件:

$$[K[i] \leqslant K[2i], K[i] \leqslant K[2i+1]], \quad \left(i=1,2,3,\cdots,\frac{n}{2}\right)$$

则称其为小根堆。

根据堆的定义,可以知道堆具有以下特点。

(1) 对于小根堆而言,堆顶记录为序列中关键字最小的记录,与之对应的完全二叉树中所有非终端结点的值均不大于其孩子结点的值。

(2) 对于大根堆而言,堆顶记录为序列中关键字最大的记录,与之对应的完全二叉树中所有非终端结点的值均不小于其孩子结点的值。

接下来以大根堆为例,介绍堆排序的算法思想(小根堆排序的算法思想基本类似),具体如下。

首先将含有 n 个记录的序列分为有序部分和无序部分,初始时,有序部分含有 0 个记录,而无序部分则包含 n 个记录。在第一趟堆排序开始前,将含有 n 个记录的无序部分调整为大根堆,然后把堆中的第 1 个记录与第 n 个记录交换位置,交换后堆中第 n 个记录即为序列中关键字最大的记录,它被作为有序部分的第一个记录,此时无序部分总记录数减 1;在第二趟堆排序开始前,须将无序部分的 $n-1$ 个记录(即从第 1 个记录至第 $n-1$ 个记录)调整成为大根堆,重复执行上述步骤,直到堆中只剩下一个记录则排序结束。

根据堆排序的算法思想,可将大根堆排序的算法思路归纳如下。

(1) 初始建堆,即初始时如何将含有 n 个记录的序列建成一个大根堆。

(2) 输出堆顶记录,即输出当前大根堆的堆顶记录。

(3) 调整剩余记录,由于在输出大根堆的堆顶记录后,剩余的记录不符合堆的定义,因此须将剩余记录调整成为大根堆。

【例 7-6】 假定初始序列 S 为 $\{34,25,68,57,36,18,29,63\}$,试对该序列执行堆排序。

解析: 图 7-15 展示了由序列 S 创建大根堆的全过程。

如图 7-15(a)所示,首先构造初始堆,在这个完全二叉树中,结点 36、18、29 和 63 是叶子结点,它们均满足大根堆的定义,故无须调整。调整操作从结点 57 开始,按 57、68、25 和 34 的顺序依次进行。

首先调整结点 57,因为它的孩子 63 比它大,故需交换两者的位置,如图 7-15(b)所示;结点 68 满足大根堆定义,不需要调整,如图 7-15(c)所示;调整结点 25,因为结点 25 的两个孩子都比它自身大,故取孩子结点中更大的结点 63 与结点 25 互换位置,如图 7-15(d)所示;此时 25 成为 57 的根结点,由于 25 小于 57,按大根堆的定义故仍需交换位置,如图 7-15(e)所示;接下来调整结点 34,由于结点 34 的两个孩子都比它自身大,取其中更大的一个结点

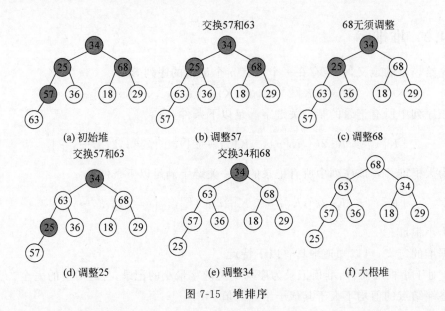

图 7-15 堆排序

68 与 34 互换位置,如图 7-15(f)所示;此时结点 34 成为结点 18 和结点 29 的根结点,完成整个大根堆的构建,如图 7-15(f)所示。

堆排序中无论是插入还是删除结点,或是执行排序操作,都是在调整堆。堆排序的代码如图 7-16 所示。

```
void HeapAdjust(SeqList L, int s, int m)          //使 H.r[s..m]成为大根堆
{
    H.r[0] = H.r[s];
    for(i = 2 * s;i < m;i * = 2)                  //沿 key 较大的孩子向下筛选
    {
        if(i < m && H.r[i].key < H.r[i + 1].key)  //i 为 key 较大的记录下标
            i = i + 1;
        if(H.r[0].key > = H.r[i].key)             //筛选结束
            break;
        H.r[s] = H.r[i];                          //调整 H.r[i]
        s = i;
    }
    H.r[s] = H.r[0];                              //放入最终位置
}
void HeapSort(SeqList & H)                        //假定采用顺序表存储堆
{
    int i = 0,j = 0,k = 0;

    for(i = H.length/2;i > 0; -- i)               //创建大根堆
        HeapAdjust(H,i,H.length);
    for(i = H.length;i > 1; -- i)                 //堆排序:调整
    {
        H.r[0] = H.r[1];
        H.r[1] = H.r[i];
        H.r[i] = H.r[0];
        HeapAdjust(H,1,i - 1);
    }
}
```

图 7-16 堆排序算法代码

堆排序是不稳定的排序算法,适合关键字较多的情况,它的空间复杂度为 $O(1)$。堆排

序包括建堆和调整,其中,建堆时间为 $O(n)$,之后有 $n-1$ 次向下调整操作,故最好、最坏和平均情况下,其时间复杂度为 $O(n\log_2 n)$。

7.5 二路归并排序

归并排序是基于归并操作的一种排序方法,它的基本思想就是将两个或两个以上的有序表归并组合成一个新的有序表。归并排序是分治法的一个非常典型的应用。对于长度分别为 m 和 n 的两个有序表,归并算法的时间复杂度为 $O(m+n)$。

假设对于含有 n 个记录的初始序列,先将其看成长度均为 1 的 n 个有序的子序列,然后两两归并,得到长度为 $\lceil n/2 \rceil$ 个长度为 2 或 1 的有序子序列(若 n 为偶数,则子序列长度均为 2;若为奇数,则有一个长度为 1 的有序子序列),继续对上述有序子序列进行归并排序……直到该序列完全有序为止,通常将这种方法称为二路归并排序。

【例 7-7】 假定初始序列 S 为 $\{34,25,68,57,36,18,29\}$,试对该序列执行二路归并排序。

解析:图 7-17 展示了二路归并排序的全过程。

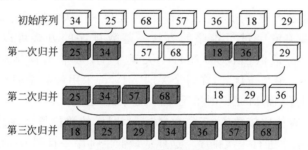

图 7-17 二路归并排序

如图 7-17 所示,按照二路归并排序的思路,对于初始序列 S,首先将其视为 7 个长度为 1 的有序子序列,在第一次归并时分别对子序列 34 与 25,68 与 57,36 与 18 进行两两归并,形成有序二元组(最后一个子序列为 29);第二次归并时分别对子序列 (25,34) 与 (57,68),(18,36) 与 (29) 进行归并,形成两个有序子序列 (25,34,57,68) 和 (18,29,36);第三次归并是基于上述两个子序列进行的,最终得到有序的 S,归并结束。

二路归并排序的示例代码如图 7-18 所示。

```
void Merge(SeqList SR, SeqList TR, int i, int m, int n)  //将有序的 SR[i..m]和 SR[m+1..n]归并为有序的 TR[i..n]
{
    for(j = m + 1, k = i; i <= m && j <= n; k++) {
        if(SR[i].key <= SR[j].key)              //将 SR 中的记录并入 TR
            TR[k] = SR[i++];
        else
            TR[k] = SR[j++];
    }
    while(i <= m) TR[k++] = SR[i++];            //将剩余的 SR[i..m]复制到 TR 中
    while(j <= n) TR[k++] = SR[j++];            //将剩余的 SR[j..n]复制到 TR 中
}
void MSort(SeqList SR, SeqList TR1, int s, int t)
{
    if(s == t)
        TR1[s] = SR[s];
```

图 7-18 二路归并排序算法代码

```
        else
        {
            m = (s + t)/2;              //将 SR[s..t]平分为 SR[s..m]和 SR[m+1..t]
            MSort(SR,TR2,s,m);          //递归地将 SR[s..m]归并为有序的 TR2[s..m]
            MSort(SR,TR2,m+1,t);        //递归地将 SR[m+1..t]归并为有序的 TR2[m+1..t]
            Merge(TR2,TR1,s,m,t);       //将 TR2[s..m]和 TR2[m+1..t]归并到 TR1[s..t]
        }
}
void MergeSort(SeqList & L)
{
    Msort(L.r,L.r,1,L.length);
}
```

图 7-18 （续）

二路归并排序是一种稳定的排序方法,该算法的空间复杂度为 $O(n)$,由于每趟归并的时间复杂度为 $O(n)$,共需进行 $\lceil \log_2 n \rceil$ 趟归并,所以算法的时间复杂度为 $O(n\log n)$。

7.6 基数排序

基数排序不是通过关键字间的比较和移动,而是借助多关键字排序的思想(基于分配和收集操作)对单逻辑关键字进行排序的方法。基数排序的方式可以采用 LSDF（Least Significant Digit First,最低位优先,在每个关键字上,可采用桶排序）或 MSDF（Most Significant Digit First,最高位优先,在每个关键字上,可采用计数排序）,LSDF 的排序方式由关键字的最右边开始,而 MSDF 则相反,由关键字的最左边开始。

实现逻辑：将所有待比较数值(正整数)统一为同样的数位长度,数位较短的数前面补零。从最低位开始,依次进行一次排序。这样从最低位排序一直到最高位排序完成以后,数列就变成一个有序序列。

【例 7-8】 假定初始序列 S 为$\{128,360,832,007,076,259,253,634,534,648\}$,试对该序列执行基数排序。

解析：首先以静态链表存储 S,如图 7-19 所示。

| → | 128 | → | 360 | → | 832 | → | 007 | → | 076 | → | 259 | → | 253 | → | 634 | → | 534 | → | 648 |

图 7-19 静态链表存储 S

由于序列 S 中的每个关键字都是 1000 以下的正整数,基数 $r=10$,在排序过程中需要借助 10 个链队列,每个关键字有 3 位子关键字分别是百位、十位和个位,一共需要进行三趟"分配"和"收集"操作。第一趟分配用最低位子关键字个位进行,将所有最低位子关键字（个位）相等的记录分配到同一个队列,然后进行收集操作。

第一趟用个位来排序,如图 7-20 所示。

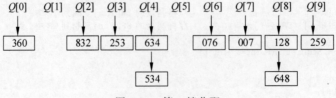

图 7-20 第一趟分配

第一趟收集结果如图 7-21 所示。

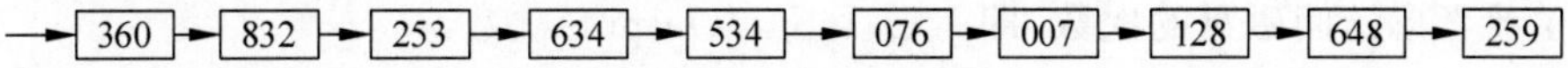

→ 360 → 832 → 253 → 634 → 534 → 076 → 007 → 128 → 648 → 259

图 7-21　第一趟收集

第二趟用十位来排序,如图 7-22 所示。

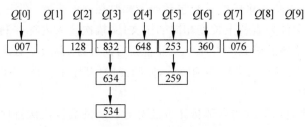

图 7-22　第二趟分配

第二趟收集结果如图 7-23 所示。

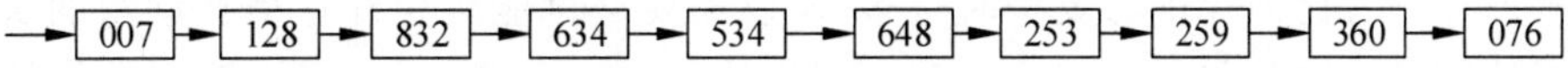

→ 007 → 128 → 832 → 634 → 534 → 648 → 253 → 259 → 360 → 076

图 7-23　第二趟收集

第三趟用百位来排序,如图 7-24 所示。

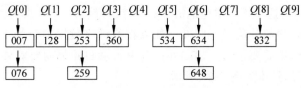

图 7-24　第三趟分配

第三趟收集结果如图 7-25 所示。

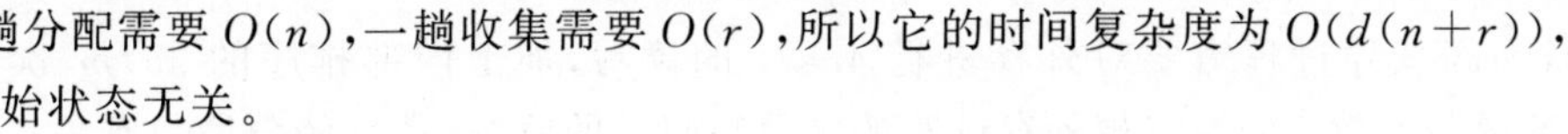

→ 007 → 076 → 128 → 253 → 259 → 360 → 534 → 634 → 648 → 832

图 7-25　第三趟收集

至此,完成序列 S 的基数排序,此时得到的就是有序的序列。

基数排序是稳定的排序算法。由于一趟排序需要的辅助存储空间为 r(r 个队列的队头指针和队尾指针),故基数排序的空间复杂度为 $O(r)$。基数排序需要进行 d 趟分配和收集,一趟分配需要 $O(n)$,一趟收集需要 $O(r)$,所以它的时间复杂度为 $O(d(n+r))$,它与序列的初始状态无关。

7.7 外部排序

7.7.1 外部排序简介

若计算机内存不能容纳整个待排序的文件,这时候就不能只使用内部排序,还得使用外部排序。最通常的做法就是对待排序的文件进行分割,变成一个个很小的、内存可以容纳的数据片段,然后对这些片段分别排序,最后通过归并算法将这些片段合并,实现外部排序。

文件通常是按块存储在磁盘上的,操作系统也是按块对磁盘上的信息进行读写的。因为磁盘读/写的机械动作所需的时间远远超过内存运算的时间,因此在外部排序过程中的时间代价主要考虑访问磁盘的次数,即 I/O(Input/Output)次数。

7.7.2 多路平衡归并排序

外部排序通常采用归并排序法。它包括两个相对独立的步骤:第一步是根据内存缓冲区大小,将外存上的文件分成若干长度相同的子文件,依次读入内存并利用内部排序方法对它们进行排序,并将排序后得到的有序子文件重新写回外存,称这些有序子文件为归并段或顺串;第二步是对这些归并段进行逐趟归并,使归并段(有序子文件)逐渐由小到大,直至得到整个有序文件为止。

第一步就是用前面章节讲的内部排序方法对分段后的数据依次排序;第二步用到了归并排序方法,但是与内部排序中讲的归并排序不同,不仅涉及内存的读写,还涉及外存的读写。外部排序所需的总时间为内部排序的时间、外存信息读写时间和归并所需时间之和。

由于外存读写比内存读写要费时得多,所以需要尽可能减少外存信息读写的次数。下面来分析外存读取次数与哪些因素有关。假设外存中有 n 条记录,每次读写数据最多读取 m 条记录。

首先,在对外存数据分段后,需要将外存每个分段数据读入内存并进行内部排序,然后将排序后的分段写入外存,这里不可避免地需要对外存进行总共 n/m 次的读和 n/m 次的写。

然后,需要对排好序的分段进行归并。如果将待排序数据被分为 12 段,使用二路归并的方法进行两两归并,则需要进行 4 趟归并。其中每趟归并都需要对外存进行总共为 n/m 次的读和 n/m 次的写,具体如图 7-26 所示。

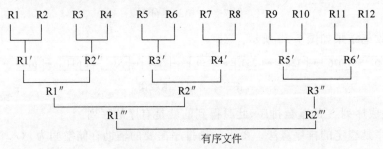

图 7-26 二路归并排序过程

整个外部排序过程需要对外存进行 $4n/m$ 的读写,加上内部排序的 $2n/m$ 次读写共 $10n/m$ 的读写次数。容易发现外存读写的次数与归并的路数、数据的分段数有关。若使用 6 路平衡归并,则仅需要进行两趟归并,减少了 $4n/m$ 次读写,如图 7-27 所示。若仍使用 2 路平衡归并,但是将数据分成 4 段,则也仅用两趟归并就能完成排序。

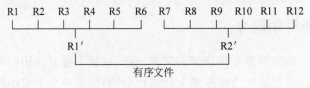

图 7-27 六路归并排序过程

一般地,对 r 个初始归并段,做 k 路平衡归并,归并树可用严格 k 叉树(即只有度为 k

与度为 O 的结点的 k 叉树)来表示。第一趟可将 r 个初始归并段归并为 $\lceil r/k \rceil$ 个归并段,以后每趟归并将 m 个归并段归并成 $\lceil m/k \rceil$ 个归并段,直至最后形成一个大的归并段为止。树的高度 $=\lceil \log_k r \rceil=$ 归并趟数 S。这意味着只要增大归并路数 k,或减少初始归并段个数 r,都能减少归并趟数 S,进而减少读写磁盘的次数,达到提高外部排序速度的目的。

7.7.3 置换选择排序

除了增加 k-路归并排序中的 k 值来提高外部排序的效率之外,还可以通过减少初始归并段的个数来实现这一目的。在外部文件总的记录数 n 值一定的情况下,想要减小初始归并段的数量,只能增加每个归并段中所包含的记录数。实现时通常借助于置换选择排序算法。

【例 7-9】 已知初始文件 F 中总共有 24 条记录,假设内存工作区最多可容纳 6 条记录。试用置换选择排序算法实现排序。

解析:对文件 F 执行置换选择排序的步骤如下。

步骤 1:首先从初始文件中输入 6 条记录到内存工作区中。

步骤 2:从内存工作区中选出关键字最小的记录,将其记为 MINIMAX 记录。

步骤 3:然后将 MINIMAX 记录输出到归并段文件中。

步骤 4:此时内存工作区中还剩余 5 条记录,若初始文件不为空,则从初始文件中输入下一个记录到内存工作区中。

步骤 5:从内存工作区中的所有比 MINIMAX 值大的记录中,选出值最小的关键字的记录,作为新的 MINIMAX 记录。

步骤 6:重复步骤 3 至步骤 6,直至在内存工作区中选不出新的 MINIMAX 记录为止,由此就得到了一个初始归并段。

步骤 7:重复步骤 2 至步骤 7,直至内存工作为空,由此就可以得到全部的初始归并段。

7.7.4 最佳归并树

文件经过置换选择排序后,得到的是长度不等的初始归并段。接下来介绍如何组织长度不等的初始归并段的归并顺序,使得 I/O 次数最少。

【例 7-10】 假设由置换选择得到 9 个初始归并段,其长度(记录数)依次为 24,16,12,5,2,3,22,13,15。试给出其三路归并情况。

解析:三路平衡归并如图 7-28 所示。各叶子结点表示一个初始归并段,上面的权值表示该归并段的长度,叶子结点到根的路径长度表示其参加归并的趟数,各非叶子结点代表归并成的新归并段,根结点表示最终生成的归并段。树的带权路径长度 WPL(Weighted Path Length of Tree)为归并过程中的总读记录数,故 I/O 次数 $=2\times$ WPL $=448$。

显然,归并方案不同,所得归并树也不同,树的带权路径长度(I/O 次数)也不同。为了优化归并树的 WPL,可将哈夫曼树的思想推广到 m 叉树的情形,在归并树中,让记录数少的初始归并段最先归并,记录数多的初始归并段最晚归并,就可以建立总的 I/O 次数最少的最佳归并树。上述 9 个初始归并段可构造成一棵如图 7-29 所示的归并树,按此树进行归并,仅需对外存进行 420 次读/写,这棵归并树便称为最佳归并树。

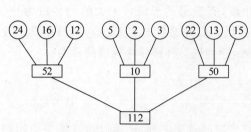

图 7-28 初始归并段三叉树

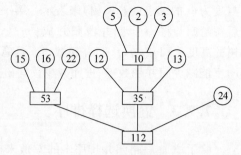

图 7-29 优化归并树

若初始归并段不足以构成一棵严格 k 叉树时,需添加长度为 0 的"虚段",按照哈夫曼树的原则,权为 0 的叶子应离树根最远。设度为 0 的结点有 n_0 ($n_0=n$) 个,度为 k 的结点有 n_k 个,则对严格 k 叉树有 $n_0=(k-1)n_k+1$,由此可得 $n_k=(n_0-1)/(k-1)$。

若 $(n_0-1)\%(k-1)=0$ (% 为取余运算),则说明这 n_0 个叶子结点(初始归并段)正好可以构造 k 叉归并树。此时,内结点有 n_k 个。

若 $(n_0-1)\%(k-1)=u\neq 0$,则说明对于这 n_0 个叶子结点,其中有 u 个多余,不能包含在 k 叉归并树中。为构造包含所有 n_0 个初始归并段的 k 叉归并树,应在原有 n_k 个内子结点的基础上再增加 1 个内子结点。它在归并树中代替了一个叶子结点的位置,被代替的叶子结点加上刚才多出的 u 个叶子结点,即再加上 $k-u-1$ 个空归并段,就可以建立归并树。

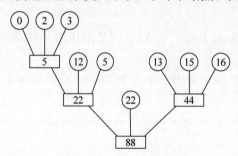

图 7-30 补零后优化归并树

【例 7-11】 假设由置换选择得到 8 个初始归并段,其长度(记录数)依次为 16,12,5,2,3,22,13,15。试给出其三路归并情况。

解析:如图 7-30 所示,8 个初始归并段构成了 3 叉树。假设把 5 为根的子树看成一个叶子,就可以认为 5,12,5,22,13,15,16 这 7 个叶子结点刚好可以构成一个严格 3 叉树。按上述分析,将叶子 5 变成一个内结点,由于 u 为 1,再添加 $3-1-1=1$ 个空归并段即可建立归并树。

7.8 排序算法的分析与应用

通常基于时空复杂度、算法的稳定性和算法的过程特征这三个因素进行算法的比较,如表 7-1 所示。

表 7-1 各种排序算法比较

算法类型	时间复杂度			空间复杂度	稳定性
	最好情况	平均情况	最坏情况		
直接插入排序	$O(n)$	$O(n^2)$	$O(n^2)$	$O(1)$	稳定
冒泡排序	$O(n)$	$O(n^2)$	$O(n^2)$	$O(1)$	稳定
简单选择排序	$O(n^2)$	$O(n^2)$	$O(n^2)$	$O(1)$	不稳定
希尔排序		与选取步长相关		$O(1)$	不稳定

续表

算法类型	时间复杂度			空间复杂度	稳定性
	最好情况	平均情况	最坏情况		
快速排序	$O(n\log_2 n)$	$O(n\log_2 n)$	$O(n^2)$	$O(\log_2 n)$	不稳定
堆排序	$O(n\log_2 n)$	$O(n\log_2 n)$	$O(n\log_2 n)$	$O(1)$	不稳定
2路归并排序	$O(n\log_2 n)$	$O(n\log_2 n)$	$O(n\log_2 n)$	$O(n)$	稳定
基数排序	$O(d(n+r))$	$O(d(n+r))$	$O(d(n+r))$	$O(r)$	稳定

从时间复杂度看，简单选择排序、直接插入排序和冒泡排序平均情况下的时间复杂度都为 $O(n^2)$，且实现过程也较简单，但直接插入排序和冒泡排序最好情况下的时间复杂度可以达到 $O(n)$，而简单选择排序则与序列的初始状态无关。希尔排序作为插入排序的拓展，对较大规模的排序都可以达到很高的效率，但目前未得出其精确的渐近时间。堆排序利用了一种称为堆的数据结构，可在线性时间内完成建堆，且在 $O(n\log_2 n)$ 内完成排序过程。快速排序基于分治的思想，虽然最坏情况下快速排序时间会达到 $O(n^2)$，但快速排序平均性能可以达到 $O(n\log_2 n)$，在实际应用中常常优于其他排序算法。归并排序同样基于分治的思想，但由于其分割子序列与初始序列的排列无关，因此它的最好、最坏和平均时间复杂度均为 $O(n\log_2 n)$。

从空间复杂度看，简单选择排序、插入排序、冒泡排序、希尔排序和堆排序都仅需要借助常数个辅助空间。快速排序在空间上只使用一个小的辅助栈，用于实现递归，平均情况下大小为 $O(\log_2 n)$，当然在最坏情况下可能会增长到 $O(n)$。2路归并排序在合并操作中需要借助较多的辅助空间用于元素复制，大小为 $O(n)$，虽然有方法能克服这个缺点，但其代价是算法会很复杂而且时间复杂度会增加。

从稳定性看，插入排序、冒泡排序、归并排序和基数排序是稳定的排序方法，而简单选择排序、快速排序、希尔排序和堆排序都是不稳定的排序方法。

从过程特征看，采用不同的排序算法，在一次循环或几次循环后的排序结果可能是不同的，如冒泡排序和堆排序在每趟处理后都能产生当前的最大值或最小值，而快速排序一趟处理就能确定一个元素的最终位置等。

通常情况，对排序算法的比较和应用应考虑以下情况。

1. 选取排序方法需要考虑的因素

(1) 待排序的元素数目 n。
(2) 元素本身信息量的大小。
(3) 关键字的结构及其分布情况。
(4) 稳定性的要求。
(5) 语言工具的条件、存储结构及辅助空间的大小等。

2. 排序算法小结

(1) 若 n 较小，可采用直接插入排序或简单选择排序。由于直接插入排序所需的记录移动次数较简单选择排序的多，因而当记录本身信息量较大时，用简单选择排序较好。
(2) 若文件的初始状态已按关键字基本有序，则选用直接插入或冒泡排序为宜。
(3) 若 n 较大，则应采用时间复杂度为 $O(n\log_2 n)$ 的排序方法：快速排序、堆排序或归并排序。快速排序被认为是目前基于比较的内部排序方法中最好的方法,当待排序的关键字随机分布时,快速排序的平均时间最短。堆排序所需的辅助空间少于快速排序,并且不会出现快速排序可能出现的最坏情况,这两种排序都是不稳定的。若要求排序稳定且时间复杂度为 $O(n\log_2 n)$,则可选用归并排序。但本章介绍的从单个记录起进行两两归并的排序算法并不值得提倡,通常可以将它和直接插入排序结合在一起使用。先利用直接插入排序求得较长的有序子文件,然后两两归并。直接插入排序是稳定的,因此改进后的归并排序仍是稳定的。

(4) 在基于比较的排序方法中,每次比较两个关键字的大小之后,仅出现两种可能的转移,因此可以用一棵二叉树来描述比较判定过程,由此可以证明:当文件的 n 个关键字随机分布时,任何借助于"比较"的排序算法,至少需要 $O(n\log_2 n)$ 的时间。

(5) 若 n 很大,记录的关键字位数较少且可以分解时,采用基数排序较好。

(6) 当记录本身信息量较大时,为避免耗费大量时间移动记录,可用链表作为存储结构。

小结

下面先对本章所介绍的内部排序算法进行总结。

直接插入排序、冒泡排序和简单选择排序都是基本的排序方法,它们主要用于元素个数 n 不是很大($n \leqslant 10\ 000$)的情形。它们的平均时间复杂度均为 $O(n^2)$,实现也都非常简单。直接插入排序对于规模很小的元素序列非常有效。它的时间复杂度与待排序元素序列的初始排列有关。在最好情况下,直接插入排序只需要 $n-1$ 次比较操作就可以完成,且不需要交换操作。在平均情况下和最差情况下,直接插入排序的比较和交换操作都是 $O(n^2)$。冒泡排序在最好情况下只需要一趟排序过程就可以完成,此时也只需要 $n-1$ 次比较操作,不需要交换操作。简单选择排序的关键字比较次数与待排序元素序列的初始排列无关,其比较次数总是 $O(n^2)$,但元素移动次数则与待排序元素序列的初始排列有关,最好情况下数据不需要移动,最坏情况下元素移动次数不超过 $3(n-1)$。

对于中等规模的元素序列($n \leqslant 1000$),希尔排序是一种很好的选择。在希尔排序中,开始时增量较大,分量较多,每个组内的记录数较少,因而记录的比较和移动次数较少,且移动距离较远;到后来步长越来越小(最后一步为 1),分组越少,每个组内的记录数越多,但同时记录次序也越来越接近有序,因而记录的比较和移动次数也都比较少。在希尔排序中,记录的总比较次数和总移动次数比直接插入排序时少得多,特别是当 n 越大时效果越明显。而且,希尔排序代码简单,基本上不需要什么额外内存,但希尔排序是一种不稳定的排序算法。

对于元素个数 n 很大($n > 10\ 000$)的情况,可以采用快排、堆排序、归并排序或基数排序,其中,快排和堆排序都是不稳定的,而归并排序和基数排序是稳定的排序算法。

快速排序是最通用的高效内部排序算法。平均情况下它的时间复杂度为 $O(n\log_2 n)$,一般情况下所需要的额外空间也是 $O(\log_2 n)$。但是快速排序在有些情况下也可能会退化(如元素序列已经有序时),时间复杂度会增加到 $O(n^2)$,空间复杂度也会增加到 $O(n)$。

堆排序也是一种高效的内部排序算法,它的时间复杂度是 $O(n\log_2 n)$,而且没有什么最坏情况会导致堆排序的运行明显变慢,并且堆排序基本上不需要额外的空间。但堆排序不大可能提供比快速排序更好的平均性能。

归并排序也是一个重要的高效排序算法，它的一个重要特性是性能与输入元素序列无关，时间复杂度总是 $O(n\log_2 n)$。归并排序的缺点是需要 $O(n)$ 的额外存储空间。

基数排序是一种相对特殊的排序算法，这类算法不仅是对元素序列的关键字进行比较，更重要的是它们对关键字的不同位部分进行处理和比较。虽然基数排序具有线性增长的时间复杂度，但由于在常规编程环境中，基数排序的线性时间开销实际上并不比快速排序的时间开销小很多，并且由于基数排序基于的关键字抽取算法受到操作系统和排序元素的影响，其适应性远不如普通的进行比较和交换操作的排序方法。因此，在实际工作中，常规的高效排序算法如快速排序的应用要比基数排序广泛得多。基数排序需要的额外存储空间包括和待排序元素序列规模相同的存储空间及与基数数目相等的一系列桶（一般用队列实现）。

对于外部排序，是因为待排序文件太大无法一次性在内存中完成而产生的，通常采用归并排序来辅助完成。为了提高外部排序的效率，可以使用置换选择排序和最佳归并树。

第 8 章

习题与解析

8.1 数据结构概论习题与解析

8.1.1 数据结构概论基础试题与解析

1. 单项选择题

(1) 数据的逻辑结构描述的是数据元素之间的(　　)。

　　　A. 具体实现　　　B. 存储位置　　　C. 逻辑关系　　　D. 以上都不对

【考点】数据结构的基本概念；数据的逻辑结构；数据的存储结构。

【解析】本题考查逻辑结构的概念。数据的逻辑结构描述的是数据元素之间的逻辑关系。

【答案】故本题答案为 C。

(2) 数据结构在计算机中的表示(或称映像)是数据的(　　)。

　　　A. 存储结构　　　B. 存储位置　　　C. 逻辑关系　　　D. 以上都不对

【考点】数据结构的基本概念；数据的逻辑结构；数据的存储结构。

【解析】本题考查存储结构的概念。数据的存储结构，也称物理结构，是数据结构在计算机中的表示(或称映像)。

【答案】故本题答案为 A。

(3) 数据结构可分为逻辑结构和物理结构。通常一种逻辑结构可以用(　　)物理结构来存储。

　　　A. 一种　　　　　B. 多种　　　　　C. 零种　　　　　D. 以上都不对

【考点】数据结构的基本概念；数据的逻辑结构；数据的存储结构。

【解析】本题考查逻辑结构与物理结构的关系。数据的逻辑结构是面向问题的，数据的物理结构是面向计算机的。通常一种逻辑结构可以用多种物理结构来存储。存储结构可以分为顺序映像和非顺序映像。

【答案】故本题答案为 B。

(4) 下列说法不正确的是(　　)。

　　　A. 数据结构包括逻辑结构和物理结构
　　　B. 对数据结构的基本操作与数据的存储结构有关
　　　C. 相同的逻辑结构可以用不同的存储结构实现
　　　D. 存储结构独立于逻辑结构

【考点】数据结构的基本概念；数据的逻辑结构；数据的存储结构。

【解析】本题考查数据结构的基本概念。数据结构包括逻辑结构和物理结构，所以 A 选项正确；对于不同的存储结构，如顺序结构和链式结构，插入一个元素这一基本操作是不一样的，所以 B 选项正确；同一逻辑结构通常都可以用顺序结构和链式结构实现，故 C 选项正确；逻辑结构独立于物理结构，但是反过来不成立，故 D 选项不正确。

【答案】故本题答案为 D。

(5) 算法的特性有确定性、可行性和（　　）。

  A. 可读性　　　　B. 高效性　　　　C. 有穷性　　　　D. 以上都不对

【考点】数据结构的基本概念；算法的特性。

【解析】本题考查算法的特性。算法的特性有确定性、有穷性、可行性、输入和输出。确定性是指算法的每一条指令都必须有唯一确切的含义，不能有二义性，在任何条件下只有唯一的执行路径（对于相同的输入只能得到相同的输出）；有穷性是指一个算法总是在执行有穷步之后结束，且每一步都可在有穷时间内完成；可行性是指一个算法可以通过有限次基本运算实现；一个算法有零个或多个输入，一个或多个输出。

【答案】故本题答案为 C。

(6) 一个"好"的算法应该达到的目标包括正确性、可读性、（　　）、效率与低存储量需求。

  A. 有穷性　　　　B. 高效性　　　　C. 健壮性　　　　D. 以上都不对

【考点】数据结构的基本概念；算法的特性。

【解析】本题考查"好"的算法的目标。一个"好"的算法应该达到的目标包括正确性、可读性、健壮性、高效性与低存储量需求。选项 A 的迷惑性较强，考生应注意有穷性是算法的特性，不是"好"的算法应该达到的目标。

【答案】故本题答案为 C。

(7) 算法的时间复杂度与（　　）有关。

  A. 问题规模　　　　　　　　　　B. 待处理数据的初态

  C. 描述算法的语言　　　　　　　D. A 和 B

【考点】数据结构的基本概念；算法的时间复杂度。

【解析】本题考查算法的时间复杂度。算法的时间复杂度与算法的语言无关，但与问题的规模和待处理数据的初态有关。

【答案】故本题答案为 D。

(8) 算法的空间复杂度与（　　）有关。

  A. 算法的指令　　　　　　　　　B. 算法使用的变量和常数

  C. 算法所需的输入数据　　　　　D. A、B 和 C

【考点】数据结构的基本概念；算法的空间复杂度。

【解析】本题考查算法的空间复杂度。算法的空间复杂度与算法的指令、常数、变量和输入数据所需的存储空间有关，还和对数据进行操作和存储的辅助空间有关。

【答案】故本题答案为 D。

2. 综合应用题

(1) 简述逻辑结构与物理结构之间的关系。

【考点】数据结构的基本概念；算法的空间复杂度。

【解析】数据结构可分为逻辑结构和物理结构,两者密切相关。数据的逻辑结构是面向问题的,反映数据内部的构成方式,数据的物理结构是面向计算机的,它包括数据元素的表示和关系的表示。通常一种逻辑结构可以用多种物理结构来存储。

【小结】考生务必掌握逻辑结构和物理结构的定义及两者的关系。

(2) 什么是原地工作算法?

【考点】数据结构的基本概念;算法的空间复杂度。

【解析】原地工作也称就地工作,是指算法所需的辅助空间相对于问题规模来说是一个常数。

【小结】算法的时间和空间复杂度都是历年考试的重点,尤其要注意原地工作的算法并非不需要辅助空间,考生复习时必须掌握上述概念及常用的结论。

8.1.2 数据结构概论历年真题与解析

1. 单项选择题

(1)【2011】设 n 是描述问题规模的非负整数,下面的程序片段的时间复杂度是(   )。

```
x = 2;
while(x < n/2)
x = 2 * x;
```

A. $O(\log_2 n)$ B. $O(n)$ C. $O(n\log_2 n)$ D. $O(n^2)$

【考点】数据结构的基本概念;程序的时间复杂度分析。

【解析】本题考查单循环语句的时间复杂度。基本运算为第 3 句(即 x = 2 * x;),假设执行次数为 t,则 $2^{t+1} < n/2$,即 $t < \log_2 n/2 - 1 = \log_2 n - 2$,故上述程序片断的时间复杂度为 $O(\log_2 n)$。

【答案】故本题答案为 A。

(2)【2012】求整数 $n(n \geq 0)$ 的阶乘的算法如下,其时间复杂度是(   )。

```
int fact(int n)
{
    if(n <= 1)return 1;
    return n * fact(n-1);
}
```

A. $O(\log_2 n)$ B. $O(n)$ C. $O(n\log_2 n)$ D. $O(n^2)$

【考点】数据结构的基本概念;程序的时间复杂度分析。

【解析】本题考查求阶乘的递归算法的时间复杂度,按照程序的逻辑,仅当 n 小于或等于 1 时,程序才返回 1;否则返回 n * fact(n-1),即一共要执行 n 次递归调用,才能得到 $n \times (n-1) \times (n-2) \times \cdots \times 1$。故该求整数 $n(n \geq 0)$ 的阶乘的算法时间复杂度为 $O(n)$。

【答案】故本题答案为 B。

(3)【2013】已知两个长度分别为 m 和 n 的升序链表,若将它们合并为长度为 $m+n$ 的一个降序链表,则最坏情况下的时间复杂度是(   )。

A. $O(n)$ B. $O(mn)$
C. $O(\min(m,n))$ D. $O(\max(m,n))$

【考点】数据结构的基本概念;最坏情况下的时间复杂度分析。

【解析】本题考查的是两个升序链表合并为一个降序链表的时间复杂度。合并的办法是循环遍历两个升序链表中的每一对元素,每次都取出两者中小的元素插入到新链表(借鉴创建单链表时的头插法思想,即每次将新元素插到头结点之后,就会产生降序链表),所以元素的移动次数一定是 $m+n$ 次,因为所有的元素都必须从这两个升序链表中移入新的降序链表中。故本题中最坏情况下的时间复杂度是指元素的比较次数,而不是移动次数。

如图 8-1 所示,最坏的情况是两个升序链表长度相同,且大小相互交错,这样比较次数为 $m+n-1$,其时间复杂度为 $O(m+n)$,由于 $\max(m,n) \leqslant m+n \leqslant 2\max(m,n)$,而 $O(2\max(m,n)) = O(\max(m,n)) = O(m+n)$,故最坏情况的时间复杂度也可写为 $O(\max(m,n))$。

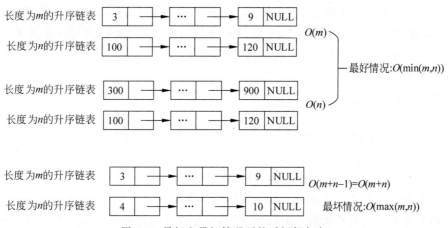

图 8-1 最好和最坏情况下的时间复杂度

最好的情况尽管本题没有考查,学有余力的考生也该思考一下。假设长度为 m 的升序链表的表尾元素小于长度为 n 的表头元素或反之,这意味着只需要比较 $\min(m,n)$ 次,故最好情况的时间复杂度为 $O(\min(m,n))$。

【答案】故本题答案为 D。

(4)【2014】下列程序段的时间复杂度是( )。

```
count = 0;
for(k = 1;k <= n;k * = 2)
    for(j = 1;j <= n;j++)
        count++;
```

A. $O(\log_2 n)$ B. $O(n)$ C. $O(n\log_2 n)$ D. $O(n^2)$

【考点】数据结构的基本概念;程序的时间复杂度分析。

【解析】本题与 2011 年的试题类似,但更难一点,因为是嵌套双循环。考生首先要明白基本语句是第 4 行(即 count++;),还要明白这两个 for 循环的关系。

第 2 行的外层 for 循环中 k*=2(等价于 k=k*2)与 2011 年试题中的 x=2*x 是类似的,按照循环终止条件 $k \leqslant n$,假设执行次数为 t,则 $2^t \leqslant n$,即 $t \leqslant \log_2 n$。

第 3 行的内层 for 循环,终止条件 $j \leqslant n$,即执行 n 次。

按照程序的逻辑(嵌套双循环),算法时间复杂度按乘法规则计算,即把内层循环和外层循环的时间复杂度相乘,为 $O(n\log_2 n)$。

【答案】故本题答案为 C。

(5)【2017】下列函数的时间复杂度是（　　）。

```
int func (int n)
{
    int i = 0, sum = 0;
    while(sum < n) sum += ++i;
    return i;
}
```

A. $O(\log n)$　　　B. $O(n^{1/2})$　　　C. $O(n)$　　　D. $O(n\log n)$

【考点】数据结构的基本概念；程序的时间复杂度分析。

【解析】本题中的函数为单循环，故分析其时间复杂度较为简单。第 4 行的基本语句（sum+=++i；等价于先执行++i，再执行 sum=sum+i，其中，++i 等价于 i=i+1）执行终止的条件为 sum<n，即 sum=0+1+2+…+i=i(i+1)/2<n，这意味着循环次数 t 满足 $t(t+1)/2<n$。故该函数的时间复杂度为 $O(n^{1/2})$。

【答案】故本题答案为 B。

(6)【2019】设 n 是描述问题规模的非负整数，下列程序段的时间复杂度是（　　）。

```
x = 0;
while(n >= (x + 1) * (x + 1))
    x = x + 1;
```

A. $O(\log n)$　　　B. $O(n^{1/2})$　　　C. $O(n)$　　　D. $O(n^2)$

【考点】数据结构的基本概念；程序的时间复杂度分析。

【解析】本题为分析单循环的时间复杂度，按照程序的逻辑，仅当 $n \geq (x+1)^2$ 时（等价于 $(x+1)^2 \leq n$），程序才执行第 3 行（即 $x=x+1$；）。

假设第 t 次循环终止，则在第 t 次执行时，必有 $(x+1)^2 > n$。

根据第 1 行（$x=0$；），可知 x 初值为 0，故第 t 次循环终止时 $x=t-1$。

代入上式 $(x+1)^2 > n$，可得 $t^2 > n$，故 $t > \sqrt{n}$。

故该程序段的时间复杂度是为 $O(\sqrt{n})$。

【答案】故本题答案为 B。

2. 综合应用题

无。

8.2　线性表的习题与解析

8.2.1　线性表基础试题与解析

1. 单项选择题

(1) 关于线性表的描述，正确的是（　　）。

　　A. 一个线性表中数据元素的数据类型可以不同

　　B. 线性表中的数据元素均存在直接前驱和直接后继

　　C. 线性表是 n 个数据元素的有限序列

D. 由所有实数组成的集合是一个线性表

【考点】线性表；线性表的基本概念。

【解析】本题考查线性表的概念。线性表是 n 个数据元素的有限序列，故 C 选项正确。不同的线性表中数据元素的类型可以不同，但同一线性表中数据类型必须相同，A 选项错误；除了表头结点和表尾结点，线性表中数据元素均存在一个直接前驱和一个直接后继，B 选项错误；集合不是一个线性表，且所有实数是无限的。

【答案】故本题答案为 C。

（2）关于线性表的顺序存储和链式存储，错误的是（　　）。

　　A. 顺序存储必须占用一片连续的存储单元

　　B. 顺序存储易于执行插入和删除操作，不利于执行查找操作

　　C. 链式存储不必占用连续的存储单元

　　D. 链式存储易于执行插入和删除操作，不利于执行查找操作

【考点】线性表；线性表的实现；顺序存储；链式存储。

【解析】本题考查顺序存储和链式存储的概念。线性表顺序存储结构占用一片连续的存储单元，表中元素可以随机存取，易于执行查找操作，但在执行插入和删除操作时有可能需要移动大量的元素，从而耗费大量的时间，故 A 选项正确，B 选项错误；线性表链式存储结构不要求占用连续的存储单元，表中元素不可以随机存取，易于执行插入和删除操作，但执行查找操作时需循链依次进行，可能费时较多，故 C 选项和 D 选项均正确。

【答案】故本题答案为 B。

（3）顺序存储结构中数据元素间的逻辑关系通过这些元素在存储单元中的（　　）表示。

　　A. 指针　　　　B. 存储位置　　　　C. 索引　　　　D. 以上都不对

【考点】线性表；线性表的实现；顺序存储。

【解析】本题考查顺序存储的概念。顺序存储结构中元素间的逻辑关系通过元素在存储单元中的存储位置来表示。例如，在 C 语言中用一维数组来存储数据元素，这些元素的存储位置，即为各元素对应的数组下标。

【答案】故本题答案为 B。

（4）链式存储结构中数据元素间的逻辑关系通过这些元素在存储单元中的（　　）表示。

　　A. 指针　　　　B. 存储位置　　　　C. 索引　　　　D. 以上都不对

【考点】线性表；线性表的实现；链式存储。

【解析】本题考查链式存储的概念。链式存储结构中元素间的逻辑关系通过元素在存储单元中的指针来表示。

【答案】故本题答案为 A。

（5）下述（　　）不正确。

　　A. 线性表在链式存储时，查找第 i 个元素的时间同 i 的值成正比

　　B. 线性表在链式存储时，查找第 i 个元素的时间同 i 的值有关

　　C. 线性表在顺序存储时，查找第 i 个元素的时间同 i 的值成正比

　　D. 线性表在顺序存储时，查找第 i 个元素的时间同 i 的值无关

【考点】线性表；线性表的实现；顺序存储；链式存储。

【解析】本题考查的是顺序存储和链式存储查找操作的特点。线性表在链式存储时，访

问第 i 个元素时需要从第一个元素开始依链寻找,所以与 i 值有关,尽管实际存储时不同的元素可能相邻或不相邻,但从理论上仍可认为查找第 i 个元素的时间同 i 的值成正比,故 A 选项和 B 选项正确;线性表在顺序存储时,是可以直接访问第 i 个元素的,与 i 值无关,且不可能成正比,故 C 选项错误,D 选项正确。

【答案】故本题答案为 C。

(6) 下述(　　)可在单链表中删除指针 p 所指结点的后继结点。

　　A. p->next = p->next->next
　　B. p->next = p->next
　　C. p = p->next->next
　　D. p = p->next; p->next = p->next->next

【考点】线性表;线性表的实现;链式存储。

【解析】本题考查的是单链表删除操作。删除指针 p 所指结点的后继结点即将所指结点的指针域中的值修改为其后继结点指针域中的值(实为 p 所指结点的后继结点的后继结点的地址),各选项的具体过程如图 8-2 所示。

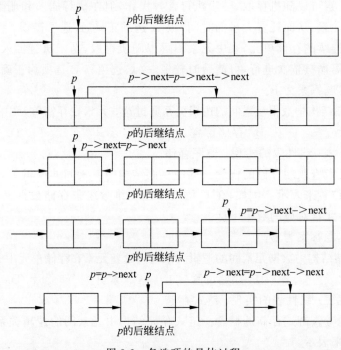

图 8-2　各选项的具体过程

【答案】故本题答案为 A。

(7) 长度为 m 的单链表 A 与长度为 n 的单链表 B 合并,时间复杂度为(　　)。

　　A. $O(m)$　　　　B. $O(n)$　　　　C. $O(m+n)$　　　　D. $O(m)$ 或 $O(n)$

【考点】线性表;线性表的实现;链式存储。

【解析】本题考查的是单链表合并操作。本题中单链表合并时既可将 A 直接链在 B 之后,也可以反过来,所以时间复杂度可能为 $O(m)$ 或 $O(n)$。

【答案】故本题答案为 A。

(8) 和单链表相比,以下(　　)为双链表的优点。

　　A. 查找速度更快　　　　　　　　B. 易于插入和删除操作

　　C. 更节约存储空间　　　　　　　D. 以上都不对

【考点】线性表;线性表的实现;链式存储。

【解析】本题考查的是双链表的特点。与单链表相比,双链表中的每个结点都有两个指针域,所以需要更多的存储空间,C 选项不正确;按链查找,速度和单链表一样,故 A 选项不正确;在单链表的某个结点之后插入或删除结点,与双链表类似,但在某个结点之前执行插入或删除操作,双链表更为容易,故 B 选项正确,同时排除 D 选项。

【答案】故本题答案为 B。

(9) 循环单链表 L 的头结点 head 满足(　　)时,表明 L 为空表。

　　A. head->next＝NULL　　　　　B. head＝NULL

　　C. head->next＝head　　　　　D. 以上都不对

【考点】线性表;线性表的实现;链式存储。

【解析】本题考查的是循环单链表的特点。循环单链表中无任何元素时,它的 next 域中的值为自身(即指向自身)。

【答案】故本题答案为 C。

2. 综合应用题

(1) 试编写一个算法将一个数据元素 x 插入有序表 L 中。

【考点】线性表;线性表的实现;顺序存储;链式存储;线性表的应用。

【解析】本题属于线性表的应用。考生首先要知道有序表的概念,同时还要知道将元素插入有序表中暗含插入后仍需保证该表有序的要求。本题中并未明确有序表的存储结构,考生答题时假定某一种存储结构即可。算法的代码如下。

```
void InsertElement(SeqList L, ElementType x)
{
    i = L->length;
    while(i > 0 && x < L->data[i-1])
    {
        L->data[i] = L->data[i-1];
        i = i + 1;
    }
    L->data[i-1] = x;
}
```

【小结】本题考查了在有序表中插入数据元素的操作。考生复习时尤其要注意掌握有序表的相关知识。

(2) 试编写一个算法交换单链表 L 中指针 p 所指结点及其后继,其中 head 为头指针,如图 8-3 所示。

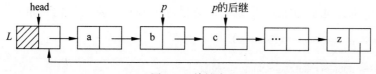

图 8-3　单链表

【考点】线性表；线性表的实现；链式存储；线性表的应用。

【解析】本题属于线性表的应用中的单链表应用。想要实现结点交换，就一定要保存指向这两个结点的指针，并且如果 p 结点的后继为空时，则不能交换。算法的代码如下。

```
void ExchangeNode(LNode head, LNode p)
{
    LNode q = NULL, pre = NULL;
    q = head -> next;
    pre = head;
    while(q!= NULL && q!= p)
    {
        pre = q;
        q = q -> next;
    }
    if(p -> next == NULL)
    exit(0);
    else
    {
        q = p -> next;
        pre -> next = q;
        p -> next = q -> next;
        q -> next = p;
    }
}
```

【小结】本题考查了单链表的结点交换，考生复习时必须掌握上述试题的解法。

(3) 试编写一个算法将如图 8-4 所示的按序存储 26 个字母的循环单链表 L_1(a,b, c,…,z)变为在 L_1 之后逆序存储 y 到 a 的 L_2(a,b,c,…,z,…,c,b,a)，假定 p 指向最后一个结点。

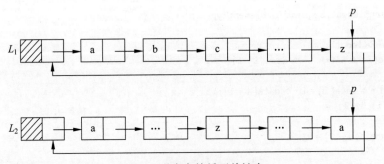

图 8-4　逆序存储循环单链表

【考点】线性表；线性表的实现；链式存储；线性表的应用。

【解析】本题中循环单链表 L_1 中的数据元素从 a 到 z 按序存储，L_2 中的元素则是在 L_1 之后逆序存储 y 到 a。实现时可从第一个结点(p 的下一个结点，即 p-> next)出发遍历 L_1，依次将结点插入到 p 的后面，实现时注意保持 p 不动。算法的代码如下。

```
void ProcessCycleLinkedList(LNode p)
{
    LNode q = NULL, u = NULL, s = NULL, t = NULL;
    q = p -> next;
```

```
            t = (LNode)malloc(sizeof(Node));
            t->data = q->data;
            t->next = p->next;
            p->next = t;
            q = q->next;
            while(q!= p)
            {
                u = q->next;
                s = (LNode)malloc(sizeof(Node));
                s->data = q->data;
                s->next = p->next;
                p->next = s;
                q = u;
            }
            p = t;
}
```

【小结】本题利用了循环单链表的特性,即从任意结点出发,均可以遍历该表,考生复习时必须掌握上述概念及常见试题的解法。

(4) 试编写一个算法处理以下双链表 DList 的 Locate 操作。假定 DList 中有 data、next、prev 和 freq 域,其中,freq 初始值为 0,每执行一次 Locate 操作时,被找到的数据元素 x 所在结点的 freq 值增 1,同时对 DList 按结点 freq 值递减排序。

【考点】线性表;线性表的实现;链式存储;线性表的应用。

【解析】本题的算法思路较为简单,首先遍历双链表查找指定结点,若查找成功,将结点的 freq 值增 1,然后按 freq 值递减排序(即循双链表的 prev 指针,依次比较其前驱结点的 freq 值,若大,则交换位置,否则保持原位置不变)。算法的代码如下。

```
typedef struct DList
{
    struct DNode *prev, *next;
    ElementType data;
    int freq;
}DList;

void Locate(Dlist *Head, ElementType x)
{
    Dlist *p = NULL, *q = NULL;
    p = Head->next;
    while(p!= NULL && p->data!= x)
        p = p->next;
    if(p == NULL) return 0;
    else
    {
        p->freq++;
        q = p->prev;
        while(q!= head && q->freq < p->freq)
        {
            q->next->prev = p;
            q->prev = p->prev;
            p->prev->next = q;
            p->next = q->next;
            p->prev = q;
```

```
            q -> next = p;
            q = p -> prev;
        }
    }
}
```

【小结】本题可以看成同时考查了有序表和双链表。即将本题中的双链表看成是按 freq 值递减排序的有序表。

8.2.2 线性表历年真题与解析

1. 单项选择题

链接地址	元素	链接地址
1000H	a	1010H
1004H	b	100CH
1008H	c	1000H
100CH	d	NULL
1010H	e	1004H
1014H		

图 8-5 内存存储状态

(1)【2016】已知表头元素为 c 的单链表在内存中的存储状态如图 8-5 所示。

现将 f 存放于 1014H 处并插入单链表中，若 f 在逻辑上位于 a 和 e 之间，则 a、e、f 的"链接地址"依次是（　　）。

A. 1010H,1014H,1004H
B. 1010H,1004H,1014H
C. 1014H,1010H,1004H
D. 1014H,1004H,1010H

【考点】线性表的实现；链式存储。

【解析】根据存储状态，单链表的结构如图 8-6 所示。

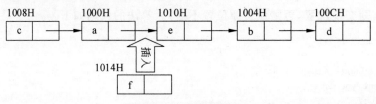

图 8-6 单链表的结构

其中，"链接地址"是指结点 next 所指的内存地址。当结点 f 插入后，a 指向 f，f 指向 e，e 指向 b，显然 a、e 和 f 的"链接地址"分别是 f、b 和 e 的内存地址，即 1014H、1004H 和 1010H。

【答案】故此题答案为 D。

(2)【2016】已知一个带有表头结点的双向循环链表 L，结点结构为 | prev | data | next |，其中，prev 和 next 分别是指向其直接前驱和直接后继结点的指针。现要删除指针 p 所指的结点，正确的语句序列是（　　）。

A. p->next->prev＝p->prev；p->prev->next＝p->prev；free(p)；
B. p->next->prev＝p->next；p->prev->next＝p->next；free(p)；
C. p->next->prev＝p->next；p->prev->next＝p->prev；free(p)；
D. p->next->prev＝p->prev；p->prev->next＝p->next；free(p)；

【考点】线性表的实现；链式存储。

【解析】此类题的解题思路万变不离其宗，无论是向链表中插入结点，还是删除链表中的结点,都必须保证不断链。考生复习时请仔细研读本书中 2.2.2 线性表的链式存储的相关内容。

【答案】故此题答案为 D。

(3)【2021】已知头指针 h 指向一个带头结点的非空单循环链表,结点结构为

| data | next |

其中,next 是指向直接后继结点的指针,p 是尾指针,q 是临时指针。现要删除该链表的第一个元素,正确的语句序列是(　　)。

A. h-> next＝h-> next-> next；q＝h-> next；free(q)；

B. q＝h-> next；h-> next＝h-> next-> next；free(q)；

C. q＝h-> next；h-> next＝q -> next；if(p!＝q)p＝h；free(q)；

D. q＝h-> next；h-> next＝q-> next；if(p＝＝q)p＝h；free(q)；

【考点】线性表；线性表的实现；链式存储。

【解析】本题考查的是带头结点非空循环单链表,这是单链表的一种特殊形式,即将表尾指针直接指向表头结点而形成的,由于该循环单链表是非空的,这意味着删除操作必定能成功。

如图 8-7 所示,要删除带头结点的非空单循环链表中的第一个元素,就要先用临时指针 q 指向待删结点,q＝h-> next；然后将 q 从链表中断开,h-> next＝q-> next(这一步也可写成 h-> next＝h-> next-> next)；此时要考虑一种特殊情况,若待删结点是链表的尾结点,即循环单链表中只有一个元素(p 和 q 指向同一个结点)。

如图 8-8 所示,在删除后要将尾指针指向头结点,即 if(p＝＝q)p＝h；最后释放 q 结点即可。

【答案】故此题答案为 D。

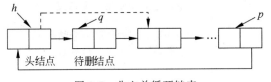

图 8-7　非空单循环链表

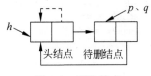

图 8-8　删除结点

2. 综合应用题

(1)【2009】已知一个带有表头结点的单链表,结点结构为 | data | link |,假设该链表只给出了头指针 list,在不改变链表的前提下,请设计一个尽可能高效的算法,查找链表中倒数第 k 个位置上的结点(k 为正整数)。若查找成功,算法输出该结点的 data 域的值,并返回 1；否则,只返回 0。要求：

① 描述算法的基本设计思想。

② 描述算法的详细实现步骤。

③ 根据设计思想和实现步骤,采用程序设计语言描述算法(使用 C、C++或 Java 语言实现),关键之处请给出简要注释。

【考点】线性表；线性表的实现；链式存储；线性表的应用。

【解析】本题是一道算法设计题,考查了表的查找和遍历,考生需围绕题干"尽可能高效"这一关键要求来解答,若考生所设计的算法空间复杂度过高(如使用了大小与 k 有关的

辅助数组),或用递归算法解题,即使结果正确,也不能得到满分。本题的解题步骤如下。

① 算法的基本设计思想。

问题的关键是设计一个尽可能高效的算法,通过链表的一趟遍历,找到倒数第 k 个结点的位置。算法的基本设计思想是:定义两个指针变量 p 和 q,初始时均指向头结点的下一个结点(链表的第一个结点)。p 指针沿链表移动;当 p 指针移动到第 k 个结点时,q 指针开始与 p 指针同步移动;当 p 指针移动到最后一个结点时,q 指针所指示结点为倒数第 k 个结点。以上过程仅对链表进行一次扫描。

② 算法的详细实现步骤。

第一步:count=0,p 和 q 指向链表表头结点的下一个结点。

第二步:若 p 为空,转第五步。

第三步:若 count 等于 k,则 q 指向下一个结点;否则,count=count+1。

第四步:p 指向下一个结点,转第二步。

第五步:若 count 等于 k,则查找成功,输出该结点的 data 域的值,返回 1;否则,说明 k 值超过了线性表的长度,查找失败,返回 0。

第六步:算法结束。

③ 算法实现。

```
typedef int ElemType;                      // 链表结点的结构定义
typedef struct LNode{                      // 链表结点的结构定义
    ElemType data;                         // 结点数据
    struct Lnode *link;                    // 结点链接指针
} *LinkList;
int Search_KNode(LinkList list, int k){
// 查找链表 list 倒数第 k 个结点,并输出该结点 data 域的值
    LinkList p = list->link, q = list->link;    // 指针 p,q 指示第一个结点
    int count = 0;
    while(p != NULL) {                     // 遍历链表直到最后一个结点
        if(count < k) count++;             // 计数,若 count<k,只移动 p
        else q = q->link; p = p->link;     // 之后让 p、q 同步移动
    } //while
    if(count < k)
        return 0;                          // 查找失败返回 0
    else {                                 // 否则打印并返回 1
        printf ("%d",q->data);
        return 1;
        }
} // search_Knode
```

【小结】本题考查了单链表应用的相关知识,核心内容是查找,难度相对较低。考生在答题时至少要熟练掌握单链表结点的定义,单链表的遍历和指定结点的查找思路等。

(2)【2010】设将 $n(n>1)$ 个整数存放到一维数组 R 中。设计一个在时间和空间两方面都尽可能高效的算法。将 R 中保存的序列循环左移 $p(0<p<n)$ 个位置,即将 R 中的数据由 $(X_0, X_1, \cdots, X_{n-1})$ 变换为 $(X_p, X_{p+1}, \cdots, X_{n-1}, X_0, X_1, \cdots, X_{p-1})$。要求:

① 给出算法的基本设计思想。

② 根据设计思想,采用 C 或 C++ 或 Java 语言描述算法,关键之处给出注释。

③ 说明你所设计算法的时间复杂度和空间复杂度。

【考点】 线性表；线性表的实现；线性表的应用。

【解析】 本题是一道算法设计题，由题设可知，整数均存放在一维数组（可视为线性表的顺序存储）中，故可视为考查线性表的应用。题目要求循环左移，可通过原地逆置来实现。本题解答具体如下。

① 给出算法的基本设计思想。

先将这 n 个元素的数据序列 $(x_0, x_1, \cdots, x_p, x_{p+1}, \cdots, x_{n+1})$ 原地逆置，得到 $(x_{n+1}, \cdots, x_p, x_{p+1}, \cdots, x_0)$，然后再将前 $n+p$ 个元素 $(x_{n+1}, \cdots, x_p)$ 和后 p 个元素 $(x_{p+1}, \cdots, x_0)$ 分别原地逆置，得到最终结果 $(x_p, x_{p+1}, \cdots, x_{n+1}, x_0, x_1, \cdots, x_{p+1})$。

② 算法实现。

算法可以用两个函数，即 Reverse() 和 LeftShift() 来实现相应的功能，后者调用 Reverse() 函数三次。算法具体如下。

```
void Reverse(int R[ ],int left,int right)
{
    int k = left,j = right,tmp;          //k 等于左边界 left,j 等于右边界 right
    while(k < j)
    {
        //交换 R[k]与 R[j]
        tmp = R[k];
        R[k] = R[j];
        R[j] = tmp;
        k++;                              //k 右移一个位置
        j--;                              //j 左移一个位置
    }
}
void LeftShift(int R[ ],int n,int p)      //循环左移 p 个元素
{
    if(p > 0&&p < n)
    {
        Reverse(R,0,n-1);                 //将全部数据逆置
        Reverse(R,0,n-p-1);               //将前 n-p 个元素逆置
        Reverse(R,n-p,n-1);               //将后 p 个元素逆置
    }
}
```

③ 算法复杂性分析。

上述算法的时间复杂度为 $O(n)$，空间复杂度为 $O(1)$。

【小结】 本题主要考查算法设计与实现能力，要求考生在复习时要多做拓展思考。

(3)【2011】一个长度为 $L(L \geqslant 1)$ 的升序序列 S，处在第 $\lceil L/2 \rceil$ 个位置的数称为 S 的中位数，例如，若序列 $S_1 = (11,13,15,17,19)$，则 S_1 的中位数是 15，两个序列的中位数是含它们所有元素的升序序列的中位数，例如，若 $S_2 = (2,4,6,8,20)$，则 S_1 和 S_2 的中位数是 11。现在有两个等长升序序列 A 和 B，试设计一个在时间和空间两方面都尽可能高效的算法，找出两个序列 A 和 B 的中位数。要求：

① 给出算法的基本设计思想。

② 根据设计思想，采用 C 或 C++或 Java 语言描述算法，关键之处给出注释。

③ 说明所设计算法的时间复杂度和空间复杂度。

【考点】线性表；线性表的应用；线性表的实现；顺序存储。

【解析】本题是一道算法设计题，考查对有序表的处理，不仅要求考生在设计算法时写出相关注释，还要求计算时间复杂度和空间复杂度。本题解答具体如下。

① 给出算法的基本设计思想。

分别求两个升序序列 A、B 的中位数，设为 a 和 b。若 $a=b$，则 a 或 b 即为所求的中位数；否则，舍弃 a、b 中较小者所在序列之较小一半，同时舍弃较大者所在序列之较大一半，要求两次舍弃的元素个数相同。在保留的两个升序序列中，重复上述过程，直到两个序列中均只含一个元素时为止，则较小者即为所求的中位数。

② 算法实现如下。

```
int Search(int A[],int B[],int n)           //n 即为序列的长度 L
{
    int s1,e1,mid1,s2,e2,mid2;
    s1 = 0;e1 = n - 1 ;s2 = 1 ;e2 = n - 1;
    while(s1 != e1||s2!= e2){
        mid1 = (s1 + e1)/2;
        mid2 = (s2 + e2)/2;
        if(A[mid 1 ] == B [mid2])
            return A[mid1];
        if(A[mid1]< B[mid2]){
//分别考虑奇数和偶数,保持两个子数组元素个数相等
            if((s1 + e1) % 2 == 0){         //若元素个数为奇数个
                s1 = mid1;                   //舍弃 A 中间点以前的部分且保留中间点
                e2 = mid2;                   //舍弃 B 中间点以后的部分且保留中间点
            }
            else{                            //若元素个数为偶数个
                s1 = mid1 + 1;               //舍弃 A 中间点及中间点以前部分
                e2 = mid2;                   //舍弃 B 中间点以后部分且保留中间点
            }
        }
        else{
            if((s1 + e1) % 2 == 0) {         //若元素个数为奇数个
                e1 = mid1;                   //舍弃 A 中间点以后部分且保留中间点
                s2 = mid2;                   //舍弃 B 中间点以前部分且保留中间点
            }
            else{                            //若元素个数为偶数个
                e1 = mid1 + 1;               //舍弃 A 中间点以后部分且保留中间点
                s2 = mid2;                   //舍弃 B 中间点及中间点以前的部分
            }
        }
    }
    return (A[s1] < B[s2] ? A[s1] : B[s2]);
}
```

③ 上述所给算法的时间、空间复杂度分别是 $O(\log_2 n)$ 和 $O(1)$。

【小结】无论是处理升序序列，还是降序序列，都是对有序表的处理，考生复习时可以仔细研读本书中关于有序表的应用的内容。

（4）**【2012】**假定采用带头结点的单链表保存单词，当两个单词有相同的后缀时，可共享相同的后缀存储空间，例如，"loading"和"being"的存储映像如图 8-9 所示。

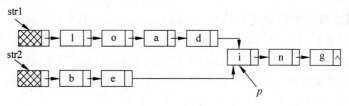

图 8-9 存储映像

设 str1 和 str2 分别指向两个单词所在单链表的头结点,链表结点结构为 | data | next |,请设计一个时间上尽可能高效的算法,找出由 str1 和 str2 所指向两个链表共同后缀的起始位置(如图中字符 i 所在结点的位置 p)。要求:

① 给出算法的基本设计思想。
② 根据设计思想,采用 C 或 C++ 或 Java 语言描述算法,关键之处给出注释。
③ 说明所设计算法的时间复杂度。

【考点】线性表;线性表的实现;链式存储;线性表的应用。

【解析】本题是一道算法设计题,考查单链表的综合知识,具体解答如下。

① 算法的基本设计思想。

顺序遍历两个链表到尾结点时,并不能保证两个链表同时到达尾结点。这是因为两个链表的长度不同。假设一个链表比另一个链表长 k 个结点,先在长链表上遍历 k 个结点,之后同步遍历两个链表。这样就能够保证它们同时到达最后一个结点了。由于两个链表从第一个公共结点到链表的尾结点都是重合的,所以它们肯定同时到达第一个公共结点。算法思路具体描述如下。

第一步:遍历两个链表求它们的长度 L_1 和 L_2。
第二步:比较 L_1 和 L_2,找出较长的链表,并求 $L=|L_1-L_2|$。
第三步:先遍历长链表的 L 各结点。
第四步:同步遍历两个链表,直至找到相同结点或链表结束。

② 算法的 C 语言代码描述。

```
LinkNode * Find_1st_Common(LinkList str1,LinkList str2) {
    int len1 = Length(str1) ,len2 = Length(str2);
    LinkNode * p, * q;
    for(p= str1; len1> len2; len1 -- )              //使 p 指向的链表与 q 指向的链表等长
        p = p-> next;
    for(q= str2; len1< len2; len2 -- )              //使 q 指向的链表与 p 指向的链表等长
        q = q-> next;
    while(p-> next != NULL&&p-> next!= q-> next){   //查找共同后缀起始点
        p = p-> next;
        q = q-> next;                               //两个指针同步向后移动
    }
    return p-> next;                                //返回共同后缀的起始点
}
```

③ 算法的时间复杂度为 $O(\text{len1}+\text{len2})$,空间复杂度为 $O(1)$。

【小结】本题不仅考查了单链表结点的定义、单链表的存储及遍历等基础知识,还考查了串的知识。算法中求单词的长度相当于求串长,对于这种综合多个知识点的试题,考生在复习时一定要搞清楚其对应的知识,逐个不留死角地搞清楚,因为这些知识还可以与其他形式结合在一起考查,这才是考生需要引起重视的。

(5)【2013】已知一个整数序列 $A=(a_0,a_1,\cdots,a_{n-1})$，其中，$0\leqslant a_i<n$，若存在 $a_{p1}=a_{p2}=\cdots=a_{pm}=x$ 且 $m>n/2(0\leqslant p_k<n,1\leqslant k\leqslant m)$，则称 x 为 A 的主元素，例如，$A=(0,5,5,3,5,7,5,5)$，则 5 为主元素；又如，$A=(0,5,5,3,5,1,5,7)$，则 A 中没有主元素。假设 A 中的 n 个元素保存在一个一维数组中，请设计一个尽可能高效的算法，找出 A 的主元素，若存在主元素，则输出该元素；否则输出 -1。要求：

① 给出算法的基本设计思想。
② 根据设计思想，采用 C 或 C++ 或 Java 语言描述算法，关键之处给出注释。
③ 说明你所设计算法的时间复杂度和空间复杂度。

【考点】线性表；线性表的应用；线性表的实现；顺序存储；查找；查找算法的分析及应用。

【解析】本题是一道算法设计题，需要综合考虑时间复杂度和空间复杂度，因此要求考生有一定算法设计和实现的能力。本题解答如下。

① 给出算法的基本设计思想。

算法的策略是从前向后扫描数组元素，标记出一个可能成为主元素的元素 Num。然后重新计数，确认 Num 是否是主元素。

算法可分为以下两步。

第一步：选取候选的主元素。依次扫描所给数组中的每个整数，将第一个遇到的整数 Num 保存到 c 中，记录 Num 的出现次数为 1；若遇到的下一个整数仍等于 Num，则计数加 1，否则计数减 1；当计数减到 0 时，将遇到的下一个整数保存到 c 中，计数重新记为 1，开始新一轮计数，即从当前位置开始重复上述过程，直到扫描完全部数组元素。

第二步：判断 c 中元素是否是真正的主元素。再次扫描该数组，统计 c 中元素出现的次数，若大于 $n/2$，则为主元素；否则，序列中不存在主元素。

② 算法实现代码如下。

```
int Majority ( int A[], int n )
{
    int i, c, count = 1;                //c 用来保存候选主元素,count 用来计数
    c = A[0];                           //设置 A[0]为候选主元素
    for ( i = 1; i < n; i++ )           //查找候选主元素
        if ( A[i] = = c )
            count++;                    //对 A 中的候选主元素计数
        else
            if ( count > 0 )            //处理不是候选主元素的情况
                count -- ;
            else                        //更换候选主元素,重新计数
            { c = A[i];
                count = 1;
            }
    if ( count > 0 )
        for ( i = count = 0; i < n; i++ )   //统计候选主元素的实际出现次数
            if ( A[i] = = c )
                count++;
    if ( count > n/2 ) return c;        //确认候选主元素
    else return -1;                     //不存在主元素
}
```

③ 算法复杂度分析。

上述算法中实现的程序的时间复杂度为 $O(n)$，空间复杂度为 $O(1)$。

【小结】本题的核心问题为统计整数序列中重复元素的个数,考生在平时复习时一定要思考扫描一次序列求最大值、最小值,统计重复元素个数时算法的思路,同时还要掌握不同时间或空间复杂度的算法。

(6)【2015】用单链表保存 m 个整数,结点的结构为[data][link],且$|data|\leqslant n$(n 为正整数)。现要求设计一个时间复杂度尽可能高效的算法,对于链表中 data 的绝对值相等的结点,仅保留第一次出现的结点而删除其余绝对值相等的结点。例如,若给定的单链表 head 为

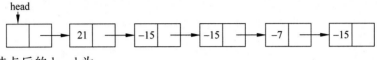

则删除结点后的 head 为

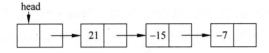

要求:
① 给出算法的基本设计思想。
② 使用 C 或 C++语言,给出单链表结点的数据类型定义。
③ 根据设计思想,采用 C 或 C++语言描述算法,关键之处给出注释。
④ 说明你所设计算法的时间复杂度和空间复杂度。

【考点】线性表;线性表的实现;链式存储;线性表的应用。

【解析】

本题是一道算法设计题,要求考生熟悉链表结构,尤其是要熟练掌握单链表相关的算法设计思路。本题解答如下。

① 算法的基本设计思想。

算法的核心思想是用空间换时间。使用辅助数组记录链表中已出现的数值,从而只需对链表进行一趟扫描。

因为$|data|\leqslant n$,故辅助数组 q 的大小为 $n+1$,各元素的初值均为 0。依次扫描链表中的各结点,同时检查 $q[|data|]$ 的值,如果为 0,则保留该结点,并令 $q[|data|]=1$;否则,将该结点从链表中删除。

② 使用 C 语言描述的单链表结点的数据类型定义。

```
typedef struct node {
    int    data;
    struct node  * link;
    }NODE;
typedef NODE * PNODE;
```

③ 算法实现。

```
void func(PNODE h, int n){
    PNODE p:h, r;
    int * q, m;
    q = (int *) malloc(sizeof(int) * (n + 1));    //申请 n+1 个位置的辅助空间
    for(int i = 0; i < n + 1; i++)                //数组元素初值置 0
        * (q + i) = 0;
    while(p -> link!= NULL){
```

```
        m = p->link->data>0 ? p->link->data: -p->link->data;
        if( *(q+m) == 0) {                    //判断该结点的 data 是否已出现过
            *(q+m) = 1;                       //首次出现
            p = p->link;                      //保留
        }else {                               //重复出现
            r = p->link;                      //删除
            p->link = r->link;
            free(r);
        }
    }
    free(q);
}
```

④ 参考答案所给算法的时间复杂度为 $O(m)$,空间复杂度为 $O(n)$。

【小结】本题考查了单链表相关的算法设计与实现的内容。这几乎是历年真题中必考的一个知识点,在考虑时间复杂度或空间复杂度或两者兼有之的前提下设计算法,考生复习备考时务必引起高度重视。

(7)【2018】给定一个含 $n(n \geqslant 1)$ 个整数的数组,请设计一个在时间上尽可能高效的算法,找出数组中未出现的最小正整数。例如,数组 $\{-5,3,2,3\}$ 中未出现的最小正整数是 1;数组 $\{1,2,3\}$ 中未出现的最小正整数是 4。要求:
① 给出算法的基本设计思想。
② 根据设计思想,采用 C 或 C++语言描述算法,关键之处给出注释。
③ 说明所设计算法的时间复杂度和空间复杂度。

【考点】线性表;线性表的应用;栈、队列和数组;栈、队列和数组的应用;空间复杂度;时间复杂度;C 或 C++语言。

【解析】本题是找出数组中未出现的最小正整数,三个小题的问题依次推进,难度逐步增加,属于区分度较好、难度适中的综合应用题。需要考生:①按要求描述算法的思想;②给出 C 或 C++语言描述的算法并给出关键之处的注释;③分析给出算法的时间复杂度与空间复杂度。具体解析如下。

① 算法的基本设计思想。

题目要求算法时间上尽可能高效,因此采用空间换时间的办法。分配一个用于标记的数组 $B[n]$,用来记录 A 中是否出现了 $1 \sim n$ 中的正整数,$B[0]$ 对应正整数 1,$B[n-1]$ 对应正整数 n,初始化 B 中全部为 0。由于 A 中含有 n 个整数,因此可能返回的值是 $1 \sim n+1$,当 A 中 n 个数恰好为 $1 \sim n$ 时返回 $n+1$。当数组 A 中出现了小于或等于 0 或者大于 n 的值时,会导致 $1 \sim n$ 中出现空余位置,返回结果必然在 $1 \sim n$ 中,因此对于 A 中出现了小于或等于 0 或者大于 n 的值时可以不采取任何操作。经过以上分析可以得出算法流程:从 $A[0]$ 开始遍历 A,若 $0 < A[i] \leqslant n$,则令 $B[A[i]-1]=1$;否则不做操作。对 A 遍历结束后,开始遍历数组 B,若能查找到第一个满足 $B[i]==0$ 的下标 i,返回 $i+1$ 即为结果,此时说明 A 中未出现的最小正整数在 $1 \sim n$。若 $B[i]$ 全部不为 0,返回 $i+1$(跳出循环时 $i=n$,$i+1$ 等于 $n+1$),此时说明 A 中未出现的最小正整数是 $n+1$。

② 采用 C 语言描述算法。

```
int findMissMin(int A[],int n) {
    int i, *B;                                //标记数组
```

```
        B = (int * )malloc(sizeof(int) * n);           //分配空间
        memset(B,0,sizeof(int) * n);                   //赋初值为 0
        for(i = 0; i < n; i++)
            if(A[i]> 0&&A[i]< = n)                     //若 A[i]的值介于 1～n,则标记数组 B
                B[A[i] - 1] = 1;
        for(i = 0; i < n; i++)                         //扫描数组 B,找到目标值
            if (B[i] == 0) break;
        return i + 1;                                  //返回结果
    }
```

③ 说明时间复杂度和空间复杂度。

时间复杂度：遍历 A 一次,遍历 B 一次,两次循环内操作步骤为 $O(1)$ 量级,因此时间复杂度为 $O(n)$。

空间复杂度：额外分配了 $B[n]$,空间复杂度为 $O(n)$。

【小结】本题中的数组,即可以看成是线性表的顺序存储结构,进而将此题视为线性表的应用；也可以直接将其视为栈、队列和数组的应用。要求考生设计时间上尽可能高效的算法,这意味着对空间复杂度没有硬性规定。

(8)【2019】设线性表 $L=(a_1,a_2,a_3,\cdots,a_{n-2},a_{n-1},a_n)$ 采用带头结点的单链表保存,链表中的结点定义如下。

```
typedef struct node
{
    int data;
    struct node next ;
} NODE;
```

请设计一个空间复杂度为 $O(1)$ 且时间上尽可能高效的算法,重新排列 L 中的各结点,得到线性表 $L'=(a_1,a_n,a_2,a_{n-1},a_3,a_{n-2},\cdots)$,要求：
① 给出算法的基本设计思想。
② 根据设计思想,采用 C 或 C++语言描述算法,关键之处给出注释。
③ 说明所设计的算法的时间复杂度。

【考点】线性表；线性表的实现；链式存储；线性表的应用；空间复杂度；时间复杂度；C 或 C++语言。

【解析】本题是线性表中带头结点的单链表的排列应用问题,三个小题的问题依次推进,难度逐步增加,属于区分度较好、难度适中的综合应用题。需要考生：①按要求描述算法的基本设计思想；②给出 C 或 C++语言描述的算法并给出关键之处的注释,同时还要求该算法的空间复杂度为 $O(1)$；③分析给出算法的时间复杂度。具体解析如下。

① 算法的基本设计思想。

考生仔细观察 $L=(a_1,a_2,a_3,\cdots,a_{n-2},a_{n-1},a_n)$ 和 $L'=(a_1,a_n,a_2,a_{n-1},a_3,a_{n-2},\cdots)$,可以发现 L' 中的元素依次是 L 中的第一个元素,L 中的倒数第一个元素,L 中的第二个元素,L 中的倒数第二个元素……,以此类推,直到 L 中的元素全部存入 L' 中。由于题目要求空间复杂度为 $O(1)$,因此需将 L 的后半段原地逆置以方便从 L 的表尾获取结点。

基于上述分析,算法的基本设计思想为：第 1 步,采用两个指针交替前行,找到单链表的中间结点；第 2 步,将单链表的后半段结点原地逆置；第 3 步,从单链表前后两段中依次各取一个结点,按要求重排。

② 算法实现。

```c
void change_list( NODE * h )
{
    NODE * p = NULL, * q = NULL, * r = NULL, * s = NULL;
    p = q = h;
    while ( q->next != NULL )        //寻找中间结点
    {
        p = p->next;                 // p 走一步
        q = q->next;
        if ( q->next != NULL )
            q = q->next;             //q 走两步
    }
    q = p->next;                     // p 所指结点为中间结点,q 为后半段链表的首结点
    p->next = NULL;
    while ( q != NULL)               //将链表后半段逆置
    {
        r = q->next;
        q->next = p->next;
        p->next = q;
        q = r;
    }
    s = h->next;                     //s 指向前半段的第一个数据结点,即插入点
    q = p->next;                     //q 指向后半段的第一个数据结点
    p->next = NULL;
    while ( q != NULL )              //将链表后半段的结点插入指定位置
    {
        r = q->next;                 //r 指向后半段的下一个结点
        q->next = s->next;           //将 q 所指结点插入 s 所指结点之后
        s->next = q;
        s = q->next;                 // s 指向前半段的下一个插入点
        q = r;
    }
}
```

③ 算法的时间复杂度。

该算法的时间复杂度为 $O(n)$。

【小结】本题的算法思想主要涉及链式列表的原地逆置和链式列表的合并。对于寻找链式列表的中间结点,应优先考虑双指针法,即设置双指针 p 和 q,每次指针 p 走一步,指针 q 走两步。

(9)【2020】定义三元组 (a,b,c)(a,b,c 均为正数)的距离 $D=|a-b|+|b-c|+|c-a|$。给定三个非空整数集合 S_1、S_2 和 S_3,按升序分别存储在三个数组中。请设计一个尽可能高效的算法,计算并输出所有可能的三元组 (a,b,c)($a\in S_1, b\in S_2, c\in S_3$)中的最小距离。例如,$S_1=\{-1,0,9\}$,$S_2=\{-25,-10,10,11\}$,$S_3=\{2,9,17,30,41\}$,则最小距离为 2,相应的三元组为 $(9,10,9)$。要求:

① 给出算法的基本设计思想。
② 根据设计思想,采用 C 语言或 C++语言描述算法,关键之处给出注释。
③ 说明你所设计算法的时间复杂度和空间复杂度。

【考点】线性表;线性表的应用;线性表的实现;顺序存储

【解析】 本题是三元组的最小距离问题,三个小题的问题依次推进,难度逐步增加,属于区分度较好、难度适中的综合应用题。需要考生:①按要求描述算法的思想;②给出 C 或 C++语言描述的算法并给出关键之处的注释;③分析给出算法的时间复杂度与空间复杂度。具体解析如下。

① 算法的基本设计思想。

第一步:使用 min 记录当前所有已处理过的三元组的最小距离,初值为 C 语言能表示的最大整数 INT_MAX。

第二步:若集合 S_1、S_2 和 S_3 分别保存在数组 A、B、C 中。数组下标变量 $i=j=k=0$,当 $i<|S_1|$ 且 $j<|S_2|$ 且 $k<|S_3|$ 时($|S|$ 表示集合 S 中的元素个数),循环执行(a)~(c):

(a) 计算($A[i]$,$B[j]$,$C[k]$)的距离 d。

(b) 若 $d<$min,则 min$=d$。

(c) 将 $A[i]$、$B[j]$、$C[k]$ 中的最小值的下标$+1$。

第三步:输出 min,结束。

② 算法实现。

```
#include<limits.h>          //定义最大整数 INT_MAX 的头文件
#include<math.h>            //abs()函数所在的头文件
#define xIsMin(x,y,z) (((x)<=(y))&&((x)<=(z)))  //定义辅助计算的宏
int findMinofTrip(int A[], int n,int B[], int m,int C[], int p) {
    int i=0, j=0, k=0, min=INT_MAX, dist;
    //min 用于记录三元组最小距离,初值赋为 INT_MAX
    while(i<n&&j<m&&k<p&&min>0){
        dist = abs(A[i]-B[j]) + abs(B[j]-C[k]) + abs(C[k]-A[i]);
        if(dist<min) min=dist;
        if(xIsMin(A[i],B[j],C[k])) i++;
        else if(xIsMin(B[j],C[k],A[i])) j++;
        else k++;
    }
    return min;
}
```

③ 算法的时间复杂度和空间复杂度。

设 $n=(|S_1|+|S_2|+|S_3|)$,参考答案的时间复杂度为 $O(n)$,空间复杂度为 $O(1)$。

【小结】 本题中考查的三元组事实上与栈、队列和数组中提及的三元组并不相同,但思路可以借鉴,本题也可以看成是线性表的应用,主要考查算法设计和实现能力。

8.3 栈、队列和数组的习题与解析

8.3.1 栈、队列和数组基础试题与解析

1. 单项选择题

(1)栈和队列的共同点是( )。

  A. 都是先进后出   B. 都是先进先出

  C. 只允许在端点处操作   D. 以上都不对

【考点】栈、队列和数组；栈和队列的基本概念；栈、队列和数组的应用。

【解析】本题考查了栈和队列的特点。栈是先进后出，队列是先进先出，然而两者都是在端点处才允许操作，故 A 选项和 B 选项不正确，C 选项正确。

【答案】故此题答案为 C。

(2) 若入栈序列为{1,2,3,4}，则下述(　　)不可能是出栈序列。

　　A. {1,2,3,4}　　　B. {1,3,4,2}　　　C. {3,1,2,4}　　　D. {4,3,2,1}

【考点】栈、队列和数组；栈和队列的基本概念；栈、队列和数组的应用。

【解析】本题考查了栈的基本操作。栈是先进后出，对于选择题，考生可以按照这一规则来验证每一个选项，1 进栈，然后 1 出栈，2 进栈，然后 2 出栈，3 进栈，然后 3 出栈，4 进栈，最后 4 出栈，出栈序列为{1,2,3,4}，故 A 选项正确。1 进栈，然后 1 出栈，2 进栈，3 进栈，然后 3 出栈，4 进栈，然后 4 出栈，最后 2 出栈，出栈序列为{1,3,4,2}，故 B 选项正确。1 和 2 必须在 3 之前入栈，然后 3 出栈，此时 1 和 2 均在栈中，1 无法在 2 之前出栈，故 C 选项不正确。1,2,3 和 4 依次进栈，然后 4 出栈，3 出栈，2 出栈，最后 1 出栈，出栈序列为{4,3,2,1}，故 D 选项正确。

对于给定序列的出入栈问题，考生在复习时要知道：对于 n 个不同的元素进栈，出栈元素的排列个数为 $\frac{1}{n+1}C_{2n}^{n}$（这一结论可以用数学归纳法证明，式子称为卡特兰数，它是组合数学中的常用数列，应用很多，如二叉树的形态数、出栈序列数）。

【答案】故此题答案为 C。

(3) 基于栈从左向右扫描并处理表达式 5－2*3/6＋8/4，当扫描到 6 时，运算符栈的栈顶元素为(　　)。

　　A. +　　　　　B. -　　　　　C. *　　　　　D. /

【考点】栈、队列和数组；栈、队列和数组的应用。

【解析】表达式处理是栈的典型应用之一。基于栈处理表达式 5－2*3/6＋8/4 时，操作数栈和运算符栈的变化如表 8-1 所示，从表中可以看出，当扫描到 6 时，运算符栈的栈顶元素为/。

表 8-1　操作数栈和运算符栈的变化

步骤	操作数栈	运算符栈	扫描	备注
0		#		初始阶段
1	5	#	扫描 5	操作数 5 进栈
2	5	#-	扫描-	操作符-进栈
3	52	#-	扫描 2	操作数 2 进栈
4	52	#-*	扫描*	操作符*进栈
5	523	#-*	扫描 3	操作数 3 进栈，由于*的优先级大于-，故运算符*出栈，操作数 3 和 2 依次出栈，计算 3*2＝6 入栈
6	56	#-/	扫描/	操作符/进栈
7	566	#-/	扫描 6	操作数 6 进栈

【答案】故此题答案为 D。

(4) 与中缀表达式 $a*b+c/d-e$ 等价的后缀表达式为(　　)。

A. $abcde*/+-$ B. $ab*cd/+e-$ C. $ab*cd+e/-$ D. $abcd*+e/-$

【考点】栈、队列和数组；栈、队列和数组的应用。

【解析】中缀表达式转为后缀表达式是栈的典型应用之一。对于中缀表达式 $a*b+c/d-e$，按照运算顺序是先算 $a*b$（对应后缀表达式 $ab*$）和 c/d（对应后缀表达式 $cd/$），然后再将两者相加（对应后缀表达式 $ab*cd/+$），最后减 e（对应后缀表达式 $ab*cd/+e-$），即为答案 B。

【答案】故此题答案为 B。

(5) 若入队序列为 $\{1,2,3,4\}$，则下述（　　）是合理的出队序列。

A. $\{1,2,3,4\}$ B. $\{1,3,4,2\}$ C. $\{3,1,2,4\}$ D. $\{4,3,2,1\}$

【考点】栈、队列和数组；栈和队列的基本概念；栈、队列和数组的应用。

【解析】队列遵循先入先出的原则。后入队的元素想先出队，只能插队，这是队列基本操作中不允许的，故 B、C、D 选项均不是合理的出队序列。

【答案】故此题答案为 A。

(6) 在链式队列 LS 中，假定指针 front 和 rear 分别指向队头和队尾，插入 s 所指结点的操作为(　　)。

A. front-> next＝s; front＝s;   B. rear-> next＝s; rear＝s;

C. s-> next＝rear; rear＝s;   D. s-> next＝front; front＝s;

【考点】栈、队列和数组；栈和队列的基本概念；栈、队列和数组的应用。

【解析】本题考查的是链式队列入队操作。元素从队头出队，从队尾入队，所以需要执行 rear-> next＝s 将 s 所指的结点链入队列 LS 中，同时还要保持 rear 指向队尾，即 rear＝s，故 B 选项正确。A 选项将结点插入在队头，C 选项将结点插在队尾前面，D 选项将结点插入在队头前面。

【答案】故此题答案为 B。

(7) 以下(　　)最不适合作为队列的链式存储结构。

A. 带尾指针的循环双链表   B. 带头指针的循环双链表

C. 带头指针的双链表   D. 带尾指针的循环单链表

【考点】栈、队列和数组；栈和队列的基本概念；栈、队列和数组的应用。

【解析】本题考查的是链式队列概念。链式队列必须有队头和队尾指针，才能较为方便地执行入队和出队操作。A 选项带尾指针的循环双链表，尾指针可作为队头指针，尾指针的直接后继可作为队尾指针；B 选项带头指针的循环双链表，头指针可作为队头指针，头指针直接前驱可作为队尾指针；C 选项带头指针的双链表，头指针可作为队头指针，队尾则需要按链查找到最后一个结点；D 选项带尾指针的循环单链表，尾指针可作为队头指针，尾指针的直接后继可作为队尾指针。

【答案】故此题答案为 C。

(8) 假设一维数组 $A[100]$ 和二维数组 $B[10][10]$ 具有相同的基类型和首地址，在列优先方式存储时，$A[51]$ 的地址和(　　)的地址相同。

A. $B[1][5]$ B. $B[1][4]$ C. $B[5][1]$ D. $B[4][1]$

【考点】栈、队列和数组；多维数组的存储；栈、队列和数组的应用。

【解析】本题考查的是多维数组的存储。$A[51]$ 是数组的第 52 个元素，$B[1][5]=5\times$

10+2=52，即 $B[1][5]$ 是数组 B 按列优先存储的第 51 个元素。

【答案】故此题答案为 B。

(9) 假设下标从 0 开始，将 N 阶对称矩阵 $A[N][N]$ 的下三角元素（包括对角线在内）按行优先存储到一维数组 B 中，上三角元素 $A[i][j]$ 在数组 B 中的下标为(　　)。

A. $j(j+1)/2+i-1$　　　　　　　　B. $j(j+1)/2+i$
C. $j(j-1)/2+i$　　　　　　　　　D. $j(j-1)/2+i-1$

【考点】栈、队列和数组；特殊矩阵的压缩存储；栈、队列和数组的应用。

【解析】本题考查的是对称矩阵的压缩存储。考生复习时必须清楚无论是包括对角线在内的上三角还是下三角元素存储到一维数组中时，任何对称位置上的两个元素在一维数组中的位置都是唯一的。故上三角元素 $A[i][j]$ 和与其对称的下三角元素 $A[j][i]$ 的存储位置相同，考虑到下标均从 0 开始，故上三角元素 $A[i][j]$ 在数组 B 的下标为 $(1+2+3+\cdots+j)+i=j(j+1)/2+i$。

【答案】故此题答案为 B。

(10) 假设三对角矩阵 $A[1..50,1..50]$ 按行优先存储到一维数组 $B[1..148]$ 中，则 $A[26][25]$ 在数组 B 中的下标为(　　)。

A. 73　　　　　B. 74　　　　　C. 75　　　　　D. 76

【考点】栈、队列和数组；特殊矩阵的压缩存储；栈、队列和数组的应用。

【解析】本题考查的是三对角矩阵的存储。$A[26][25]$ 在第一行存储了两个元素，第 2～25 行存储了 3×24=72 个元素，$A[26][25]$ 是第 26 行的第 1 个元素，因此下标为 2+72+1=75。

【答案】故此题答案为 C。

2. 综合应用题

(1) 假设一个算术表达式中包括圆括号()、方括号[]和花括号{}，三种括号可以按任意次序嵌套且每一种括号都必须配对使用，试编写算法判断给定表达式中的括号使用是否正常。

【考点】栈、队列和数组；栈、队列和数组的应用。

【解析】本题考查的是栈的应用。假定算术表达式存在数组 strExp 中，栈 ST 用于辅助判定。本题的算法思路如下：从前往后依次扫描 strExp 中的每一个字符，若为([{三者之一，则将其入栈，否则如果为)]}三者之一，则取栈顶元素与当前字符比较，若匹配，则将栈顶元素出栈；否则说明不匹配。当 strExp 中的字符处理完毕时，若栈为空，则说明表达式中的括号使用正常，否则说明不正常。算法对应的代码如下。

```
int JudgeExpression(char strExp[])               //返回 1 表示正常,0 为异常
{
    Stack ST[100];                               //定义一个长度为 100 的字符型栈
    int top = -1, i = 0;

    for (i = 0; strExp[i]!= '\0'; i++)
    {
        if(strExp[i] = '('||strExp[i] = '['||strExp[i] = '{')   //将([{入栈
        {
            top++;
            ST[top] = strExp[i];
```

```
            }
            else
            {
                if(strExp[i] = ')'})          //若当前字符为),则判断栈顶是否为(,匹配时出栈
                {
                    if(ST[top] = '(')
                        top -- ;
                    else
                        return 0;
                }
                else if(strExp[i] = ']'})     //若当前字符为],则判断栈顶是否为[,匹配时出栈
                {
                    if(ST[top] = '[')
                        top -- ;
                    else
                        return 0;
                }
                else if(strExp[i] = '}'})     //若当前字符为},则判断栈顶是否为{,匹配时出栈
                {
                    if(ST[top] = '{')
                        top -- ;
                    else
                        return 0;
                }
            }
        }
        if(top == - 1)                        //扫描表达式结束后若当前栈为空,则说明括号使用正常
            return 1;
        else
            return 0;
}
```

【小结】 本题考查了结合栈判断给定表达式中的括号使用是否正常,属于栈、队列和数组的应用。

(2) 假设在循环队列中设置一个标志 flag,队空为 front 等于 rear 且 flag 等于 0;队满为 front 等于 rear 且 flag 等于 1,试编写算法实现入队和出队操作。

【考点】 栈、队列和数组;栈、队列和数组的应用。

【解析】 本题考查的是队列的应用。循环队列的入队和出队操作,关键在于判断队空和队满。假定队头为 front,队尾为 rear,队列的最大元素个数为 QueueMaxSize,本题算法对应的代码如下。

```
//入队操作,Q 为循环队列,DataType 为元素 x 的数据类型
void EnQueue(CQueue &Q, DataType x)
{
    if(Q.front == Q.rear && flag == 1)           //队满
    {
        printf("The Queue is full.");
    }
    else
    {
        flag = 1;
        Q.rear = (Q.rear + 1) % MaxQueueSize;     //移动队尾指针
```

```
                Q.data[Q.rear] = x;                    //x入队
        }
}
//出队操作,Q为循环队列
void DeQueue(CQueue &Q)
{
        if(Q.front == Q.rear && flag == 0)             //队空
        {
                printf("The Queue is Empty.");
        }
        else
        {
                flag = 0;
                Q.front = (Q.front + 1) % MaxQueueSize; //移动队头指针
                return Q.data[Q.front];                 //返回队头元素
        }
}
```

【小结】 本题考查了基于循环队列实现入队和出队操作,属于栈、队列和数组的应用。通常有三种判断方式:第1种方式是像本题中一样设置一个 flag 标志区分队满还是队空;第2种方式是占用一个单元来判断,即队空为 front 等于 rear,队满为(rear+1)% MaxSize 等于 rear;第3种方式是使用一个变量 CurrentQueueSize 来存储队列的长度,当 CurrentQueueSize 等于0时表明队空,队满时 CurrentQueueSize 等于 QueueMaxSize。

8.3.2 栈、队列和数组历年真题与解析

1. 单项选择题

(1)【2009】设栈 S 和队列 Q 的初始状态均为空,元素 a、b、c、d、e、f、g 依次进入栈 S。若每个元素出栈后立即进入队列 Q,且7个元素出队的顺序是 b、d、c、f、e、a、g,则栈 S 的容量至少是( )。

    A. 1   B. 2   C. 3   D. 4

【考点】 栈、队列和数组;栈和队列的基本概念;栈、队列和数组的应用。

【解析】 本题考查了栈内深度问题,考生还需要了解队列的特点是先进先出,即栈 S 的出栈顺序就是队 Q 的出队顺序。请注意栈的特点是先进后出。表8-2给出的是出入栈的详细过程。

表8-2 出入栈的详细过程

序号	说明	栈内	栈外	序号	说明	栈内	栈外
1	a入栈	a		8	e入栈	ae	bdc
2	b入栈	ab		9	f入栈	aef	bdc
3	b出栈	a	b	10	f出栈	ae	bdcf
4	c入栈	ac		11	e出栈	a	bdcfe
5	d入栈	acd		12	a出栈		bdcfea
6	d出栈	ac	bd	13	g入栈	g	bdcfea
7	c出栈	a	bdc	14	g出栈		bdcfeag

栈内的最大深度为3,故栈 S 的容量至少是3。

【答案】故此题答案为 C。

（2）【2009】为解决计算机主机与打印机之间速度不匹配问题，通常设置一个打印数据缓冲区，主机将要输出的数据依次写入该缓冲区，而打印机则依次从该缓冲区中取出数据。该缓冲区的逻辑结构应该是(　　)。

A. 栈　　　　B. 队列　　　　C. 树　　　　D. 图

【考点】栈、队列和数组；栈、队列和数组的应用；数与二叉树；图。

【解析】本题考查的是栈和队列的特点及应用，要求考生了解栈的特点是后进先出，队列的特点是先进先出。选项 C 和选项 D 直接排除，缓冲区的特点是需要先进先出，若用栈，则先进入缓冲区的数据要排队到最后才能打印，不符合题意，所以只有队列符合题意。

【答案】故此题答案为 B。

（3）【2010】若元素 a、b、c、d、e、f 依次进栈，允许进栈、退栈操作交替进行，但不允许连续三次进行退栈操作，则不可能得到的出栈序列是(　　)。

A. d c e b f a　　　B. c b d a e f　　　C. b c a e f d　　　D. a f e d c b

【考点】栈、队列和数组；栈和队列的基本概念。

【解析】本题考查限定条件下的合法出栈序列，考生不仅应熟记栈的特点是先进后出，还需要知道入栈和进栈是一个意思，出栈和退栈是一回事。对于 a 的退栈过程如图 8-10 所示。

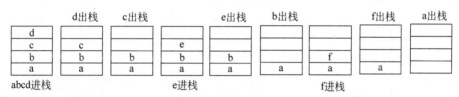

图 8-10　a 的退栈过程

对于 b 的退栈过程如图 8-11 所示。

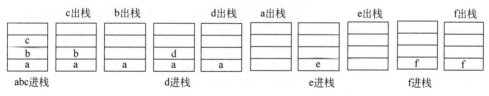

图 8-11　b 的退栈过程

对于 c 的退栈过程如图 8-12 所示。

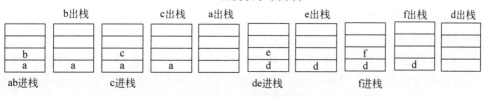

图 8-12　c 的退栈过程

对于 d 的退栈过程如图 8-13 所示。

图 8-13　d 的退栈过程

由于题意要求不允许连续三次退栈操作,故选项 A、B、C 符合要求,选项 D 不符合要求(因为 f,e,d,c,b 依次退栈,共连续五次,超过了三次退栈操作的限制)。

【答案】故此题答案为 D。

(4)【2010】某队列允许在其两端进行入队操作,但仅允许在一端进行出队操作,若元素 a、b、c、d、e 依次入此队列后再进行出队操作,则不可能得到的出队序列是(　　)。

　　A. bacde　　　　B. dbace　　　　C. dbcae　　　　D. ecbad

【考点】栈、队列和数组;栈和队列的基本概念。

【解析】本题考查操作受限的双端队列的出队序列。考生需理解双端队列、输入受限的双端队列和输出受限的双端队列的定义。本题中的双端队列是输出受限的双端队列,考生应使用排除法解答此题,具体如图 8-14 所示。

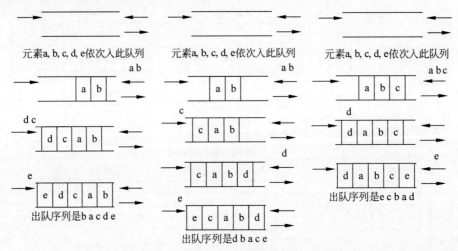

图 8-14　双端队列的出队

从图 8-14 中可以看到,出队序列分别为 bacde(对应选项 A),dbace(对应选项 B),ecbad(对应选项 D)。由于元素 a,b,c,d,e 依次入队,故元素 c 不可能插在 ab 之间,因此无法得到 dbcae 这样的出队序列,即选项 C 不正确。

【答案】故此题答案为 C。

(5)【2011】已知循环队列存储在一维数组 $A[0..n-1]$ 中,且队列非空时 front 和 rear 分别指向队头和队尾元素。若初始时队列为空,且要求第 1 个进入队列的元素存储在 $A[0]$ 处,则初始时 front 和 rear 的值分别是(　　)。

A. 0,0 B. 0,$n-1$
C. $n-1$,0 D. $n-1$,$n-1$

【考点】栈、队列和数组；栈、队列和数组的应用。

【解析】本题考查队列的特点及应用。在本题中，考生首先需要注意的是由于循环队列存储在一维数组中，故循环队列是指顺序存储的队列，而不是指链式循环队列(如循环单链表表示的队列)。此外，考生还需要注意顺序循环队列的实现有很多种形式(如引入一个标志指示队满或队空，浪费一个存储单元指示队满或队空等)，且本题已经规定队列非空时 front 和 rear 分别指向队头和队尾元素。

在初始时队列为空的前提下，要求第 1 个进入队列的元素存储在 $A[0]$ 处，此时意味着 front 指示队头元素，rear 指示队尾元素，由于队列是先进先出的，在执行插入元素操作时，front 不变，rear 加 1 后指向队尾元素（即存储在 $A[0]$ 处的第一个元素），这意味着在插入元素前 rear 的值该循环减 1，即 rear 初始应该为 $n-1$，由于队列初始时为空，所以在第一个元素入队后即为队头元素，故 front 此时也指向该元素，又因为在执行插入元素操作时，front 不变，故在插入元素前 front 仍为值 0。具体如图 8-15 所示。

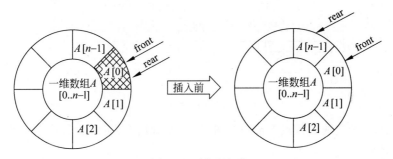

图 8-15 循环队列

【答案】故此题答案为 B。

(6)【2011】元素 a,b,c,d,e 依次进入初始为空的栈中，若元素进栈后可停留、可出栈，直到所有的元素都出栈，则在所有可能的出栈序列中，以元素 d 开头的序列个数是（　　）。

A. 3 B. 4 C. 5 D. 6

【考点】栈、队列和数组；栈和队列的顺序存储结构。

【解析】本题考查栈的特点：先进后出。依题意在所有可能的出栈序列中以元素 d 开头的序列，这意味着 abcd 需要连续进栈，然后 d 出栈，这才能保证出栈序列以元素 d 开头。接下来，元素 e 可以分别在 cba 三个元素对应的四个位置(即元素 c 之前，元素 c 和元素 b 之间，元素 b 和元素 a 之间，元素 a 之后)出栈，具体如图 8-16 所示。

【答案】故此题答案为 B。

(7)【2013】一个栈的入栈序列为 $1,2,3,\cdots,n$，其出栈序列是 $p_1,p_2,p_3,\cdots,p_n$。若 $p_2=3$，则 p_3 可能取值的个数是（　　）。

A. $n-3$ B. $n-2$
C. $n-1$ D. 无法确定

【考点】栈、队列和数组；栈和队列的基本概念。

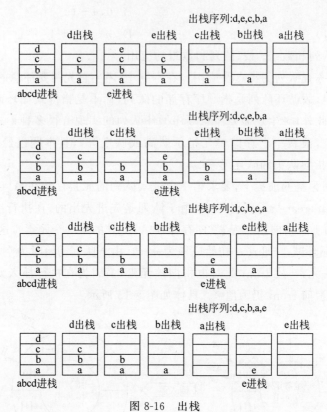

图 8-16 出栈

【解析】 本题考查栈的特点：先进后出，属于基础内容。按题目的要求，出栈的序列可能如图 8-17 所示。

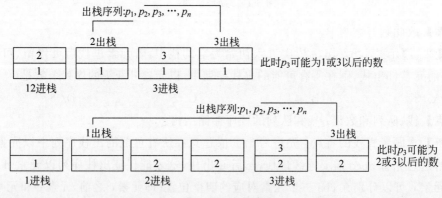

图 8-17 出栈序列

从图 8-17 中可以看到，当 p_2 为 3 时，p_3 可以为 1 或 2 及 3 以后的数，这就说明 p_3 除了 3 以外，其他 $n-1$ 个值均可以取到，因此可能取值的个数为 $n-1$。

【答案】 故此题答案为 C。

(8)【2014】循环队列放在一维数组 $A[0..M-1]$ 中，end1 指向队头元素，end2 指向队尾元素的后一个位置。假设队列两端均可进行入队和出队操作，队列中最多能容纳 $M-1$ 个元素。初始时为空。下列判断队空和队满的条件中，正确的是（   ）。

A. 队空：end1==end2；队满：end1==(end2+1)mod M
B. 队空：end1==end2；队满：end2==(end1+1)mod($M-1$)
C. 队空：end2==(end1+1)mod M；队满：end1==(end2+1)mod M
D. 队空：end1==(end2+1)mod M；队满：end2==(end1+1)mod($M-1$)

【考点】栈、队列和数组；栈和队列的基本概念；栈、队列和数组的应用。

【解析】本题考查循环队列判断队空和队满的条件。根据题设的要求,end1 指向队头元素,end2 指向队尾元素的后一个位置。这是浪费一个存储空间来实现顺序循环队列,因此队列中最多能容纳 $M-1$ 个元素。end1 指向队头元素,那么可知出队的操作是先从 A[end1]读数,然后 end1 再加 1。end2 指向队尾元素的后一个位置,那么可知入队操作是先存数到 A[end2],然后 end2 再加 1。

接下来讨论这种顺序循环队列队空和队满的条件,若 A[0]存储第一个元素,当队列初始时,入队操作是先把数据放到 A[0],然后 end2 自增,即可知 end2 初值为 0；而 end1 指向的是队头元素,队头元素在数组 A 中的下标为 0,所以得知 end1 初值也为 0,可知队空条件为 end1==end2；然后考虑队列满时,因为队列最多能容纳 $M-1$ 个元素,假设队列存储在下标为 0 到下标为 $M-2$ 的 $M-1$ 个区域,队头为 A[0],队尾为 A[$M-2$],此时队列满,考虑在这种情况下 end1 和 end2 的状态,end1 指向队头元素,可知 end1=0,end2 指向队尾元素的后一个位置,可知 end2=$M-2+1=M-1$,所以可知队满的条件为 end1==(end2+1)mod M。

【答案】故此题答案为 A。

(9)【2014】假设栈初始为空,将中缀表达式 $a/b+(c*d-e*f)/g$ 转换为等价的后缀表达式的过程中,当扫描到 f 时,栈中的元素依次是(　　)。

A. +(*-　　　　B. +(-*　　　　C. /+(*-*　　　　D. /+-*

【考点】栈、队列和数组；栈和队列的基本概念。

【解析】

本题考查栈的特点和中缀后缀表达式的定义,考生在作答时首先要知道中缀表达式的特点是操作符(二元操作符)在中间,操作数在两侧(适合人类运算),而后缀表达式把运算符写在运算对象的后面(适合计算机运算)。

将中缀表达式转换为后缀表达式的算法步骤为：从左向右开始扫描中缀表达式,若遇到数字,则将其加入后缀表达式。若遇到运算符时,①若运算符为'(',将其入栈；②若运算符为')',则依次把栈中的运算符加入后缀表达式中,直到遇见'(',则从栈中删除'('；③若运算符为除括号外的其他运算符,则当其优先级高于除'('以外的栈顶运算符时,将其直接入栈；否则从栈顶开始,依次弹出比当前处理的运算符优先级高和优先级相等的运算符,直到遇见一个比它优先级低的或者遇到了一个左括号为止。

当扫描的中缀表达式结束时,栈中的所有运算符依次出栈加入后缀表达式。按上述步骤,将中缀表达式 $a/b+(c*d-e*f)/g$ 转换为等价的后缀表达式的过程中,当扫描到 f 时为表 8-3 中序号 14 所在的行,此时栈中的元素依次是+(-*,即选项 B。具体转换过程如表 8-3 所示。

表 8-3 转换过程

序号	待处理序列	栈	后缀表达式	当前扫描元素	操作说明
1	a/b+(c*d−e*f)/g			a	a 加入后缀表达式
2	/b+(c*d−e*f)/g		a	/	/入栈
3	b+(c*d−e*f)/g	/	a	b	b 加入后缀表达式
4	+(c*d−e*f)/g	/	ab	+	+优先级低于栈顶的/,弹出/
5	+(c*d−e*f)/g		ab/	+	+入栈
6	(c*d−e*f)/g	+	ab/	(	(入栈
7	c*d−e*f)/g	+(	ab/	c	c 加入后缀表达式
8	*d−e*f)/g	+(	ab/c	*	栈顶为(,*入栈
9	d−e*f)/g	+(*	ab/c	d	d 加入后缀表达式
10	−e*f)/g	+(*	ab/cd	−	−优先级低于栈顶的*,弹出*
11	−e*f)/g	+(	ab/cd*	−	栈顶为(,−入栈
12	e*f)/g	+(−	ab/cd*	e	e 加入后缀表达式
13	*f)/g	+(−	ab/cd*e	*	*优先级高于栈顶的−,*入栈
14	f)/g	+(−*	ab/cd*e	f	f 加入后缀表达式
15	)/g	+(−*	ab/cd*ef	)	把栈中(之前的符号加入表达式
16	/g	+	ab/cd*ef*−	/	/优先级高于栈顶的+,/入栈
17	g	+/	ab/cd*ef*−	g	g 加入后缀表达式
18		+/	ab/cd*ef*−g		扫描完毕,运算符依次退栈加入表达式
19			ab/cd*ef*−g/+		完成

【答案】故此题答案为 B。

(10)【2015】已知程序如下:

```
int S(int n)
{ return(n <= 0)?0: s(n−1) + n; }
void main()
{ cout << S(1); }
```

程序运行时使用栈来保存调用过程的信息,自栈底到栈顶保存的信息依次对应的是( )。

  A. main()→S(1)→S(0)   B. S(0)→S(1)→main()
  C. main()→S(0)→S(1)   D. S(1)→S(0)→main()

【考点】栈、队列和数组;栈和队列的顺序存储结构。

【解析】本题考查递归函数的调用和栈的特点。递归调用函数时,在系统栈里保存的函数信息需满足先进后出的特点,本题中程序运行时先调用 main(),然后执行 S(1),然后再执行 S(1−1),即调用 S(0)。故依次调用了 main(),S(1),S(0),此时,栈底到栈顶的信息依次是 main(),S(1),S(0)。

【答案】故此题答案为 A。

(11)【2016】设有如图 8-18 所示的火车车轨,入口到出口之间有 n 条轨道,列车的行进方向均为从左至右,列车可驶入任意一条轨道。现有编号为 1～9 的 9 列列车,驶入的次序依次是 8,4,2,5,3,9,1,6,7。若期望驶出的次序依次为 1～9,则 n 至少是(　　)。

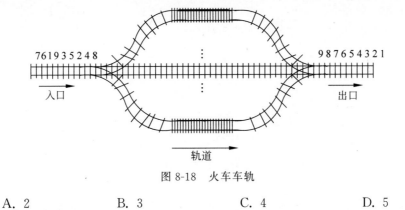

图 8-18　火车车轨

A. 2　　　　　　B. 3　　　　　　C. 4　　　　　　D. 5

【解析】解答本题时,考生须知队列中数据的进出要遵循"先进先出"的原则,即最先进入队列的数据元素,同样要最先离开队列。

在入队顺序为 8,4,2,5,3,9,1,6,7 的前提下,本题要求出队元素的顺序为 123456789。入口和出口之间有 n 条轨道(即相当于有 n 个队列),且每个队列(即轨道)可容纳多个元素(即多列列车)。

根据先进先出的原则,在同一队列中,先入队的元素必须比后入队的元素(例如,如果 8 和 4 入同一个队列,8 比 4 先入队,那么出队时只能是 8 比 4 先出队,即 8 在前 4 在后)先离开队列;只有在不同的队列中才有可能改变这一出队顺序,因此想要实现后入队的元素先出队,就必须新开一个队列。

按照这个思路,元素 8 入队列一,元素 4 入队列二,元素 2 入队列三,元素 5 入队列二,元素 3 入队列三,元素 9 入队列一,元素 1 入队列四,元素 6 和 7 入队列二。综上,共占用了四个队列,具体过程如图 8-19 所示。

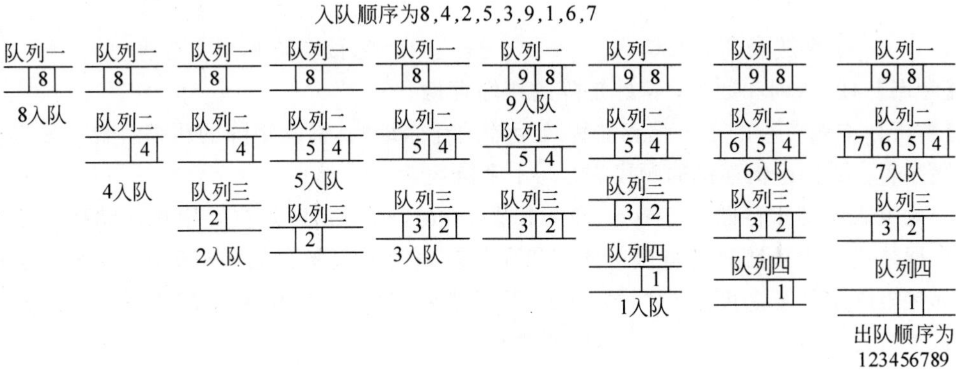

图 8-19　出队入队过程

当然还有其他的入队出队的情况,请考生们自行推演。但为了保证出队元素的顺序为 123456789,要满足:①队列中后面的元素(后入队的)值大于前面的元素(先入队的);②占用最少(即满足题目中的"至少")的队列。

【答案】故此题答案为C。

(12)【2016】有一个100阶的三对角矩阵 M，其元素 $m_{i,j}(1\leqslant i\leqslant 100, 1\leqslant j\leqslant 100)$ 按行优先次序压缩存入下标从0开始的一维数组 N 中。元素 $m_{30,30}$ 在 N 中的下标是（ ）。

  A. 86   B. 87   C. 88   D. 89

【考点】栈、队列和数组；特殊矩阵的压缩存储。

【解析】三对角矩阵如下。

$$\begin{bmatrix} a_{1,1} & a_{1,2} & & & & & \\ a_{2,1} & a_{2,2} & a_{2,3} & & & & 0 \\ & a_{3,2} & a_{3,3} & a_{3,4} & & & \\ & & \cdots & \cdots & \cdots & & \\ & 0 & & a_{n-1,n-2} & a_{n-1,n-1} & a_{n-1,n} \\ & & & & & a_{n,n-1} & a_{n,n} \end{bmatrix}$$

采用压缩存储，将3条对角线上的元素按行优先方式存放在一维数组 B 中，且 $a_{1,1}$ 存放于 $B[0][0]$ 中，其存储形式如下。

| $a_{1,1}$ | $a_{1,2}$ | $a_{2,1}$ | $a_{2,2}$ | $a_{2,3}$ | ⋯ | $a_{n-1,n}$ | $a_{n,n-1}$ | $a_{n,n}$ |

可以计算矩阵 A 中3条对角线上的元素 $a_{i,j}(1\leqslant i,j\leqslant n, |i-j|\leqslant 1)$ 在一维数组 B 中存放的下标为 $k=2i+j-3$。

解法一：针对该题，仅需要将数字逐一代入公式里面即可，$k=2\times 30+30-3=87$，结果为87。

解法二：观察三角矩阵不难发现，第一行有两个元素，剩下的在元素 $m_{30,30}$ 所在行之前的28行（注意下标 $1\leqslant i\leqslant 100, 1\leqslant j\leqslant 100$）中每行都有3个元素，而 $m_{30,30}$ 之前仅有一个，元素 $m_{30,29}$，那么不难发现，元素 $m_{30,30}$ 在数组 N 中的下标是 $2+28\times 3+2-1=87$。

【答案】故此题答案为B。

(13)【2017】适用于压缩存储稀疏矩阵的两种存储结构是（ ）。

  A. 三元组表和十字链表   B. 三元组表和邻接矩阵

  C. 十字链表和二叉链表   D. 邻接矩阵和十字链表

【考点】栈、队列和数组；特殊矩阵的压缩存储。

【解析】本题考查的是压缩存储稀疏矩阵的存储结构，稀疏矩阵的压缩存储方法：①三元组顺序表；②行逻辑连接的顺序表；③十字链表。

三元组表的结点存储了行row、列col、值value三种信息，是主要用来存储稀疏矩阵的一种数据结构。十字链表是将行单链表和列单链表结合起来存储稀疏矩阵，还可用于存储图。邻接矩阵空间复杂度达 $O(n^2)$，不适于存储稀疏矩阵，但可用于存储图。二叉链表又名左孩子右兄弟表示法，可用于表示树或森林。

【答案】故此题答案为A。

(14)【2017】下列关于栈的叙述中，错误的是（ ）。

  Ⅰ. 采用非递归方式重写递归程序时必须使用栈

  Ⅱ. 函数调用时，系统要用栈保存必要的信息

  Ⅲ. 只要确定了入栈次序，即可确定出栈次序

Ⅳ．栈是一种受限的线性表,允许在其两端进行操作

A. 仅Ⅰ 　　　　　　　　　B. 仅Ⅰ、Ⅱ、Ⅲ
C. 仅Ⅰ、Ⅲ、Ⅳ　　　　　　D. 仅Ⅱ、Ⅲ、Ⅳ

【考点】栈、队列和数组;栈和队列的基本概念。

【解析】本题考查的是栈,栈(stack)又名堆栈,它是一种运算受限的线性表。

采用非递归方式重写递归程序计算斐波拉契数列迭代实现只需要一个循环即可实现,故Ⅰ不正确;假设入栈序列为1、2,出栈次序既可以为2、1(即1、2连续进栈,然后2先出栈,1后出栈),也可以为1、2(即1先进栈后立刻出栈,然后2进栈再出栈);栈是一种操作受限的线性表,只允许在一端进行操作;故Ⅳ不正确。函数调用时,系统要用栈保存必要的信息,以便函数调用结束返回时程序继续运行,因此Ⅱ正确。Ⅰ、Ⅲ和Ⅳ均错误。

【答案】故此题答案为C。

(15)【2018】若栈 S_1 中保存整数,栈 S_2 中保存运算符,函数 $F()$ 依次执行下述各步操作:

(1) 从 S_1 中依次弹出两个操作数 a 和 b;

(2) 从 S_2 中弹出一个运算符 op;

(3) 执行相应的运算 b op a;

(4) 将运算结果压入 S_1 中。

假定 S_1 中的操作数依次是5,8,3,2(2在栈顶), S_2 中的运算符依次是 $*,-,+$ (+在栈顶)。调用3次 $F()$ 后, S_1 栈顶保存的值是(　　)。

A. −15 　　B. 15 　　C. −20 　　D. 20

【考点】栈、队列和数组;栈和队列的基本概念。

【解析】由题设,三次调用的情况如图8-20所示。

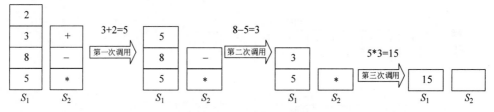

图8-20　三次调用情况

【答案】故此题答案为B。

(16)【2018】现有队列 Q 与栈 S,初始时 Q 中的元素依次是1,2,3,4,5,6(1在队头), S 为空。若仅允许下列3种操作:①出队并输出出队元素;②出队并将出队元素入栈;③出栈并输出出栈元素,则不能得到的输出序列是(　　)。

A. 1,2,5,6,4,3 　　　　　　B. 2,3,4,5,6,1
C. 3,4,5,6,1,2 　　　　　　D. 6,5,4,3,2,1

【考点】栈、队列和数组;栈和队列的基本概念。

【解析】考生解答此题之前应知道栈和队列都是操作受限的线性表,其中,栈所遵循的进出原则是"先进后出",而队列是"先进先出"。建议使用排除法解答此题,对于输出序列1,2,5,6,4,3,如图8-21所示。

对于输出序列2,3,4,5,6,1,如图8-22所示。

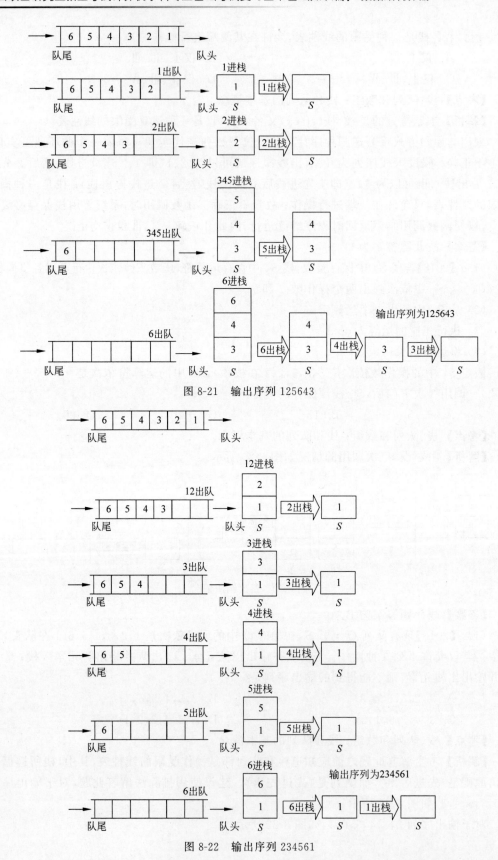

图 8-21　输出序列 125643

图 8-22　输出序列 234561

对于输出序列 6,5,4,3,2,1,具体如图 8-23 所示。

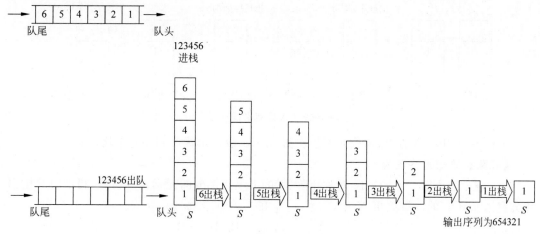

图 8-23　输出序列 654321

而对于选项 C 中的序列 3,4,5,6,1,2,首先输出 3,说明 1 和 2 必须先依次入栈,而此后 2 肯定比 1 先输出,因此无法输出此顺序。

【答案】故此题答案为 C。

(17)【2018】设有一个 12×12 的对称矩阵 M,将其上三角部分的元素 $m_{i,j}$($1\leqslant i\leqslant j\leqslant 12$) 按行优先存入 C 语言的一维数组 N 中,元素 $m_{6,6}$ 在 N 中的下标是(　　)。

  A. 50　　　　　B. 51　　　　　C. 55　　　　　D. 66

【考点】栈、队列和数组;多维数组的存储。

【解析】12×12 的对称矩阵 M 如下。

$$\begin{bmatrix} m_{1,1} & m_{1,2} & \cdots & m_{1,12} \\ & m_{2,2} & \cdots & m_{2,12} \\ & & \cdots & \\ 0 & & & m_{12,12} \end{bmatrix}$$

数组 N 的下标从 0 开始,第一个元素 $m_{1,1}$ 对应存入 N_0,矩阵 M 的第一行有 12 个元素,第二行有 11 个,第三行有 10 个,第四行有 9 个,第五行有 8 个,所以 $m_{6,6}$ 是第 $12+11+10+9+8+1=51$ 个元素,下标应为 50,具体如图 8-24 所示。

$m_{1,1}$	$m_{1,2}$	$m_{1,3}$	$\cdots$	$m_{1,12}$	$\cdots$	$m_{6,6}$	$\cdots$	$m_{12,12}$
N_0	N_1	N_2	$\cdots$	N_{11}		N_{50}		

图 8-24　矩阵元素存入一维数组

【答案】故此题答案为 A。

(18)【2020】对空栈 S 进行 Push 和 Pop 操作,入栈序列为 a,b,c,d,e,经过 Push,Push,Pop,Push,Pop,Push,Push,Pop 操作后得到的出栈序列是(　　)。

  A. b,a,c　　　　B. b,a,e　　　　C. b,c,a　　　　D. b,c,e

【考点】栈、队列和数组;栈和队列的基本概念。

【解析】解答此题时考生须知栈是一种操作受限的线性表,所遵循的原则是"先进后出"。具体的入栈及出栈过程如图 8-25 所示。

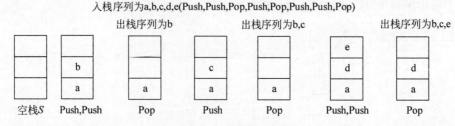

图 8-25 入栈和出栈过程

从图 8-25 中可以看出，出栈元素依次为 b,c,e，故把出栈序列连起来就是 b,c,e。
【答案】 故此题答案为 D。

(19)【2020】将一个 10×10 对称矩阵 M 的上三角部分的元素 $m_{i,j}$ ($1\leqslant i\leqslant j\leqslant 10$) 按列优先存入 C 语言的一维数组 N 中，元素 $m_{7,2}$ 在 N 中的下标是(   )。

  A. 15   B. 16

  C. 22   D. 23

【考点】 栈、队列和数组；多维数组的存储。

【解析】 10×10 的对称矩阵 M 如下。

$$\begin{bmatrix} m_{1,1} & m_{1,2} & \cdots & m_{1,7} & \cdots & m_{1,10} \\ & m_{2,2} & \cdots & m_{2,7} & \cdots & m_{2,10} \\ & & \cdots & & & \\ 0 & & & & & m_{10,10} \end{bmatrix}$$

按上三角存储，$m_{7,2}$ 对应的是 $m_{2,7}$，在它之前有第 1 列有 1 个元素，第 2 列有 2 个元素，…，第 6 列有 6 个元素，第 7 列有 1 个元素。前面一共有 $1+2+3+4+5+6+1$ 个元素(即 22 个元素)，一维数组 N 的下标从 0 开始，故下标为 $m_{2,7}$ 的数组在 N 中的下标为 22。具体如图 8-26 所示。

$m_{1,1}$	$m_{1,2}$	$m_{2,2}$	$\cdots$	$m_{2,7}$	$\cdots$
N_0	N_1	N_2		N_{22}	

图 8-26 对称矩阵元素存入一维数组

【答案】 故此题答案为 C。

(20)【2021】已知二维数组 A 按行优先方式存储，每个元素占用 1 个存储单元。若元素 $A[0][0]$ 的存储地址是 100，$A[3][3]$ 的存储地址是 220，则元素 $A[5][5]$ 的存储地址是(   )。

  A. 295   B. 300

  C. 301   D. 306

【考点】 栈、队列和数组；多维数组的存储。

【解析】 本题考查的是二维数组按行存储的存储地址计算公式：元素的存储地址＝首地址＋(元素 A 行下标×二维数组 A 列元素×元素存储单元)＋(元素 A 列下标×元素存储单元)。

由题设可知，二维数组 A 按行优先存储，每个元素占用 1 个存储单元。

$$\begin{bmatrix} A_{0,0} & A_{0,1} & \cdots & A_{0,3} & \cdots & A_{0,n-1} \\ A_{1,0} & A_{1,1} & \cdots & A_{1,3} & \cdots & A_{1,n-1} \\ A_{2,0} & A_{2,1} & \cdots & A_{2,3} & \cdots & A_{2,n-1} \\ A_{3,0} & A_{3,1} & \cdots & A_{3,3} & \cdots & A_{3,n-1} \\ & & & \cdots & & \\ A_{n-1,0} & & \cdots & A_{n-1,3} & \cdots & A_{n-1,n-1} \end{bmatrix}$$

由 $A[0][0]$ 的存储地址是 100，$A[3][3]$ 的存储地址是 220，可知 $(220-100)$/每个元素占用 1 个存储单元 $=120$，即 $A[3][3]$ 是二维数组 A 中的第 121 个元素，假设二维数组 A 的每行有 n 个元素，则 $n\times 3+4=121$，求得 $n=39$，故元素 $A[5][5]$ 的存储地址为 $100+39\times 5+5=300$，如图 8-27 所示。

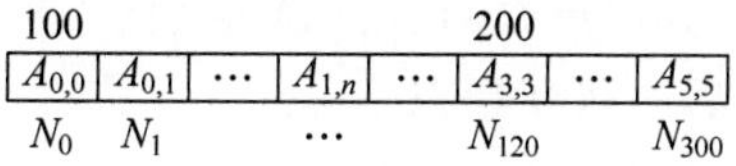

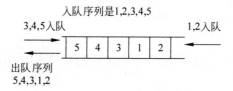

图 8-27 二维数组按行优先方式存储

【答案】故此题答案为 B。

(21)【2021】已知初始为空的队列 Q 的一端仅能进行入队操作，另外一端既能进行入队操作又能进行出队操作。若 Q 的入队序列是 1,2,3,4,5，则不能得到的出队序列是(　　)。

  A. 5,4,3,1,2　　　B. 5,3,1,2,4　　　C. 4,2,1,3,5　　　D. 4,1,3,2,5

【考点】栈、队列和数组；栈和队列的基本概念。

【解析】本题考查的是输出受限的双端队列，这种队列的特点为只能在一端进行入队操作，而在另一端可以进行出队和入队操作。本题解答使用排除法，找出不能得到的出队序列。

对于序列 5,4,3,1,2，其入队和出队如图 8-28 所示。

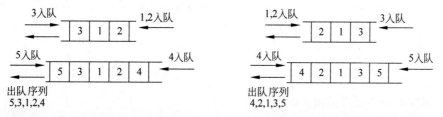

图 8-28 序列 54312 的入队和出队

对于序列 5,3,1,2,4，其入队和出队如图 8-29 所示。

对于序列 4,2,1,3,5，其入队和出队如图 8-30 所示。

图 8-29 序列 53124 的入队和出队　　　图 8-30 序列 42135 的入队和出队

对于出队序列 4,1,3,2,5，无法得到，故选项 D 不正确。

本题还有另一种解法。队列两端都可以入队，入队结束后，队列中的序列（或逆序）可视为出队序列。由于入队序列是从小到大的顺序，因此左端入队的子序列满足从大到小的顺序，右端入队的子序列满足从小到大的顺序。选项 A、B 和 C 都满足这样的特点，只有选项 D 不满足。

【答案】故此题答案为 D。

2. 综合应用题

【2019】请设计一个队列，要求满足：①初始时队列为空；②入队时，允许增加队列占用空间；③出队后，出队元素所占用的空间可重复使用，即整个队列所占用的空间只增不减；④入队操作和出队操作的时间复杂度始终保持为 $O(1)$。请回答下列问题。

（1）该队列应该选择链式存储结构，还是顺序存储结构？

（2）画出队列的初始状态，并给出判断队空和队满的条件。

（3）画出第一个元素入队后的队列状态。

（4）给出入队操作和出队操作的基本过程。

【考点】队列；队列的基本操作（如初始化、判空、入队、出队）；队列的存储结构；时间复杂度。

【解析】本题是队列的存储结构与基本操作方面的应用问题，四个小题分别从存储结构的选取和基本操作实现两方面进行考查。需要考生对链式存储结构和顺序存储结构的优劣，判断队空和队满的条件，执行入队和出队操作时元素的状态有较为深刻的认识。此外，本题还考查了时间复杂度。具体解析如下。

（1）由于题目要求入队时允许增加队列占用空间（链表队列满足），出队后空间可重复使用且空间只增不减（即可设计成一个首尾相连的循环单链表），还要求入队和出队操作的时间复杂度均为 $O(1)$（链表队列满足），综上所述，该队列应该选择链式存储结构（两段式单向循环链表），队头指针为 front，队尾指针为 rear。

（2）循环链式队列实现时判断队空和队满有很多种方法，在本题中可以考虑浪费一个存储单元来辅助判断。对于出队的结点空间可以重复使用，入队时也可以动态增加空间。初始时，创建只有一个空闲结点的两段式单向循环链表，头指针 front 与尾指针 rear 均指向空闲结点，如图 8-31 所示。

队空的判定条件：front==rear。

队满的判定条件：front==rear->next。

（3）插入第一个元素后的队列状态如图 8-32 所示。

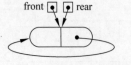
图 8-31 判断队空和队满

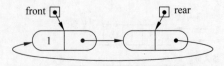
图 8-32 插入第一个元素后的队列状态

（4）操作的基本过程如图 8-33 所示。

【小结】本题主要考查队列的基础知识，对于顺序队列和链式队列，考生复习时一定要深刻理解和熟练掌握两者的异同和应用场景。两种存储结构的循环队列既是重点，也是难点，判断队满和队空是基本的知识点，通常有三种典型的算法思路：①浪费一个存储单元来

入队操作:	
若(front == rear->next)	//队满
则在 rear 后面插入一个新的空闲结点;	
入队元素保存到 rear 所指结点中; rear = rear->next; 返回	
出队操作:	
若(front == rear)	//队空
则出队失败, 返回;	
取 front 所指结点中的元素 e; front = front->next; 返回 e	

图 8-33　操作的基本过程

区分队满和队空；②队列的结构体类型中增加表示队列中数据元素个数的数据成员；③队列的结构体类型中增加标志位来区分队满和队空；一定要根据不同的应用场景选择不同的判断方法。

8.4　树与二叉树的习题与解析

8.4.1　树与二叉树基础试题与解析

1. 单项选择题

(1) 假设结点 A 有 4 个兄弟结点，B 是 A 的双亲，则结点 B 的度是(　　)。

  A. 1　　　　　　B. 2　　　　　　C. 3　　　　　　D. 以上都不对

【考点】树与二叉树；树的基本概念。

【解析】本题考查了树的基本概念。由于结点 A 有 4 个兄弟结点，故对其双亲 B 而言有 5 个孩子，所以结点 B 的度是 5。

【答案】故此题答案为 D。

(2) 假设一棵度为 4 的树一共有 60 个结点，则其高度最少为(　　)。

  A. 1　　　　　　B. 2　　　　　　C. 3　　　　　　D. 4

【考点】树与二叉树；树的基本概念。

【解析】度为 4 的树，高度最大时只有一个结点的度为 4，最小时则最多只有一个结点的度不为 4 或者所有结点的度全为 4(满 4 叉树)。此时，第 1 层有 $4^0=1$ 个结点，第 2 层有 $4^1=4$ 个结点，第 3 层有 $4^2=16$ 个结点，$1+4+16=21$，其余结点数目为 $60-21=39<4^3=64$，故这 39 个结点都在第 4 层，所以该树的高度最少为 4。

【答案】故此题答案为 D。

(3) 下列关于二叉树说法正确的是(　　)。

  A. 二叉树中不存在度大于 2 的结点　　B. 二叉树中每个结点度均为 2

  C. 二叉树是无序树　　　　　　　　　　D. 二叉树中的任意结点度均不能为 0

【考点】树与二叉树；二叉树。

【解析】本题考查对二叉树概念的准确理解。二叉树中的每一个结点度都不能超过 2 (选项 A 正确)，但并不要求每一个结点的度均为 2(选项 B 错误)，如仅有一个根结点的二叉树，或者二叉树最下面一层的叶子结点，度均可为 0(选项 D 错误)；二叉树是有序的(选项 C 错误)，如仅有一个孩子结点的二叉树，该孩子结点既可能是双亲结点的左孩子，也可能是双亲结点的右孩子。

【答案】故此题答案为 A。

(4) 假设一棵满二叉树有 1023 个结点,则其高(深)度是( )。
        A. 8   B. 9   C. 10   D. 10

【考点】树与二叉树;二叉树。

【解析】本题考查满二叉树的基本概念和性质。一棵深度为 k 且有 2^k-1 个结点的二叉树称为满二叉树。根据这一定义,可知 $2^k-1=1023$,即 $2^k=1024$,解出 $k=10$。

【答案】故此题答案为 C。

(5) 假设一棵完全二叉树有 99 个结点,则第 59 个结点的度是( )。
        A. 0   B. 1   C. 2   D. 以上均不正确

【考点】树与二叉树;二叉树。

【解析】本题考查完全二叉树的概念。完全二叉树中的每一个结点的编号与满二叉树一一对应,叶子结点仅在层次最大的两层上出现。因此,对于有 99 个结点的完全二叉树,每层结点个数依次为第 1 层 1 个结点、第 2 层 2 个结点、第 3 层 4 个结点、第 4 层 8 个结点、第 5 层 16 个结点、第 6 层 32 个结点、第 7 层 36 个结点,即最下面第 7 层的 36 个叶子结点对应的第 6 层 18 个结点,即该完全二叉树中度为 2 的结点有 $1+2+4+8+16+18=49$ 个,分别是第 1 层到第 5 层所有结点和第 6 层从左到右的 18 个结点,剩余的 50 个结点均为叶子结点,度为 0,由于结点编号默认的规则是从根结点为 1 开始,由上到下、从左到右进行编号,所以第 59 个结点的度为 0。

【答案】故此题答案为 A。

(6) 假设一棵满二叉树高度为 h,共有 n 个结点,其中叶子结点的个数为 m,则以下( )成立。
        A. $n=h\times m$ B. $n=2m-1$ C. $n=2m+1$ D. $n=(m+1)/2$

【考点】树与二叉树;二叉树。

【解析】本题考查满二叉树的性质。满二叉树中没有度为 1 的结点,由于叶子结点的个数为 m,因此度为 2 的结点个数为 $m-1$。因此,该满二叉树中结点个数等于度为 2 的结点与度为 0 的叶子结点之和,即 $n=m+m-1=2m-1$。

【答案】故此题答案为 B。

(7) 假设一棵高度为 h 的二叉树只有度为 0 和 2 的结点,则该二叉树结点数最少是( )。
        A. $2h-1$ B. $2h+1$ C. $h+1$ D. $2h$

【考点】树与二叉树;二叉树。

【解析】本题考查该二叉树结点数最少情况。因为只有度为 0 和 2 的结点,因此第一层是一个结点,第 2 层到第 h 层都是两个结点,故总的结点数为 $1+2(h-1)=2h-1$。

【答案】故此题答案为 A。

(8) 对于具有 n 个结点的二叉链表,共有( )空指针。
        A. n B. $n-1$ C. $n+1$ D. $n+2$

【考点】树与二叉树;二叉树。

【解析】本题考查二叉链表。具有 n 个结点的二叉链表共有 $2n$ 个指针,其中 $n-1$ 个指针指向孩子结点,其余 $n+1$ 个指针为空。

【答案】故此题答案为 C。

(9) 假设一棵二叉树的前序遍历结果和后序遍历结果正好相反,则该二叉树一定满足(　　)。

　　A. 空或只有一个结点　　　　　　B. 高度等于结点数目
　　C. 任一结点均无左孩子　　　　　D. 任一结点均无右孩子

【考点】树与二叉树;二叉树。

【解析】本题考查对前序遍历和后序遍历的深刻理解。前序遍历是先访问根结点,再访问左子树和右子树;后序遍历是先访问左子树和右子树,再访问根结点。两者的遍历结果相反则意味着该二叉树要么没有左子树(选项 C),要么没有右子树(选项 D),即一个结点不能同时有左右子树,这意味着每个结点至多只有一个分支(即树中没有度为 2 的结点),所以一定满足高度等于结点数目。

【答案】故此题答案为 A。

(10) 假设对一棵左右子树均不为空的二叉树前序线索化后,其空链域的个数是(　　)。

　　A. 1　　　　B. 2　　　　C. 0　　　　D. 3

【考点】树与二叉树;二叉树。

【解析】本题考查的是线索二叉树。因为左右子树不空,故根结点的 lchild 指向左孩子结点,这意味着前序线索二叉树只有最右结点的 rchild 作为后继线索为空,即空链域的个数为 1。

【答案】故此题答案为 A。

(11) 假设一片森林 SL 由结点数目分别为 m 和 n 的两棵树组成,将 SL 转换为二叉树 BT 后,BT 的左子树结点数目为(　　)。

　　A. m　　　　B. $m+1$　　　　C. $m-1$　　　　D. $m+n$

【考点】树与二叉树;树、森林。

【解析】本题考查的是森林与二叉树的关系。森林转换为二叉树时,二叉树的根结点为森林中第一棵树的根结点,二叉树的左子树由森林中第一棵树的根结点以外的所有结点组成;二叉树的右子树由森林中除第一棵树外的其他树中结点组成。

【答案】故此题答案为 C。

(12) 假设深度为 h 的满二叉树 MBT 转换成对应的森林 SL,SL 由(　　)棵树组成。

　　A. h　　　　B. $h+1$　　　　C. $h-1$　　　　D. $h/2$

【考点】树与二叉树;树、森林。

【解析】本题考查的是森林与二叉树的关系。二叉树转换为森林时,森林中第一棵树的根结点为森林中第一棵树的根结点,森林中第一棵树的根结点以外的所有结点为二叉树的左子树;森林中除第一棵树外的其他树构成的森林对应二叉树的右子树(只要该二叉树还存在右子树,就必须一直按上述规则转换下去)。

【答案】故此题答案为 C。

(13) 一棵哈夫曼树共有 513 个结点,则有(　　)个不同的哈夫曼编码。

　　A. 256　　　　B. 257　　　　C. 258　　　　D. 259

【考点】树与二叉树;树与二叉树的应用。

【解析】本题考查的是哈夫曼树和哈夫曼编码。一棵有 n 个叶子结点的哈夫曼树共有 $2n-1$ 个结点,其中每个叶子结点均对应一个哈夫曼编码。$2n-1=513$,即 $n=257$。

【答案】故此题答案为 B。

(14) 以下( )不可能为 5 个使用频率不同的字符设计的哈夫曼编码。

A. 000 001 01 010 011　　　　　　B. 0000 0001 001 10 10

C. 00 01 100 101 11　　　　　　　D. 100 111 110 101 0

【考点】树与二叉树；树与二叉树的应用。

【解析】本题考查的是哈夫曼树和哈夫曼编码。上述选项对应的哈夫曼树如图 8-34 所示。

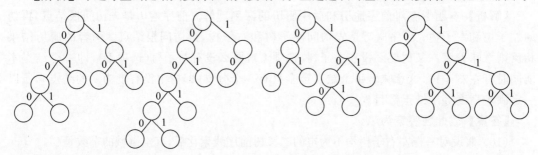

图 8-34　哈夫曼树

【答案】故此题答案为 B。

(15) 用树结构实现并查集时，通常采用( )存储。

A. 双亲表示法　　　　　　　　　B. 孩子表示法

C. 孩子兄弟表示法　　　　　　　D. 以上均不正确

【考点】树与二叉树；树与二叉树的应用。

【解析】本题考查的是并查集的存储。通常并查集的操作都涉及查找某结点的双亲，因此，可以采用双亲表示法存储。

【答案】故此题答案为 A。

2. 综合应用题

(1) 试证：对于任意一棵二叉树 BT，其叶子结点在该树先序、中序和后序遍历所得的序列中的相对位置是不变的。

【考点】树与二叉树；二叉树。

【解析】本题考查的是二叉树遍历序列的特点。证明如下：假设用 L、R 和 T 分别代表二叉树 BT 的左子树(左孩子)、右子树(右孩子)和根结点，则对应的先序、中序和后序遍历所得的序列分别为 TLR、LTR 和 LRT。对于 BT 中的任何一个叶子结点必为某一根结点的左孩子(左子树)或右孩子(右子树)，由于三种遍历中 L 均在 R 之前，这意味着叶子结点的相对位置不变。

【小结】对于二叉树的遍历，考生还需要知道先序遍历和中序遍历序列可以唯一确定一棵二叉树；中序遍历和后序遍历序列可以唯一确定一棵二叉树；层次遍历和中序遍历序列可以唯一确定一棵二叉树。然而，先序遍历和后序遍历序列不能唯一确定一棵二叉树，除非该二叉树中只有度为 0 和 2 的结点。

(2) 设计算法计算一棵二叉树 BT 的深度。

【考点】树与二叉树；二叉树。

【解析】本题考查的是二叉树深度计算。借鉴二叉树递归遍历的思路，当遍历的二叉树结点为空时，深度为 0，否则为其左右子树深度的最大值加 1。由于后序遍历是先访问左右子树,再访问根结点,所以能方便地先求出左右子树的深度,再计算出该二叉树的深度。算法代码如下。

```
int GetBTreeDepth(BTNode * root)
{
    int depth_left,depth_right;
    if(root == NULL) return 0;
    else
    {
        depth_left = GetBTreeDepth(root -> leftChild);
        depth_right = GetBTreeDepth(root -> rightChild);
        if(depth_left > depth_right) return depth_left + 1;
        else return depth_right + 1;
    }
}
```

【小结】考生需熟练掌握二叉树的先序、中序、后序和层次遍历算法及思路,在设计算法解决二叉树相关的问题时可以借鉴上述思路。例如,复制一棵二叉树,计算二叉树中结点个数和二叉树宽度等。

(3) 假设某一字符集在电文中出现的频率为$\{0.32,0.16,0.06,0.04,0.12,0.11,0.19\}$,请为该字符集设计哈夫曼编码,并计算其相对于等长编码的压缩比。

【考点】树与二叉树;树与二叉树的应用。

【解析】本题考查的是哈夫曼编码的过程。先根据字符集的出现频率可以计算对应的权值,然后构造相应的哈夫曼树,最后得到哈夫曼编码。过程如下。

设权值$w=\{32,16,6,4,12,11,19\}$,即叶子结点数为7,哈夫曼树的总结点数为13。按照哈夫曼树的构造算法可以得到相应的哈夫曼树,如图 8-35 所示。

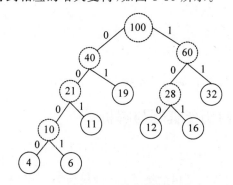

图 8-35　哈夫曼树

若使用等长编码,需要3位二进制数。而使用哈夫曼编码则需要$0.32\times2+0.16\times3+0.06\times4+0.04\times4+0.12\times3+0.11\times3+0.19\times2=2.59$,这表明使用哈夫曼编码比等长编码会将电文压缩$(3-2.59)/3\times100\%\approx13.7\%$。

【小结】考生需熟练掌握哈夫曼编码的过程,即在n个结点中不断地选择权值最小且无双亲结点的两个结点,计算其权值之和作为这两个结点的双亲结点的权值,重复上述过程,直到哈夫曼树中有$2n-1$个结点。

(4) 采用按秩合并的启发式方法,实现并查集的合并操作。

【考点】树与二叉树;树与二叉树的应用。

【解析】本题考查的是并查集。本题实现时使用双亲表示法实现并查集,并用 rank[] 存储元素的秩,具体如下。

```
void initDS(int parent[],int rank[],int n)         /* 并查集的初始化 */
{
    int i;
    for(i = 1;i <= n;i++)
    {
        parent[i] = i;
        rank[i] = 1;
    }
}

void findDS(int parent[],int i)                    /* 并查集的查找 */
{
    while(parent[i]!= i)
        i = parent[i];
    return i;
}

void unionDS(int parent[],int i,int j)             /* 并查集的合并 */
{
    int x = findDS(i),y = findDS(j);
    if(x == y) return;
    if(rank[x]> rank[y])
        parent[y] = x;
    else
    {
        parent[x] = y;
        if (rank[x] == rank[y])
            rank[y] = rank[y] + 1 ;
    }
}
```

【小结】考生需熟练掌握并查集的基本操作,如初始化并查集、查找和合并等。

8.4.2 树与二叉树历年真题与解析

1. 单项选择题

(1)【2009】已知一棵完全二叉树的第 6 层(设根为第 1 层)有 8 个叶结点,则该完全二叉树的结点个数最多是(   )。

   A. 39   B. 52   C. 111   D. 119

【考点】树与二叉树;二叉树;二叉树的定义及其主要特性。

【解析】本题考查了完全二叉树的定义和特点,要理解完全二叉树首先要知道什么是满二叉树:一棵深度为 k 且有 2^k-1 个结点的二叉树称为满二叉树。然后才是完全二叉树的定义:一棵深度为 k 的有 n 个结点的二叉树,对树中的结点按从上至下、从左至右的顺序进行编号,如果编号为 $i(1 \leqslant i \leqslant n)$ 的结点与满二叉树中编号为 i 的结点在二叉树中的位置相同,则这棵二叉树称为完全二叉树。

完全二叉树比起满二叉树只是在最下面一层的右边缺少了部分叶结点,而最后一层之上是个满二叉树,并且只有最后两层上有叶结点。第 6 层有叶结点则完全二叉树的高度可能为 6 或 7,显然树高为 7 时结点更多。若第 6 层上有 8 个叶结点,则前 6 层为满二叉树,而第 7 层缺失了 $8 \times 2 = 16$ 个叶结点,故完全二叉树的结点个数最多为 $2^7 - 1 - 16 = 111$ 个结点。

图 8-36 二叉树

【答案】故此题答案为 C。

(2)【2009】给定二叉树如图 8-36 所示。

设 N 代表二叉树的根,L 代表根结点的左子树,R 代表根结点的右子树。若遍历后的结点序列是 3,1,7,5,6,2,4,则其遍历方式是( )。

  A. LRN B. NRL C. RLN D. RNL

【考点】树与二叉树;二叉树;二叉树的遍历。

【解析】本题考查了二叉树的特殊遍历问题,考生需要知道二叉树是一种递归定义的结构,包含三部分:根结点(N)、左子树(L)、右子树(R)。根据这三部分的访问次序对二叉树的遍历进行分类便有 6 种遍历方案:NLR、LNR、LRN、NRL、RNL 和 LNR。

分析遍历后的结点序列,可以看出根结点是在中间被访问的,而且右子树结点在左子树之前,则遍历的方法是 RNL。本题考查的遍历方法并不是二叉树遍历的三种基本遍历方法,对于考生而言,重要的是要掌握遍历的思想。

【答案】故此题答案为 D。

(3)【2009】将森林转换为对应的二叉树,若在二叉树中,结点 u 是结点 v 的父结点的父结点,则在原来的森林中,u 和 v 可能具有的关系是( )。

  Ⅰ. 父子关系   Ⅱ. 兄弟关系

  Ⅲ. u 的父结点与 v 的父结点是兄弟关系

  A. 只有 Ⅱ   B. Ⅰ和Ⅱ   C. Ⅰ和Ⅲ   D. Ⅰ、Ⅱ和Ⅲ

【考点】树与二叉树;树、森林;森林与二叉树的转换。

【解析】本题考查了森林和二叉树的转换。考生需知晓,森林与二叉树的转换规则为"左孩子右兄弟"。在最后生成的二叉树中,父子关系在对应森林关系中可能是兄弟关系或原本就是父子关系。

情形Ⅰ:若结点 v 是结点 u 的第二个孩子结点,在转换时,结点 v 就变成结点 u 第一个孩子的右孩子,符合要求。

情形Ⅱ:结点 u 和 v 是兄弟结点的关系,但二者之中还有一个兄弟结点 k,则转换后,结点 v 就变为结点 k 的右孩子,而结点 k 则是结点 u 的右孩子,符合要求。

情形Ⅲ:结点 v 的父结点要么是原先的父结点或兄弟结点。若结点 u 的父结点与 v 的父结点是兄弟关系,则转换之后,不可能出现结点 u 是结点 v 的父结点的父结点。

【答案】故此题答案为 B。

(4)【2010】下列线索二叉树中(用虚线表示线索),符合后序线索树定义的是( )。

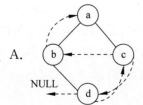   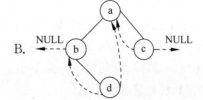

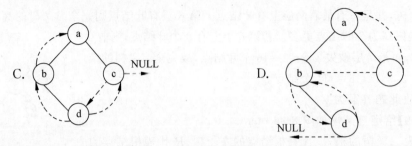

【考点】树与二叉树；二叉树；二叉树的遍历。

【解析】本题考查线索二叉树的基本概念和构造。题中所给二叉树的后序序列为 dbca。结点 d 无前驱和左子树，左链域空，无右子树，右链域指向其后继结点 b；结点 b 无左子树，左链域指向其前驱结点 d；结点 c 无左子树，左链域指向其前驱结点 b，无右子树，右链域指向其后继结点 a。

【答案】故此题答案为 D。

(5)【2010】在一棵度数为 4 的树 T 中，若有 20 个度为 4 的结点，10 个度为 3 的结点，1 个度为 2 的结点，10 个度为 1 的结点，则树 T 的叶结点个数是(   )。

  A. 41   B. 82   C. 113   D. 122

【考点】树与二叉树；树的基本概念。

【解析】本题考查树结点数的特性。设树中度为 $i(i=0,1,2,3,4)$ 的结点数分别为 N_i，树中结点总数为 N，则树中各结点的度之和等于 $N-1$，即 $N=1+N_1+2N_2+3N_3+4N_4=N_0+N_1+N_2+N_3+N_4$，根据题设中的数据，即可得到 $N_0=82$，即树 T 的叶结点的个数是 82。

【答案】故此题答案为 B。

(6)【2010】对 $n(n\geqslant 2)$ 个权值均不相同的字符构成哈夫曼树。下列关于该哈夫曼树的叙述中，错误的是(   )。

  A. 该树一定是一棵完全二叉树
  B. 树中一定没有度为 1 的结点
  C. 树中两个权值最小的结点一定是兄弟结点
  D. 树中任一非叶结点的权值一定不小于下一层任一结点的权值

【考点】树与二叉树；树与二叉树的应用；哈夫曼(Huffman)树和哈夫曼编码。

【解析】本题考查哈夫曼树的特性。哈夫曼树又称"最优二叉树"，考生应首先知晓"结点的权""完全二叉树"等概念。哈夫曼树为带权路径长度最小的二叉树，不一定是完全二叉树。哈夫曼树中没有度为 1 的结点，选项 B 正确；构造哈夫曼树时，最先选取两个权值最小的结点作为左右子树构造一棵新的二叉树，选项 C 正确；哈夫曼树中任一非叶结点 P 的权值为其左右子树根结点权值之和，其权值不小于其左右子树根结点的权值，在与结点 P 的左右子树根结点处于同一层的结点中，若存在权值大于结点 P 权值的结点 Q，那么结点 Q 的兄弟结点中权值较小的一个应该与结点 P 作为左右子树构造新的二叉树，综上可知，哈夫曼树中任一非叶结点的权值一定不小于下一层任一结点的权值。

【答案】故此题答案为 A。

(7)【2011】若一棵完全二叉树有 768 个结点,则该二叉树中叶结点的个数是( )。

  A. 257   B. 258   C. 384   D. 385

【考点】树与二叉树;二叉树;二叉树的定义及其主要特性。

【解析】本题考查完全二叉树的相关知识,尤其要求考生熟知完全二叉树的定义和性质。二叉树的总结点数目=度为 0 的结点数目(即叶结点)+度为 1 的结点数目+度为 2 的结点数目;度为 0 的结点数目=度为 2 的结点数目+1;完全二叉树中度为 1 的结点数为 0 或 1。现假设叶结点数为 n(度为 0),则度为 2 的结点数为 $n-1$,故而即 $2n-1$+度为 1 的结点数目=768,由于总结点数目 768 为偶数,所以本题中度为 1 的结点数目必为 1(因为 $2n-1$ 为奇数),故 $2n=768$,即 $n=384$。

【答案】故此题答案为 C。

(8)【2011】若一棵二叉树的先序遍历序列和后序遍历序列分别为 1,2,3,4 和 4,3,2,1,则该二叉树的中序遍历序列不会是( )。

  A. 1,2,3,4   B. 2,3,4,1   C. 3,2,4,1   D. 4,3,2,1

【考点】树与二叉树;二叉树;二叉树的遍历。

【解析】本题考查二叉树的遍历,要求考生熟练掌握先序、中序、后序遍历的过程,并且该知道一棵二叉树的先序遍历和中序遍历序列,或者后序遍历和中序遍历序列,都可以唯一地确定这棵二叉树。本题给定的是二叉树的先序遍历序列和后序遍历序列,故无法唯一确定这棵二叉树。考生可用排除法解答此题,即先假设选项 ABCD 均为符合题意的中序序列,再根据题设的先序遍历序列确定对应的二叉树,然后用题设的后序遍历序列验证之,找出不符合题意的答案。如图 8-37 所示从左到右为选项 ABD 对应的二叉树。

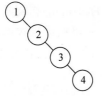
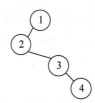
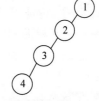

图 8-37 选项 ABD 对应的二叉树

对于选项 C,由先序遍历序列 1,2,3,4 和中序遍历序列 3,2,4,1 可唯一确定二叉树,如图 8-38 所示。

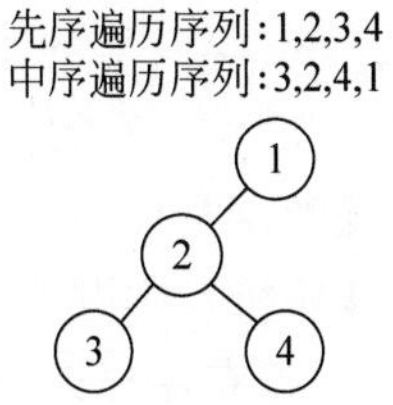

然而,该二叉树的后序遍历序列为 3,4,2,1,故选项 C 不会是该二叉树的中序遍历序列。考生可以继续思考中序遍历序列 3,2,4,1 和后序遍历序列 4,3,2,1 能否确定一棵二叉树。

图 8-38 唯一确定二叉树

【答案】故此题答案为 C。

(9)【2011】已知一棵有 2011 个结点的树,其叶结点个数为 116,该树对应的二叉树中无右孩子的结点的个数是( )。

  A. 115   B. 116   C. 1895   D. 1896

【考点】树与二叉树;二叉树;线索二叉树的基本概念和构造;二叉树的遍历。

【解析】本题考查二叉树的概念和构造,尤其是二叉树与树的互相转换。本题可采用图示法快速解答,如图8-39所示 2011 个结点的树,叶子结点个数为116。

该树转换为对应的二叉树时仅有前 115 个叶结点有右孩子,故无右孩子的结点个数为 2011－115＝1896。

【答案】故此题答案为 D。

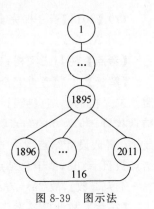

图8-39 图示法

(10)【2012】若一棵二叉树的先序遍历序列为 a,e,b,d,c,后序遍历序列为 b,c,d,e,a,则根结点的孩子结点( )。

  A. 只有 e   B. 有 e、b
  C. 有 e、c   D. 无法确定

【考点】树与二叉树;二叉树;二叉树的遍历。

【解析】本题主要考查根据二叉树的遍历序列确定二叉树的树形。先序序列和后序序列不能唯一确定一棵二叉树,但可以确定二叉树中结点的祖先关系:当两个结点的先序序列为 XY 与后序序列为 YX 时,则 X 为 Y 的祖先。考虑先序序列 a,e,b,d,c,后序序列 b,c,d,e,a,可知 a 为二叉树的根结点,e 为 a 的孩子结点。此外,a 的孩子结点的先序序列为 e,b,d,c,后序序列为 b,c,d,e。可知 e 是 b、c、d 的祖先,故根结点 a 的孩子结点只有 e。

考生还可以利用先序遍历(即先访问根,然后分别是左子树和右子树)和后序遍历(即先分别是左子树和右子树,然后访问根)的特点来解答此题。

【答案】故此题答案为 A。

(11)【2013】已知三叉树 T 中 6 个叶结点的权分别是 2,3,4,5,6,7,T 的带权(外部)路径长度最小是( )。

  A. 27   B. 46   C. 54   D. 56

【考点】树与二叉树;树与二叉树的应用;哈夫曼(Huffman)树和哈夫曼编码。

【解析】本题考查三叉树的相关概念,同时还涉及哈夫曼树中带权路径长度的定义和计算,考生复习时需要熟练掌握。利用三叉树的 6 个叶子结点的权构建最小带权生成树,最小的带权路径长度为 $(2+3)\times 3+(4+5)\times 2+(6+7)\times 1=46$。

【答案】故此题答案为 B。

(12)【2013】若 X 是后序线索二叉树中的叶结点,且 X 存在左兄弟结点 Y,则 X 的右线索指向的是( )。

  A. X 的父结点   B. 以 Y 为根的子树的最左下结点
  C. X 的左兄弟结点 Y D. 以 Y 为根的子树的最右下结点

【考点】树与二叉树;二叉树;二叉树的遍历;线索二叉树的基本概念和构造。

【解析】本题考查线索二叉树的基本概念。根据后序线索二叉树的定义,X 结点为叶子结点且有左兄弟,那么这个结点为右孩子结点,利用后序遍历的方式可知 X 结点的后继是其父结点,即其右线索指向的是父结点。

【答案】故此题答案为 A。

(13)【2014】若对如图 8-40 所示的二叉树进行中序线索化,则结点 x 的左、右线索指向的结点分别是( )。

  A. e、c B. e、a C. d、c D. b、a

【考点】树与二叉树;二叉树;二叉树的遍历;线索二叉树的基本概念和构造。

【解析】本题考查线索二叉树的相关知识,重点是二叉树的中序线索化。线索二叉树的线索实际上指向的是相应遍历序列特定结点的前驱结点和后继结点,所以先写出二叉树的中序遍历序列 $edbxac$,中序遍历中在 x 左边和右边的字符,就是它在中序线索化中的左、右线索,即 b、a。

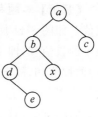

图 8-40　二叉树

【答案】故此题答案为 D。

(14)【2014】将森林 F 转换为对应的二叉树 T,F 中叶结点的个数等于(　　)。

  A. T 中叶结点的个数　　　　　　B. T 中度为 1 的结点个数
  C. T 中左孩子指针为空的结点个数　D. T 中右孩子指针为空的结点个数

【考点】树与二叉树;树、森林;森林与二叉树的转换。

【解析】本题考查森林与二叉树的转换问题。将森林转换为二叉树即相当于用孩子兄弟表示法来表示森林。在转换过程中,原森林某结点的第一个孩子结点作为它的左子树,它的兄弟作为它的右子树。森林中的叶结点由于没有孩子结点,故转换为二叉树时就没有左结点,所以 F 中叶结点的个数就等于 T 中左孩子指针为空的结点个数。

【答案】故此题答案为 C。

(15)【2014】5 个字符有如下 4 种编码方案,不是前缀编码的是(　　)。

  A. 01,0000,0001,001,1　　　　　B. 011,000,001,010,1
  C. 000,001,010,011,100　　　　　D. 0,100,110,1110,1100

【考点】树与二叉树;树与二叉树的应用;哈夫曼(Huffman)树和哈夫曼编码。

【解析】本题考查前缀编码的定义。前缀编码是指在一个字符集中,任何一个字符的编码都不是另一个字符编码的前缀。选项 D 中编码 110 是编码 1100 的前缀,违反了前缀编码的规则,所以选项 D 不是前缀编码。

【答案】故此题答案为 D。

(16)【2015】先序序列为 a,b,c,d 的不同二叉树的个数是(　　)。

  A. 13　　　　　B. 14　　　　　C. 15　　　　　D. 16

【考点】树与二叉树;二叉树;二叉树的遍历。

【解析】本题考查二叉树的先序遍历。根据二叉树先序遍历和中序遍历的递归算法中递归工作栈的状态变化可以得出结论:即先序序列和中序序列的关系相当于以先序序列为入栈次序,以中序序列为出栈次序。考生若熟练掌握栈的基础知识,可知对于 n 个不同元素入栈,其出栈序列的个数为 $\dfrac{1}{n+1}C_{2n}^{n}=\dfrac{1}{4+1}C_{8}^{4}=\dfrac{1}{5}\times\dfrac{8\times7\times6\times5}{1\times2\times3\times4}=14$。

【答案】故此题答案为 B。

(17)【2015】下列选项给出的是从根分别到达两个叶结点路径上的权值序列,能属于同一棵哈夫曼树的是(　　)。

  A. 24,10,5 和 24,10,7　　　　　B. 24,10,5 和 24,12,7
  C. 24,10,10 和 24,14,11　　　　D. 24,10,5 和 24,14,6

【考点】树与二叉树;树与二叉树的应用;哈夫曼(Huffman)树和哈夫曼编码。

【解析】本题考查哈夫曼树的相关知识。在哈夫曼树中,左右孩子权值之和为其父结点权值。如图 8-41 所示,若两个 10 分别属于两棵不同的子树,值为 24 的根的权值不等于其孩子的权值和,即 $10+10\neq24$;若两个 10 属于同一棵子树,其权值不等于其两个孩子(叶结点)的权值和,故选项 A 不符合题意。若 10 和 12 分别为 24 的左右孩子,则左右孩子权值之和不等于 24,故选项 B 不符合题意。若权值为 10 的结点是另一权值为 10 的结点的父结点,那便意味着该父结点的另一孩子结点权值为 0(虚线框内结点),故选项 C 不符合题意。由排除法可知,选项 D 正确,从图中实线和虚线部分的结点值可知 24,10,5,(5) 和 24,14,6,(8) 符合题意。

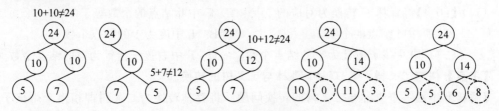

图 8-41 哈夫曼树

【答案】故此题答案为 D。

(18)【2016】若森林 F 有 15 条边、25 个结点,则 F 包含树的个数是(　　)。
　　A. 8　　　　　　B. 9　　　　　　C. 10　　　　　　D. 11

【考点】树与二叉树;树的基本概念。

【解析】本题考查树的基本概念与性质。在 n 个结点的树中有 $n-1$ 条边,"那么对于每棵树,其结点数比边数多 1"。题中的森林中的结点数比边数多 10(即 $25-15=10$)。显然共有 10 棵树。

【答案】故此题答案为 C。

(19)【2017】已知一棵二叉树的树形如图 8-42 所示,其后序序列为 e,a,c,b,d,g,f,树中与结点 a 同层的结点是(　　)。
　　A. c　　　　　　B. d　　　　　　C. f　　　　　　D. g

【考点】树与二叉树;二叉树的定义及其主要特性。

【解析】解答本题时考生须知后序遍历是先访问左子树,再访问右子树,最后访问根结点。根据题设中的后序遍历序列 e,a,c,b,d,g,f,可知 f 为该二叉树的根结点,题设中二叉树各结点值如图 8-43 所示。

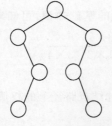 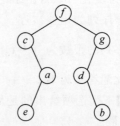

图 8-42　二叉树的树形　　　　　图 8-43　二叉树各结点值

即首先访问根结点左子树最下一层的叶结点,故它是 e。接下来访问它的父结点 a,然后访问 a 的父结点 c。接着访问根结点的右子树,首先访问右子树最下一层的叶结点 b,然

后访问 b 的父结点 d,再访问 d 的父结点 g。最后访问根结点 f。因此 d 与 a 同层。

【答案】故此题答案为 B。

(20)【2017】要使一棵非空二叉树的先序序列与中序序列相同,其所有非叶结点须满足的条件是( )。

  A. 只有左子树　　　　　　　　B. 只有右子树
  C. 结点的度均为 1　　　　　　D. 结点的度均为 2

【考点】树与二叉树;二叉树的定义及其主要特性。

【解析】先序遍历是先访问根结点,然后访问左子树,再访问右子树。中序遍历是先访问左子树,再访问根结点,最后访问右子树。如果所有非叶结点都只有右子树,那么先序遍历和中序遍历都是先访问根结点,然后访问右子树,从而得到相同的先序序列和中序序列。

【答案】故此题答案为 B。

(21)【2017】已知字符集{a,b,c,d,e,f,g,h},若各字符的哈夫曼编码依次是 0100,10,0000,0101,001,011,11,0001,则编码序列 01000110010010111110101 的译码结果是( )。

  A. a c g a b f h　　　　　　　B. a d b a g b b
  C. a f b e a g d　　　　　　　D. a f e e f g d

【考点】树与二叉树的应用;哈夫曼(Huffman)树和哈夫曼编码。

【解析】本题考查的是哈夫曼编码,又称霍夫曼或赫夫曼编码,是一种编码方式。哈夫曼编码是可变字长编码(Variable Length Coding,VLC)的一种。Huffman 于 1952 年提出的一种编码方法,该方法完全依据字符出现概率来构造异字头的平均长度最短的码字,有时称为最佳编码,一般就叫作 Huffman 编码。哈夫曼编码是前用编码,各个编码的前缀各不相同,因此直接拿编码序列与哈夫曼编码对比即可,译码结果是 a f e e f g d,具体如图 8-44 所示。

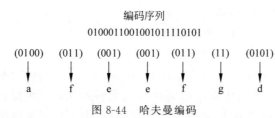

图 8-44　哈夫曼编码

【答案】故此题答案为 D。

(22)【2018】设一棵非空完全二叉树 T 的所有叶结点均位于同一层,且每个非叶结点都有两个子结点。若 T 有 k 个叶结点,则 T 的结点总数是( )。

  A. $2k-1$　　　B. $2k$　　　C. k^2　　　D. 2^k-1

【考点】树与二叉树;二叉树;二叉树的定义及其主要特性。

【解析】本题考查完全二叉树的基本知识。题设中非空完全二叉树 T 的所有叶结点均位于同一层,且每个非叶结点都有两个子结点。假定该二叉树的高度为 h,则第 $h-1$ 层的非叶结点数目为 2^{h-2},对应的第 h 层的 k 个叶结点数为 2^{h-1},即 $2^{h-1}=k$,等式两边同时乘以 2 可得 $2^h=2k$,由于 T 的总结点数为 2^h-1,即为 $2k-1$。

【答案】故此题答案为 A。

(23)【2018】已知字符集{a,b,c,d,e,f},若各字符出现的次数分别为 6,3,8,2,10,4,则

对应字符集中各字符的哈夫曼编码可能是(   )。

    A. 00,1011,01,1010,11,100　　　　　　B. 00,100,110,000,0010,01

    C. 10,1011,11,0011,00,010　　　　　　D. 0011,10,11,0010,01,000

【考点】树与二叉树；树与二叉树的应用；哈夫曼(Huffman)树和哈夫曼编码。

【解析】本题考查的是哈夫曼编码,哈夫曼编码是依据字符在文件中出现的频率来建立一个用 0,1 串表示各字符,使平均每个字符的码长最短的最优表现形式。构造一棵符合题意的哈夫曼树,其中左子树为 0,右子树为 1,具体如图 8-45 所示。

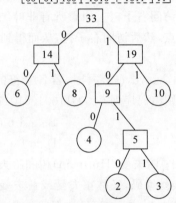

图 8-45　哈夫曼树

由此可知,对应字符集中各字符的哈夫曼编码是 00,01,100,1010,1011,11。

【答案】故此题答案为 A。

(24)【2019】若将一棵树 T 转换为对应的二叉树 BT,则下列对 BT 的遍历中,其遍历序列与 T 的后根遍历序列相同的是(   )。

    A. 先序遍历　　　　B. 中序遍历　　　　C. 后序遍历　　　　D. 按层遍历

【考点】树与二叉树；树(或森林)转换为二叉树；树的遍历；二叉树的遍历。

【解析】考生在复习时要注意以下术语的不同说法：①关于树的遍历,先序遍历也可以称为先根遍历或前根遍历,后序遍历也可以称为后根遍历；一定要注意树中不存在中序(根)遍历；②关于二叉树的遍历,通常称为先序遍历、中序遍历和后序遍历,但也可以称为前根遍历或先根遍历、中根遍历和后根遍历。

考生在复习时除了要理解上述知识点,还应记住以下关于树的遍历序列与对应二叉树的遍历序列之间具有的对应关系的经典结论以便快速答题。即：①树的先根遍历访问顺序与其对应的二叉树的先序遍历顺序相同；②树的后根遍历访问顺序与其对应的二叉树的中序遍历顺序相同。

针对本题,树 T 的后根遍历序列与其对应的二叉树 BT 的中序遍历顺序相同。

【答案】故此题答案为 B。

(25)【2019】对 n 个互不相同的符号进行哈夫曼编码。若生成的哈夫曼树共有 115 个结点,则 n 的值是(   )。

    A. 56　　　　　　B. 57　　　　　　C. 58　　　　　　D. 60

【考点】树与二叉树；树与二叉树的应用；哈夫曼(Huffman)树和哈夫曼编码。

【解析】本题考查哈夫曼树的性质,考生在复习时还要注意哈夫曼树(Huffman Tree)有时也被称为赫夫曼树。根据哈夫曼树的性质:一棵具有 n 个叶子结点的哈夫曼树共有 $2n-1$ 个结点(其中有 $n-1$ 个分支结点)。故 n 个符号构造的哈夫曼树中有 n 个叶子结点和 $n-1$ 个分支结点,即总结点数 $2n-1=115$,解得 $n=58$。

【答案】故此题答案为 C。

(26)【2020】对于任意一棵高度为 5 且有 10 个结点的二叉树,若采用顺序存储结构保存,每个结点占 1 个存储单元(仅存放结点的数据信息),则存放该二叉树需要的存储单元数量至少是(　　)。

  A. 31   B. 16   C. 15   D. 10

【考点】树与二叉树;二叉树;二叉树的顺序存储结构和链式存储结构。

【解析】本题考查二叉树的顺序存储结构,因为是使用顺序存储结构保存,所以要用数组的下标保存结点的父子关系,即要考虑高度为 5 的二叉树的全部结点,而不只是考虑保存 10 个结点,所以就是要存储一棵 5 层的满二叉树,该满二叉树结点个数为 $1+2+4+8+16=31$,所以至少需要 31 个存储单元,具体如图 8-46 所示,高度为 5,共 10 个结点 1,2,3,4,5,6,7,8,15,31 分别存储在顺序存储结构 $A[0] \sim A[30]$ 中。

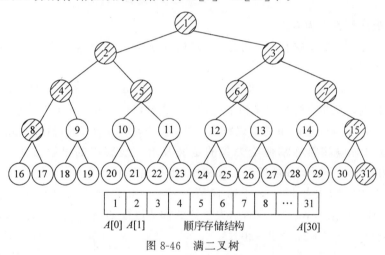

图 8-46　满二叉树

【答案】故此题答案为 A。

(27)【2020】已知森林 F 及与之对应的二叉树 T,若 F 的先序遍历序列是 a,b,c,d,e,f,中序遍历序列是 b,a,d,f,e,c,则 T 的后序遍历序列是(　　)。

  A. b,a,d,f,e,c B. b,d,f,e,c,a

  C. b,f,e,d,c,a D. f,e,d,c,b,a

【考点】树与二叉树;树、森林;森林和二叉树的转换;树和森林的遍历。

【解析】本题考查森林和二叉树的转换及遍历。考生若知道森林的先序遍历序列与它对应的二叉树的先序遍历序列相同,森林的后序遍历序列与它对应的二叉树的中序遍历序列相同,同时还知道二叉树的先序遍历和中序遍历序列可以唯一确定该二叉树,就可以得知其后序遍历序列。由题意可知,森林 F 对应的二叉树 T 如图 8-47 所示,

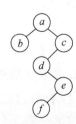

图 8-47　二叉树 T

故 T 的后序遍历为 b,f,e,d,c,a。

【答案】故此题答案为 C。

(28)【2021】某森林 F 对应的二叉树为 T，若 T 的先序遍历序列是 a,b,d,c,e,g,f，中序遍历序列是 b,d,a,e,g,c,f，则 F 中树的棵数是（　　）。

  A. 1   B. 2   C. 3   D. 4

【考点】树与二叉树；树、森林；森林与二叉树的转换。

【解析】本题考查的是森林与二叉树的转换。由二叉树 T 的先序序列和中序序列可以构造出 T，再根据二叉树与森林的转换规则，可得出二叉树 T 对应的森林 F，即二叉树 T 中的结点 a、c、f 为森林 F 中树的根结点，森林 F 中有 3 棵树，上述过程具体如图 8-48 所示。

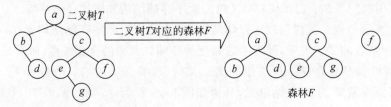

图 8-48　二叉树转换为森林

【答案】故此题答案为 C。

(29)【2021】若某二叉树有 5 个叶结点，其权值分别为 10,12,16,21,30，则其最小的带权路径长度（WPL）是（　　）。

  A. 89   B. 200   C. 208   D. 289

【考点】树与二叉树；树与二叉树的应用；哈夫曼（Huffman）树和哈夫曼编码。

【解析】本题考查的是最小的带权路径长度，考点实质为哈夫曼（Huffman）树和哈夫曼编码。考生复习时应该熟练掌握哈夫曼的定义及哈夫曼编码的求解方法。在权为 w_1，$w_2,\cdots,w_n$ 的 n 个叶子所构成的所有二叉树中，带权路径长度最小（即代价最小）的二叉树称为最优二叉树或哈夫曼树。对于带权值的结点，构造出哈夫曼树的带权路径长度（Weighted Path Length, WPL）最小，哈夫曼树的构造过程如图 8-49 所示。求得其 WPL = $(10+12)\times 3+(30+16+21)\times 2=200$。

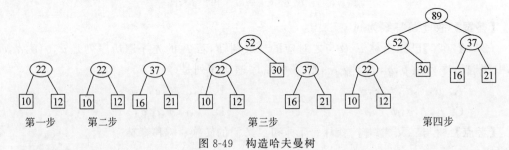

图 8-49　构造哈夫曼树

【答案】故此题答案为 B。

2. 综合应用题

(1)【2014】二叉树的带权路径长度（WPL）是二叉树中所有叶结点的带权路径长度之和。给定一棵二叉树 T，采用二叉链表存储，结点结构为

left	weight	right

其中，叶结点的 weight 域保存该结点的非负权值。设 root 为指向 T 的根结点的指针，请设计求 T 的 WPL 的算法，要求：

① 给出算法的基本设计思想。

② 使用 C 或 C++语言，给出二叉树结点的数据类型定义。

③ 根据设计思想，采用 C 或 C++语言描述算法，关键之处给出注释。

【考点】 树与二叉树；二叉树；二叉树的遍历；二叉树的顺序存储结构和链式存储结构；树与二叉树的应用

实现二叉树的带权路径长度的算法，由于二叉树的带权路径长

值之积的总和，所以可以考虑使用先序遍历或层次遍历来解

思想是用一个 static 变量记录 wpl，把每个结点的深度作为

结点是叶子结点，那么变量 wpl 加上该结点的深度与权值之

若左子树不为空，对左子树调用递归算法，若右子树不为空，对

均为本结点的深度参数加 1；最后返回计算出的 wpl 即可。

定义。

```
ild;

nt deep){
                                        //定义一个 static 变量存储 wpl
oot->lchild == NULL)                    //若为叶子结点,累积 wpl

                                        //若左子树不空,对左子树递归遍历
ep+1);
                                        //若右子树不空,对右子树递归遍历
ep+1);
```

历年考试的重点，对部分考生而言也是难点。无论是哈夫

其应用，都是很容易在综合应用题中考查的。考生对二叉

历的实现都要熟练掌握，对于树与二叉树的经典应用也要

(2)【2017】请设计一个算法，将给定的表达式树(二叉树)转换为等价的中缀表达式(通过括号反映操作符的计算次序)并输出。例如，当如图 8-50 所示两棵表达式树作为算法的输入时：

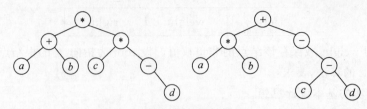

图 8-50 表达式树

输出的等价中缀表达式分别为 $(a+b)*(c*(-d))$ 和 $(a*b)+(-(c-d))$。

二叉树结点定义如下。

```
typedef struct node{
    char data[10];                          //存储操作数或操作符
    struct node * left, * right;
} BTree;
```

要求：

① 给出算法的基本设计思想。

② 根据设计思想，采用 C 或 C++ 语言描述算法，关键之处给出注释。

【考点】树与二叉树；二叉树；二叉树的遍历；树与二叉树的应用；C 或 C++ 语言。

【解析】本题是将给定的表达式树转换为等价的中缀表达式并输出，两个小题的问题依次推进，难度逐步增加，属于区分度较好、难度适中的综合应用题。需要考生按要求描述算法的思想，并给出 C 或 C++ 语言描述的算法并给出关键之处的注释，本题具体解析如下。

① 算法的基本设计思想。

表达式树的中序序列加上必要的括号即为等价的中缀表达式，因此可以基于二叉树的中序遍历策略得到所需的表达式。表达式树中分支结点所对应的子表达式的计算次序，由该分支结点所处的位置决定。为得到正确的中缀表达式，需要在生成遍历序列的同时，在适当位置增加必要的括号。显然，表达式的最外层（对应根结点）及操作数（对应叶结点）不需要添加括号。

② 算法实现。

```
void BtreeToE(BTree * root) {
    BtreeToExp(root,1);                     //根的高度为1
}
void BtreeToExp(BTree * root, int deep) {
    if(root == NULL) return;
    else if(root->left == NULL && root->right == NULL)  //若为叶结点
        printf("%s",root->data);            //输出操作数
    else {
        if(deep > 1) printf("(");           //若有子表达式则加1层括号
        BtreeToExp(root->left,deep+1);
        printf("%s",root->data);            //输出操作符
        BtreeToExp(root->right,deep+1);
        if(deep > 1) printf(")");           //若有子表达式则加1层括号
    }
}
```

【小结】事实上，本题要求将给定的表达式树转换为等价的中缀表达式并输出，也是树和二叉树的应用，考生在复习时应熟练掌握二叉树的遍历的各种应用。

(3)【2020】若任一个字符的编码都不是其他字符编码的前缀,则称这种编码具有前缀特性。现有某字符集(字符个数≥2)的不等长编码,每个字符的编码均为二进制的 0、1 序列,最长为 L 位,具有前缀特性。请回答下列问题。

① 哪种数据结构适宜保存上述具有前缀特性的不等长编码?

② 基于所设计的数据结构,简述从 0/1 串到字符串的译码过程。

③ 简述判定某字符集的不等长编码是否具有前缀特性的过程。

【考点】树与二叉树;二叉树;二叉树的定义及其主要特性;树与二叉树的应用。

【解析】本题是用二叉树保存字符集中各字符的编码问题,三小题分别从数据结构的选取、译码过程和检测编码是否具有前缀特性三方面进行考查,具体解析如下。

① 使用一棵二叉树保存字符集中各字符的编码,每个编码对应于从根开始到达某叶结点的一条路径,路径长度等于编码位数,路径到达的叶结点中保存该编码对应的字符。

② 从左至右依次扫描 0/1 串中的各位。从根开始,根据串中当前位沿当前结点的左子指针或右子指针下移,直到移动到叶结点时为止。输出叶结点中保存的字符。然后再从根开始重复这个过程。直到扫描到 0/1 串结束,译码完成。

③ 二叉树既可用于保存各字符的编码,也可用于检测编码是否具有前缀特性。判定编码是否具有前缀特性的过程,同时也是构建二叉树的过程。初始时,二叉树中仅含有根结点,其左子指针和右子指针均为空。依次读入每个编码 C,建立/寻找从根开始对应于该编码的一条路径,过程如下:对每个编码,从左至右扫描 C 的各位,根据 C 当前位(0 或 1)沿结点的指针(左子指针或右子指针)向下移动。当遇到空指针时,创建新结点,让为空的指针指向该新结点并继续移动。沿指针移动过程中,可能遇到三种情况:若遇到了叶结点(非根),则表明不具有前缀特性,返回;若在处理 C 的所有位的过程中,均没有创建新结点,则表明不具有前缀特性,返回;若处理 C 的最后一个编码位时创建了新结点,则继续验证下一个编码。若所有编码均通过验证,则表明编码具有前缀特性。

【小结】本题看起来似乎与树与二叉树的应用内容没有关系,但题目中的关键字如前缀编码、二进制序列和不等长编码给了考生提示信息,这是对考生知识迁移能力的考查。对于树与二叉树的应用中涉及的哈夫曼树和哈夫曼编码、并查集及其应用,考生在复习时一定要搞懂吃透。

8.5 图的习题与解析

8.5.1 图基础试题与解析

1. 单项选择题

(1)对于任意一个无向图,所有顶点的度数之和等于所有边数之和的( )。

A. 1 倍　　　　B. 一半　　　　C. 2 倍　　　　D. 4 倍

【考点】图;图的基本概念。

【解析】本题考查的是无向图中顶点数和边数的关系。对于无向图而言,所有顶点的度数(包括入度和出度)之和等于边数之和的两倍。

【答案】故此题答案为 C。

(2) n 个顶点的强连通图至少有（　　）条弧。

  A. n B. $n-1$ C. $n+1$ D. $2n$

【考点】 图；图的基本概念。

【解析】 本题考查的是强连通图的性质。在有向图 G 中，对于两个不同的顶点 A 和 B，都存在从 A 到 B 的路径和从 B 到 A 的路径，则称 G 为强连通图。

注意：通常无向图中称为边，有向图中称为弧。

【答案】 故此题答案为 A。

(3) 对于含有 n 个顶点的连通图，任意一条简单路径的长度不可能超过（　　）。

  A. 1   B. $n-1$ C. n D. $n+1$

【考点】 图；图的基本概念。

【解析】 本题考查的是简单路径的性质。序列中顶点不重复出现的路径称为简单路径。对于含有 n 个顶点的连通图，若路径长度超过 $n-1$，则必定存在重复的顶点，即不为简单路径。

【答案】 故此题答案为 B。

(4) 假定一个非连通无向图 G 有 36 条边，则至少有（　　）个顶点。

  A. 7   B. 8   C. 9   D. 10

【考点】 图；图的基本概念。

【解析】 本题考查的是无向图的性质。一个有 n 个顶点的无向图，其边数 e 至多为 $n(n-1)/2$，即 $e \leqslant n(n-1)/2$，将 $e=36$ 代入，得 $n \geqslant 9$，由于是非连通图，故至少有 10 个顶点。

【答案】 故此题答案为 B。

(5) 具有 n 个结点的有向完全图有（　　）条弧。

  A. $n(n+1)$ B. $n(n-1)$ C. n D. $n-1$

【考点】 图；图的基本概念。

【解析】 本题考查的是有向完全图的概念。按照有向完全图的定义，具有 $n(n-1)$ 条弧的有向图称为有向完全图。

【答案】 故此题答案为 B。

(6) （　　）的邻接矩阵是对称矩阵。

  A. 有向图   B. 无向图   C. AOV 网   D. AOE 网

【考点】 图；图的存储及基本操作。

【解析】 本题考查的是无向图的性质。有向图的邻接矩阵不一定是对称矩阵，无向图的邻接矩阵一定是对称矩阵。AOV 网和 AOE 网都属于有向图。

【答案】 故此题答案为 B。

(7) 对于图 $G=(V,\{E\})$，使用邻接表存储图所用的空间大小（　　）。

  A. 只与 V 有关   B. 只与 E 有关

  C. 与 V 和 E 都有关   D. 以上均不正确

【考点】 图；图的存储及基本操作。

【解析】 本题考查的是图的存储。邻接矩阵和邻接表是图的两种重要的存储结构。邻接表是由顶点组成的表和边组成的表。

【答案】 故此题答案为 C。

(8) 对有向图 G 而言,其十字链表中弧结点的个数(　　)图 G 中弧的条数。

　　A. 大于　　　　　　B. 等于　　　　　　C. 小于　　　　　　D. 不确定

【考点】图;图的存储及基本操作。

【解析】本题考查的是图的存储。在十字链表中,有向图中每一条弧对应一个结点。

【答案】故此题答案为 B。

(9) 假设有向图 G 有 n 个顶点 e 条弧,若采用邻接表存储,则删除某一顶点相关联的所有弧的时间复杂度为(　　)。

　　A. $O(n)$　　　　　B. $O(e)$　　　　　C. $O(n+e)$　　　　D. $O(ne)$

【考点】图;图的存储及基本操作。

【解析】本题考查的是有向图的删除操作。由于使用的是邻接表,所以不仅要删除以该结点为头结点的链表上的所有弧结点,还要删除所有弧结点中的该结点。这意味着要分别遍历 n 个顶点和 e 条弧,故时间复杂度为 $O(n+e)$。

【答案】故此题答案为 B。

(10) 关于深度优先遍历图,以下(　　)是不正确的。

　　A. 深度优先遍历图是指从给定的源点出发访问其余顶点,要求每个顶点仅被访问一次

　　B. 深度优先遍历不适合无向图

　　C. 深度优先遍历图的时间复杂度可能为 $O(n+e)$

　　D. 深度优先遍历图的时间复杂度可能为 $O(n^2)$

【考点】图;图的遍历。

【解析】本题考查的是无向图的性质。深度优先遍历既适合有向图又适合无向图,广度优先也是。

【答案】故此题答案为 B。

(11) 无向图 G 的邻接表如图 8-51 所示,从顶点 1 出发所得的广度优先遍历序列为(　　)。

　　A. 12435　　　　　B. 12534　　　　　C. 12453　　　　　D. 12345

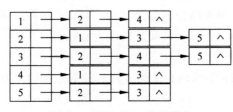

图 8-51　无向图 G 的邻接表

【考点】图;图的遍历。

【解析】本题考查的是基于邻接表的无向图广度优先遍历。由于同一个图的邻接表并不唯一,故本题给出图 G 的一个邻接表。基于邻接表这一存储结构进行广度优先遍历,可以按照广度优先遍历的思路,先依次访问某一结点未曾访问过的邻接点,再重复这一过程。从顶点 1 出发,先访问结点 2 和结点 4,再从结点 2 出发,访问未曾访问过的结点 3 和结点 5,故从顶点 1 出发所得的广度优先遍历序列为 12435。

【答案】故此题答案为 A。

(12) 假设连通网含有 n 个顶点,则对应的最小(代价)生成树必定含有(　　)个顶点和(　　)条边。

  A. n,n B. $n-1,n-1$ C. $n,n-1$ D. $n-1,n$

【考点】图;图的基本应用。

【解析】本题考查的是最小(代价)生成树的性质。对于 n 个顶点的连通网,其最小(代价)生成树也需要包括这 n 个顶点,而连接它们只需要 $n-1$ 条边。

【答案】故此题答案为 C。

(13) 若采用邻接矩阵存储 n 个顶点和 e 条边的无向图 G,则使用 Prim 算法构造最小生成树的时间复杂度为(　　)。

  A. $O(n^2)$ B. $O(n^3)$ C. $O(n+e)$ D. $O(e\log_2 e)$

【考点】图;图的基本应用。

【解析】本题考查的是最小生成树的时间复杂度。对于使用 Prim 算法构造最小生成树而言,无论图是使用邻接矩阵还是邻接表,其时间复杂度均为 $O(n^2)$。由于时间复杂度与边数无关,因此适合稠密图。

【答案】故此题答案为 A。

(14) 若采用邻接矩阵存储 n 个顶点和 e 条边的无向图 G,则使用 Kruskal 算法构造最小生成树的时间复杂度为(　　)。

  A. $O(n^2)$ B. $O(n^3)$ C. $O(n+e)$ D. $O(e\log_2 e)$

【考点】图;图的基本应用。

【解析】本题考查的是最小生成树的时间复杂度。对于使用 Kruskal 算法构造最小生成树而言,无论图是使用邻接矩阵还是邻接表,其时间复杂度均为 $O(e\log_2 e)$。从时间复杂度来看,本算法适合稀疏图。

【答案】故此题答案为 D。

(15) 对于 n 个顶点和 e 条弧的有向图 G,Dijkstra 算法的时间复杂度为(　　)。

  A. $O(n^2)$ B. $O(n^3)$ C. $O(n+e)$ D. $O(ne)$

【考点】图;图的基本应用。

【解析】本题考查的是最短路径的经典算法。Dijkstra 算法需要进行 $n-1$ 次迭代,每次迭代需要在辅助数组中求最小值,时间复杂度为 $O(n^2)$。

【答案】故此题答案为 A。

(16) 对于 n 个顶点和 e 条弧的有向图 G,Floyd 算法的时间复杂度为(　　)。

  A. $O(n^2)$ B. $O(n^3)$ C. $O(n+e)$ D. $O(ne)$

【考点】图;图的基本应用。

【解析】本题考查的是最短路径的经典算法。Floyd 算法需要在邻接矩阵上进行 n 次迭代,故时间复杂度为 $O(n^3)$。

【答案】故此题答案为 B。

(17) 对于 n 个顶点和 e 条弧的有向图 G,若采用邻接表存储,则拓扑排序算法的时间复杂度为(　　)。

  A. $O(n^2)$ B. $O(n^3)$ C. $O(n+e)$ D. $O(ne)$

【考点】图;图的基本应用。

【解析】本题考查的是拓扑排序算法。考生首先要明确的是对于有向无环图才可以进行拓扑排序,算法执行时每个顶点进一次栈、出一次栈,入度减 1 的操作共执行 e 次,故时间复杂度为 $O(n+e)$。

【答案】故此题答案为 C。

(18) 若一个有向图 G 的全部顶点不能形成一个拓扑序列,则该有向图(　　)。

　　A. 是个强连通图　　　　　　　　B. 有多个入度为 0 的顶点

　　C. 含有顶点数大于 1 的强连通分量　D. 是个有向无环图

【考点】图;图的基本应用。

【解析】本题考查的是能进行拓扑排序的有向图性质。若有向图的顶点不能形成拓扑序列,则说明存在回路,该回路将构成一个强连通分量。故选项 C 正确,选项 A 不一定正确。有多个入度为 0 的顶点,可能会导致拓扑序列不唯一,但不会造成不能形成一个拓扑序列。

【答案】故此题答案为 C。

(19) 在 AOE 网中,以下(　　)是正确的。

　　A. 如果不按时完成关键活动,可能会影响整个工程的完成时间

　　B. 只有提前完成所有关键活动,才能提前完成整个工程

　　C. 提前完成任何一个关键活动,都能提前完成整个工程

　　D. 存在多条关键路径时,只提前完成某一关键路径上的活动,也能提前完成整个工程

【考点】图;图的基本应用。

【解析】本题考查的是 AOE 网中的关键路径。对于存在多条关键路径的工程,只提前完成某一关键路径上的活动,不能缩短整个工程的工期。

【答案】故此题答案为 A。

(20) 如图 8-52 所示的 AOE 网关键路径有(　　)条。

　　A. 0　　　　　B. 1　　　　　C. 2　　　　　D. 3

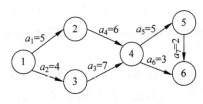

图 8-52　AOE 网

【考点】图;图的基本应用。

【解析】本题考查的是 AOE 网关键路径的求解。该 AOE 网的两条关键路径如图 8-53 所示。

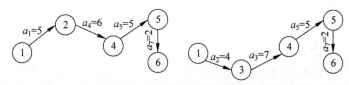

图 8-53　AOE 网关键路径

【答案】故此题答案为 C。

2. 综合应用题

(1) 试证：若无向图中各顶点的度均大于或等于 2，则该图必然存在回路。

【考点】图；图的基本概念。

【解析】本题考查的是无向图的基本概念。对于含有 n 个顶点 e 条边的无向图，其顶点的度数之和为边的数目的 2 倍，即 $2e$。由于无向图中各顶点的度均大于或等于 2，这意味着所有顶点度数之和大于 $2n$，这意味着边数不少于顶点数，即 n 个顶点的无向图最少有 n 条边，这意味着该无向图存在回路。

【小结】n 个顶点的无向连通图最少有 $n-1$ 条边，若再增加 1 条边必定产生回路。

(2) 编写算法统计有向图 G 中出度为 0 的顶点数目。

【考点】图；图的存储及基本操作。

【解析】图的常见存储形式有邻接矩阵、邻接表、邻接多重表和十字链表。本题要求统计 G 中出度为 0 的顶点数目，基于邻接矩阵来实现算法较为简单，因为只需要统计每一行非零元素的个数即可。算法实现如下。

```
int CountOutDegree(Graph &G)
{
    int COD = 0, i = 0, j = 0;
    for(i = 0; i < G.vertexNUM; i++)
    {
        for(j = 0; j < G.vertexNUM; j++)
            if(G.arcs[i][j] != 0) break;
        if(j == G.vertexNUM) COD++;
    }
    return COD;
}
```

【小结】无论是有向图还是无向图，基于邻接矩阵计算无向图各顶点的度或是有向图的入度和出度均较为简便。

(3) 天文学家哈密顿提出：在无向图 G 中，由指定的起点前往指定的终点，途中经过所有其他结点且只经过一次的路径为哈密顿路径。试编写算法实现之。

【考点】图；图的遍历。

【解析】本题要求实现哈密顿路径求解的算法。思路是深度优先遍历 G，若有回溯，则说明存在重复访问的顶点，需要取消回溯。假定图采用邻接矩阵存储，算法如下。

```
#define N 10              //假设图 G 有 10 个顶点
int S[N] = {0};
int visited[N] = {0};
int count = 0;
int HMDPath(Graph &G, int v)
{
    int j = 0;
    visited[v] = 1;
    S[count++] = v;
    for(j = 0; j < G.vertexNUM; j++)
        if(G.arcs[V][j] == 1 && visited[j] == 0)
            HMDPath(G, j);
```

```
        if(j == G.vertexNUM)
        {
            visited[v] = 0;
            count -- ;
        }
    }
```

【小结】本题的关键在于深刻理解深度优先遍历算法用于哈密顿路径求解时要取消回溯。

(4) 请分别使用 Prim 算法和 Kruskal 算法给出图 8-54 中最小生成树。

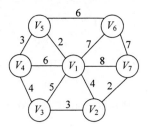

图 8-54 最小生成树

【考点】图；图的基本应用。

【解析】本题考查的是最小生成树的求解，要注意对于同一个图的最小生成树可能不唯一。若采用 Prim 算法，从 V_1 开始最小生成树的求解过程如图 8-55 所示。

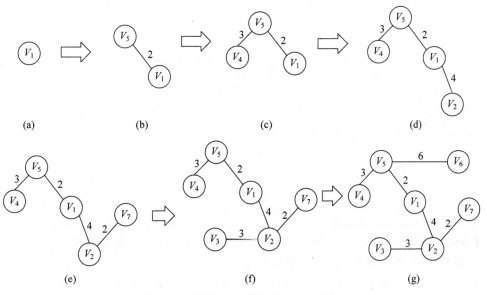

图 8-55 使用 Prim 算法求最小生成树

若采用 Kruskal 算法，最小生成树的求解过程如图 8-56 所示。

【小结】对于最小生成树的求解，考生不但要掌握 Prim 算法和 Kruskal 算法的实现，还需要手工执行并透彻理解算法。

(5) 请使用 Dijkstra 算法计算图 8-57 中源点 V_0 到其他各顶点的最短路径。

【考点】图；图的基本应用。

【解析】本题考查 Dijkstra 算法求解最短路径，图中源点 V_0 到其他各顶点的最短路径如表 8-4 所示。

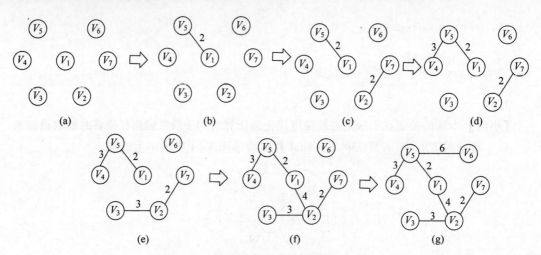

图 8-56 使用 Kruskal 算法求最小生成树

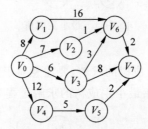

图 8-57 源点 V_0 到其他各顶点的最短路径

表 8-4 源点 V_0 到其他各顶点的最短路径

终 点	最 短 路 径	最短路径长度
V_1	$V_0 V_1$	8
V_2	$V_0 V_2$	7
V_3	$V_0 V_3$	6
V_4	$V_0 V_4$	12
V_5	$V_0 V_4 V_5$	17
V_6	$V_0 V_2 V_6$	8
V_7	$V_0 V_2 V_6 V_7$	10

【小结】Dijkstra 算法是求最短路径的经典算法，考生不仅要掌握其基本思想、执行过程和时间复杂度，还要搞清楚该算法的应用场景。

(6) 试用 Floyd 算法计算图 8-58 中每一对顶点之间的最短路径。

【考点】图；图的基本应用。

【解析】本题考查使用 Floyd 算法计算图中每一对顶点之间的最短路径。先为该有向图建立邻接矩阵：

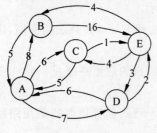

图 8-58 图

$$\begin{bmatrix} 0 & 8 & 6 & 7 & \infty \\ 5 & 0 & \infty & \infty & 16 \\ 5 & \infty & 0 & \infty & 1 \\ 6 & \infty & \infty & 0 & 2 \\ \infty & 4 & 4 & 3 & 0 \end{bmatrix}$$

接下来再使用 Floyd 算法求出任意两顶点之间的最短路径。从以 A 为顶点的邻接矩阵开始，依次增加顶点 B、C、D、E，并更新最短路径，具体过程如表 8-5 所示。

表 8-5　求最短路径的过程

A	0	1	2	3	4
0	0	8(AB)	6(AC)	7(AD)	∞
1	5(BA)	0	∞	∞	16(BE)
2	5(CA)	∞	0	∞	1(CE)
3	6(DA)	∞	∞	0	2(DE)
4	∞	4(EB)	4(EC)	3(ED)	0
B	0	1	2	3	4
0	0	8(AB)	6(AC)	7(AD)	24(ABE)
1	5(BA)	0	11(BAC)	12(BAD)	16(BE)
2	5(CA)	13(CAB)	0	12(CAD)	1(CE)
3	6(DA)	14(DAB)	12(DAC)	0	2(DE)
4	9(EBA)	4(EB)	4(EC)	3(ED)	0
C	0	1	2	3	4
0	0	8(AB)	6(AC)	7(AD)	7(ACE)
1	5(BA)	0	11(BAC)	12(BAD)	12(BACE)
2	5(CA)	13(CAB)	0	12(CAD)	1(CE)
3	6(DA)	14(DAB)	12(DAC)	0	2(DE)
4	9(EBA)	4(EB)	4(EC)	3(ED)	0
D	0	1	2	3	4
0	0	8(AB)	6(AC)	7(AD)	7(ACE)
1	5(BA)	0	11(BAC)	12(BAD)	12(BACE)
2	5(CA)	13(CAB)	0	12(CAD)	1(CE)
3	6(DA)	14(DAB)	12(DAC)	0	2(DE)
4	9(EBA)	4(EB)	4(EC)	3(ED)	0
E	0	1	2	3	4
0	0	8(AB)	6(AC)	7(AD)	7(ACE)
1	5(BA)	0	11(BAC)	12(BAD)	12(BACE)
2	5(CA)	5(CEB)	0	4(CED)	1(CE)
3	6(DA)	6(DEB)	6(DEC)	0	2(DE)
4	9(EBA)	4(EB)	4(EC)	3(ED)	0

【小结】考生首先要清楚计算每一对顶点之间的最短路径有很多方法。例如，对于一个具有 n 个顶点的有向图，每次以一个顶点为源点，重复执行 Dijkstra 算法 n 次，最终可以求得每一对顶点之间的最短路径，时间复杂度为 $O(n^3)$。尽管本题中指定的 Floyd 算法的时间复杂度也是 $O(n^3)$，但形式上简单一些。

（7）请给出如图 8-59 所示有向图拓扑排序的结果。

【考点】图；图的基本应用。

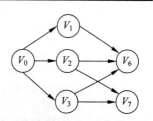

图 8-59　有向图

【解析】本题考查有向图的拓扑排序。对于一个无环的有向图，构建拓扑排序的思路大致为从图中选一个没有前驱的顶点输出之，并删除该顶点和所有以它为尾的弧，重复上述操作直到全部顶点都输出。根据上述拓扑排序的思路，可以写出对应的算法。如图 8-60 所示为一种拓扑序列的产生过程。

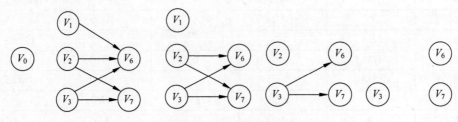

图 8-60　拓扑序列的产生

对应的拓扑序列为 $V_0V_1V_2V_3V_6V_7$，请注意该序列并不唯一。

【小结】读者必须熟练掌握拓扑排序的思想，并能实现之。根据拓扑排序的思路可以知道一个无环的有向图，其拓扑序列可能不唯一。

（8）试设计算法判断给定的有向图 G 是否存在回路。

【考点】图；图的基本应用。

【解析】本题没有给出图的存储结构，读者可以自行选择。假定图的存储结构为邻接矩阵，并设数组 indegree[] 用于存放各顶点的入度值，用 top 指向栈顶元素。算法实现如下。

```
int IsCycle(DAGraph &G,int indegree[])
{
    int count = 0, i = 0,j = 0,top = 0;

    for(j = 0;j < G.vertexNum;j++)
        indegree[j] = 0;
    for(j = 0;j < G.vertexNum;j++)
        for(i = 0;i < G.vertexNum;i++)
            if(G.arc[i][j] == 1)
                indegree[j]++;
    for(top = -1,i = 0;i < G.vertexNum;i++)
    if(indegree[i] == 0)
    {
        indegree[i] = top;
        top = i;
    }
    while(top!= -1)
    {
        count++;
        i = top;
        top = indegree[top];
        for(j = 0;j < G.vertexNum;j++)
        if(G.arc[i][j] == 1)
        {
            indegree[j]--;
            if(indegree[j] == 0)
```

```
            {
                indegree[j] = top;
                top = j;
            }
        }
    }
    if(count < G.vextexNum)
        return 1;
    else
        return 0;
}
```

【小结】本题实现时假设图的存储结构为邻接矩阵,并考虑了图存在回路的情况。

(9) 试求出如图 8-61 所示工程的关键路径。

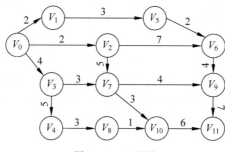

图 8-61　工程图

【考点】图;图的基本应用。

【解析】本题考查关键路径的求解。按照关键路径的求解算法,可以得到表 8-6 中的最早和最迟发生时间。读者还可以进一步求出图中各活动的最早和最迟开始时间,进而可计算得到关键路径为 (V_0,V_2,V_6,V_9,V_{11})。

表 8-6　关键路径的求解

	V_0	V_1	V_2	V_3	V_4	V_5	V_6	V_7	V_8	V_9	V_{10}	V_{11}
最早发生时间	0	2	2	4	9	5	9	7	12	13	13	20
最迟发生时间	0	4	2	4	9	7	9	9	12	13	14	20

【小结】求解关键路径的目的是找出关键性活动,进而提高这些活动的效率,以便缩短工期。

8.5.2　图历年真题与解析

1. 单项选择题

(1)【2009】下列关于无向连通图特性的叙述中,正确的是(　　)。

　　Ⅰ. 所有顶点的度之和为偶数

　　Ⅱ. 边数大于顶点个数减 1

　　Ⅲ. 至少有一个顶点的度为 1

　　A. 只有Ⅰ　　　　B. 只有Ⅱ　　　　C. Ⅰ和Ⅱ　　　　D. Ⅰ和Ⅲ

【考点】图；图的基本概念。

【解析】本题考查了无向连通图的特性。对于无向图而言,每条边都连接了两个结点,

图 8-62 无向连通图

则在计算顶点的度时,这条边都被计算了两次,故所有顶点的度之和为边数的 2 倍,显然必为偶数,故 I 正确。如图 8-62 所示的无向连通图,顶点 A、B、C 和 D 的度均为 2,即不存在一个顶点的度为 1,故 III 不正确；顶点数和边数均为 4,故 II（边数大于顶点个数减 1）错误。

【答案】故此题答案为 A。

(2)【2010】若无向图 $G=(V,E)$ 中含有 7 个顶点,要保证图 G 在任何情况下都是连通的,则需要的边数最少是(　　)。

  A. 6   B. 15   C. 16   D. 21

【考点】图；图的基本概念。

【解析】本题考查图的基本概念,具体为图的连通性判定。在一个无向图 G 中,若从顶点 i 到顶点 j 有路径相连(当然从 j 到 i 也一定有路径),则称 i 和 j 是连通的。本题中要保证无向图 G 在任何情况下都是连通的,即任意变动图 G 中的边,G 始终保持连通,首先需要将 G 中的任意 6 个结点构成完全连通子图,共需 15 条边,然后再添一条边将第 7 个结点与该完全连通子图连接起来,故总共需要 16 条边。

【答案】故此题答案为 C。

(3)【2010】对图 8-63 进行拓扑排序,可以得到不同拓扑序列的个数是(　　)。

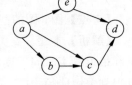

图 8-63 图

  A. 4   B. 3

  C. 2   D. 1

【考点】图；图的基本应用；拓扑排序。

【解析】本题考查拓扑排序序列。拓扑排序是在一个有向图中构造拓扑序列的过程。拓扑排序是一个有向无环图的所有顶点的线性序列,且该序列必须满足下面两个条件：①每个顶点出现且只出现一次；②若存在一条从顶点 a 到顶点 b 的路径,那么在序列中顶点 a 出现在顶点 b 的前面。由题意可知,此图可有三个不同的拓扑排序序列,分别为 $abced$, $abecd$, $aebcd$, 具体如图 8-64 所示。

【答案】故此题答案为 B。

(4)【2011】下列关于图的叙述中,正确的是(　　)。

  I. 回路是简单路径

  II. 存储稀疏图,用邻接矩阵比邻接表更省空间

  III. 若有向图中存在拓扑序列,则该图不存在回路

A. 仅 II   B. 仅 I、II   C. 仅 III   D. 仅 I、III

【考点】图；图的基本概念；图的基本应用；拓扑排序。

【解析】本题考查图的相关概念,考生需知道第一个顶点和最后一个顶点相同的路径称为回路(或环),而序列中顶点不重复出现的路径称为简单路径,即回路和简单路径不是一回事,故 I 错误；稀疏图的特点是边(或弧)比较少,即用邻接表比邻接矩阵更节省存储空间,故 II 错误；若有向图中存在拓扑序列,则该图必不存在回路,即有向图中不存在回路是存在

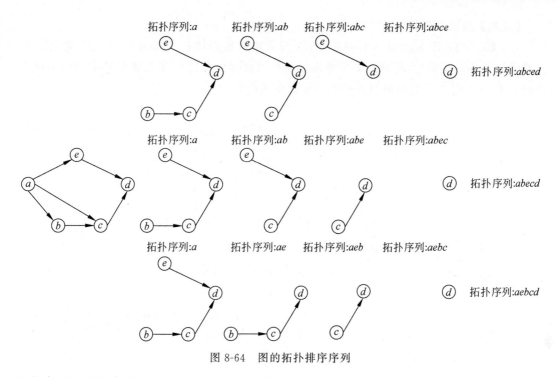

图 8-64　图的拓扑排序序列

拓扑序列的前提条件,故Ⅲ正确。

【答案】故此题答案为 C。

(5)【2012】对有 n 个结点、e 条边且使用邻接表存储的有向图进行广度优先遍历,其算法时间复杂度为(　　)。

　　A. $O(n)$　　　　B. $O(e)$　　　　C. $O(n+e)$　　　　D. $O(ne)$

【考点】图;图的遍历;广度优先搜索。

【解析】本题考查有向图基于邻接表的广度优先遍历算法的时间复杂度。广度优先遍历需要借助队列实现,邻接表的结构包括:顶点表,边表(有向图为出边表)。当采用邻接表存储时,对图进行广度优先遍历时每个顶点均需入队一次(顶点表遍历),故时间复杂度为 $O(n)$,在搜索所有顶点的邻接点的过程中,每条边至少访问一次(出边表遍历),故时间复杂度为 $O(e)$,算法总的时间复杂度为 $O(n+e)$。

【答案】故此题答案为 C。

(6)【2012】若用邻接矩阵存储有向图,矩阵中主对角线以下的元素均为零,则关于该图拓扑序列的结构是(　　)。

　　A. 存在,且唯一　　　　　　　　B. 存在,且不唯一
　　C. 存在,可能不唯一　　　　　　D. 无法确定是否存在

【考点】图;图的基本应用;拓扑排序。

【解析】考查有向图是否存在拓扑序列。由题设可知,该有向图的邻接矩阵主对角线以下元素均为零,这表明只有顶点 i 到顶点 j 可能有边,而顶点 j 到顶点 i 一定没有边,即该有向图是一个无环图,因此一定存在拓扑序列。当然为了便于考生快速答题,可以记住结论:对于任一有向图,如果它的邻接矩阵中对角线以下(或以上)的元素均为零,则存在拓扑序列(可能不唯一)。

【答案】故此题答案为 C。

(7)【2012】如图 8-65 所示有向带权图,若采用迪杰斯特拉(Dijkstra)算法求源点 a 到其他各顶点的最短路径,得到的第一条最短路径的目标顶点是 b,第二条最短路径的目标顶点是 c,后续得到的其余各最短路径的目标顶点依次是( )。

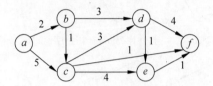

图 8-65 有向带权图

A. d,e,f B. e,d,f C. f,d,e D. f,e,d

【考点】图;图的基本应用;最短路径。

【解析】本题考查使用 Dijkstra 算法求最短路径。该算法是从一个顶点到其余各顶点的最短路径算法,解决的是有权图中最短路径问题。考生需知道该算法的主要特点是从起始点开始,采用贪心算法的策略,每次遍历到起始点距离最近且未被访问过的顶点的邻接结点,直到扩展到终点为止。本题待求后续目标顶点依次为 f,d,e,具体求解过程如表 8-7 所示。

表 8-7 求解最短路径过程

顶点	第一趟	第二趟	第三趟	第四趟	第五趟
b	$(a,b)2$				
c	$(a,c)5$	$(a,b,c)3$			
d	∞	$(a,b,d)5$	$(a,b,d)5$	$(a,b,d)5$	
f	∞	∞	$(a,b,c,f)4$		
e	∞	∞	$(a,b,c,e)7$	$(a,b,c,e)7$	$(a,b,c,e)6$
集合 s	$\{a,b\}$	$\{a,b,c\}$	$\{a,b,c,f\}$	$\{a,b,c,f,d\}$	$\{a,b,c,f,d,e\}$

【答案】故此题答案为 C。

(8)【2012】下列关于最小生成树的说法中,正确的是( )。

  Ⅰ. 最小生成树的代价唯一

  Ⅱ. 所有权值最小的边一定会出现在所有的最小生成树中

  Ⅲ. 使用普里姆(Prim)算法从不同顶点开始得到的最小生成树一定相同

  Ⅳ. 使用普里姆(Prim)算法和克鲁斯卡尔(Kruskal)算法得到的最小生成树总不相同

A. 仅Ⅰ   B. 仅Ⅱ   C. 仅Ⅰ、Ⅲ   D. 仅Ⅱ、Ⅳ

【考点】图;图的基本应用;最小(代价)生成树。

【解析】本题考查最小生成树的相关知识。由于可能存在权值相同的边,故最小生成树的树形可能不唯一,但是代价一定是唯一的,即Ⅰ正确;如果权值最小的边有多条并且构成环状,则总有权值最小的边将不出现在某棵最小生成树中,即Ⅱ错误;假设 N 个结点构成环,$N-1$ 条边的权值相等,则从不同的顶点开始,普里姆(Prim)算法会得到 $N-1$ 种不同的最小生成树,即Ⅲ错误;若当最小生成树唯一时(即各边的权值均不相同),则 Prim 算法和 Kruskal 算法得到的最小生成树相同，即 Ⅳ 错误。

【答案】 故此题答案为 A。

(9)【2013】设图的邻接矩阵 A 如下，各顶点的度依次是(　　)。

$$A = \begin{bmatrix} 0 & 1 & 0 & 1 \\ 0 & 0 & 1 & 1 \\ 0 & 1 & 0 & 0 \\ 1 & 0 & 0 & 0 \end{bmatrix}$$

A. 1,2,1,2　　　　B. 2,2,1,1　　　　C. 3,4,2,3　　　　D. 4,4,2,2

【考点】 图；图的存储及基本操作；邻接矩阵。

【解析】 本题考查图的邻接矩阵问题，考生需知道当图的邻接矩阵为非对称矩阵时，说明该图是有向图，各顶点的度是矩阵中此结点对应的横行和纵列非零元素之和，即为入度加出度之和。

【答案】 故此题答案为 C。

(10)【2013】若对如图 8-66 所示无向图进行遍历，则下列选项中，不是广度优先遍历序列的是(　　)。

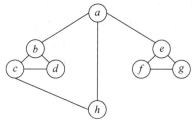

图 8-66　无向图

A. h,c,a,b,d,e,g,f　　　　　　　　B. e,a,f,g,b,h,c,d
C. d,b,c,a,h,e,f,g　　　　　　　　D. a,b,c,d,h,e,f,g

【考点】 图；图的遍历；深度优先搜索；广度优先搜索。

【解析】 本题考查图的遍历，考生只要掌握深度优先遍历(Depth First Search,DFS)和广度优先遍历(Breadth First Search,BFS)便能轻松解决。DFS 类似于树的先序遍历，BFS 类似于树的层次遍历。故选项 A、B 和 C 均为 BFS 序列(访问某一顶点后依次访问该顶点的所有未被访问过的邻接点)，选项 D 是 DFS 序列(访问某一顶点后再依次深度优先遍历该顶点的未被访问过的所有邻接点)。

【答案】 故此题答案为 D。

(11)【2013】如图 8-67 所示，AOE 网表示一项包含 8 个活动的工程。通过同时加快若干活动的进度可以缩短整个工程的工期。下列选项中，加快其进度就可以缩短工程工期的是(　　)。

A. c 和 e　　　　B. d 和 e　　　　C. f 和 d　　　　D. f 和 h

【考点】 图；图的基本应用；关键路径。

【解析】 本题考查 AOE 网的定义。找出 AOE 网的全部关键路径为 (b,d,c,g)、(b,d,e,h) 和 (b,f,h)。根据定义，只有关键路径上的活动时间同时减少时，才能缩短工期，即正确选项中的两条路径必须涵盖在所有关键路径之中。利用关键路径算法可求出图中的关键路径共有三条：(b,d,c,g)、(b,d,e,h) 和 (b,f,h)。由此可知,选项 A 和 B 不能包含 (b,f,h) 这条路径,选项 D 不能包含 (b,d,c,g) 和 (b,d,e,h) 这两条路径,只有选项 C 包含所有的关键路径,因此只有加快 f 和 d 的进度才能缩短工期。

【答案】故此题答案为 C。

(12)【2014】对如图 8-68 所示的有向图进行拓扑排序,得到的拓扑序列可能是(　　)。

A. 3,1,2,4,5,6　　　　　　　　B. 3,1,2,4,6,5

C. 3,1,4,2,5,6　　　　　　　　D. 3,1,4,2,6,5

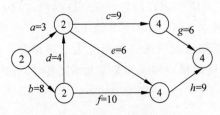

图 8-67　AOE 网

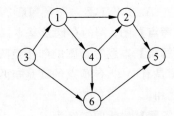

图 8-68　有向图

【考点】图;图的基本应用。

【解析】本题考查拓扑排序的应用。考生须知,拓扑排序是一个有向无环图的所有顶点的线性序列,它必须满足下面两个条件:①每个顶点出现且只出现一次;②若存在一条从顶点 A 到顶点 B 的路径,那么在序列中顶点 A 出现在顶点 B 的前面。按照拓扑排序的算法,可得拓扑序列为 314265 和 314625,具体过程如图 8-69 所示。

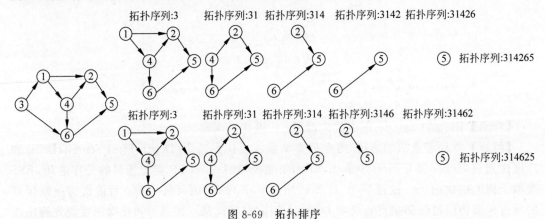

图 8-69　拓扑排序

【答案】故此题答案为 D。

(13)【2015】设有向图 $G=(V,E)$,顶点集 $V=\{v_0,v_1,v_2,v_3\}$,边集 $E=\{<v_0,v_1>,<v_0,v_2>,<v_0,v_3>,<v_1,v_3>\}$。若从顶点 v_0 开始对图进行深度优先遍历,则可能得到的不同遍历序列个数是(　　)。

A. 2　　　　　B. 3　　　　　C. 4　　　　　D. 5

【考点】图;图的遍历;深度优先搜索。

【解析】本题考查图的深度优先遍历。采用图的深度优先遍历,共 5 种可能:$<v_0,v_1,v_3,v_2>$,$<v_0,v_2,v_3,v_1>$,$<v_0,v_2,v_1,v_3>$,$<v_0,v_3,v_2,v_1>$,$<v_0,v_3,v_1,v_2>$。

【答案】故此题答案为 D。

(14)【2015】求如图 8-70 所示带权图的最小(代价)生成树时,可能是克鲁斯卡尔(Kruskal)算法第 2 次选中但不是普里姆(Prim)算法(从 v_4 开始)第 2 次选中的边是( )。

A. (v_1,v_3) B. (v_1,v_4)

C. (v_2,v_3) D. (v_3,v_4)

【考点】图;图的基本应用;最小(代价)生成树。

【解析】本题考查最小(代价)生成树的相关知识,考生要熟悉克鲁斯卡尔(Kruskal)算法和普里姆(Prim)算法,尤其是注意两者的差别(前者是不同的连通分量中寻找最小代价的边,后者是在两个顶点集中找最小代价的边)。本题可用排除法解答,从 v_4 开始,Kruskal 算法选中的第一条边一定是权值最小的 (v_1,v_4),故选项 B 错误。由于 v_1 和 v_4 可达,第二条边含有 v_1 或 v_4 的权值为 8 的一定符合 Prim 算法,排除选项 A 和 D。

【答案】故此题答案为 C。

(15)【2016】下列选项中,不是图 8-71 深度优先搜索序列的是( )。

A. V_1,V_5,V_4,V_3,V_2 B. V_1,V_3,V_2,V_5,V_4

C. V_1,V_2,V_5,V_4,V_3 D. V_1,V_2,V_3,V_4,V_5

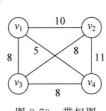

图 8-70 带权图

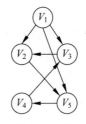

图 8-71 图

【考点】图;图的遍历;深度优先搜索。

【解析】本题考查深度优先搜索,DFS 类似于树的先序遍历,访问某一顶点后再依次深度优先遍历该顶点未被访问过的所有邻接点。对于本题,只需按 DFS 的思路进行遍历即可。

假定先访问 V_1,然后访问与 V_1 邻接且未被访问的任一顶点(满足的有 V_2、V_3 和 V_5),此时访问 V_5,然后从 V_5 出发,访问与 V_5 邻接且未被访问的任一顶点(满足的只有 V_4),然后从 V_4 出发,访问与 V_4 邻接且未被访问的任一顶点(满足的只有 V_3),然后从 V_3 出发,问与 V_3 邻接且未被访问的任一顶点(满足的只有 V_2),结束遍历,故选项 A 正确。

假定先访问 V_1,然后访问与 V_1 邻接且未被访问的 V_3,然后从 V_3 出发,访问与 V_3 邻接且未被访问的 V_2,然后从 V_2 出发,访问与 V_2 邻接且未被访问的 V_5,最后访问 V_5 邻接且未被访问的 V_4,故选项 B 正确。

假定先访问 V_1,然后访问与 V_1 邻接且未被访问的 V_2,然后从 V_2 出发,访问与 V_2 邻接且未被访问的 V_5,然后从 V_5 出发,访问与 V_5 邻接且未被访问的 V_4,最后访问 V_4 邻接且未被访问的 V_3,故选项 C 正确。

假定首先访问 V_1,然后从 V_1 出发,访问与 V_1 邻接且未被访问的任一顶点(满足的有 V_2、V_3 和 V_5),然后从 V_2 出发,访问与 V_2 邻接且未被访问的任一顶点(满足的只有 V_5),按规则本应该访问 V_5,但选项 D 却访问 V_3,因此选项 D 错误。

【答案】故此题答案为 D。

(16)【2016】若将 n 个顶点 e 条弧的有向图采用邻接表存储,则拓扑排序算法的时间复杂度是( )。

　　A. $O(n)$　　　B. $O(n+e)$　　　C. $O(n^2)$　　　D. $O(ne)$

【考点】拓扑排序;算法时间复杂度。

【解析】本题考查拓扑排序的时间复杂度。考生应熟练掌握拓扑排序的算法思路,对于 n 个顶点 e 条弧的有向图采用邻接表存储,求顶点的入度的时间复杂度为 $O(e)$;建立零入度顶点栈的时间复杂度为 $O(n)$,若有向图无环,则后续每个顶点的进栈出栈及入度减 1 的操作共执行 e 次,故拓扑排序的时间复杂度为 $O(n+e)$。

【答案】故此题答案为 B。

(17)【2016】使用迪杰斯特拉(Dijkstra)算法求图 8-72 中从顶点 1 到其他各顶点的最短路径,依次得到的各最短路径的目标顶点是( )。

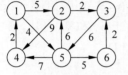

图 8-72　求最短路径

　　A. 5,2,3,4,6　　　　　　　　　　B. 5,2,3,6,4

　　C. 5,2,4,3,6　　　　　　　　　　D. 5,2,6,3,4

【考点】图;图的基本应用;最短路径。

【解析】本题考查的是 Dijkstra 算法,该算法是有权图中从一个顶点到其余各顶点的最短路径算法,其主要特点是从起始点开始,采用贪心算法的策略,每次遍历到始点距离最近且未被访问过的顶点的邻接结点,直至扩展到终点为止。根据 Dijkstra 算法,从顶点 1 到其余各顶点的最短路径如表 8-8 所示。

表 8-8　求最短路径过程

顶点	第 1 趟	第 2 趟	第 3 趟	第 4 趟	第 5 趟
2	5 1→2	5 1→2			
3	∞	∞	7 1→2→3		
4	∞	11 1→5→4	11 1→5→4	11 1→5→4	11 1→5→4
5	4 1→5				
6	∞	∞	9 1→5→6	9 1→5→6	9 1→5→6
集合 S	{1,5}		{1,5,2,3}	{1,5,2,3,6}	{1,5,2,3,6,4}

【答案】故此题答案为 B。

(18)【2017】已知无向图 G 含有 16 条边,其中度为 4 的顶点个数为 3,度为 3 的顶点个数为 4,其他顶点的度均小于 3。图 G 所含的顶点个数至少是( )。

　　A. 10　　　B. 11　　　C. 13　　　D. 15

【考点】图;图的基本概念。

【解析】本题考查的是图的基本概念。对于无向图,各顶点度数的总和等于所有边的总数的两倍。解答本题时,由于要求图 G 所含的顶点个数至少是多少,实际上为求度均小于 3 的其他顶点的数目至少是多少(因为度为 4 和 3 的顶点个数是确定的),故可以设它们的度均为2(度越小,对应的顶点数目该越多),并假定它们的数量是 x,可列出方程 $4\times3+3\times4+2x=16\times2$,解得 $x=3$。故图 G 所含的顶点个数至少是 4 (度为 3)+3(度为 4)+3(其他度均小于 3 的顶点最少数目)=11。

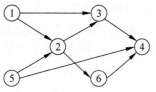

图 8-73 有向图

【答案】故此题答案为 B。

(19)【2018】下列选项中,不是如图 8-73 所示有向图的拓扑序列的是(　　)。

  A. 1,5,2,3,6,4   B. 5,1,2,6,3,4
  C. 5,1,2,3,6,4   D. 5,2,1,6,3,4

【考点】图;图的基本应用;拓扑排序。

【解析】本题考查的是有向图的拓扑序列,拓扑序列是顶点活动网中将活动按发生的先后次序进行的一种排列。拓扑排序每次选取入度为 0 的结点输出,经观察不难发现,拓扑序列前两位一定是 1,5 或 5,1(因为只有 1 和 5 的入度均为 0,且其他结点都不满足仅有 1 或仅有 5 作为前驱),因此选项 D 显然错误。本题中有向图对应的拓扑排序如图 8-74 所示。

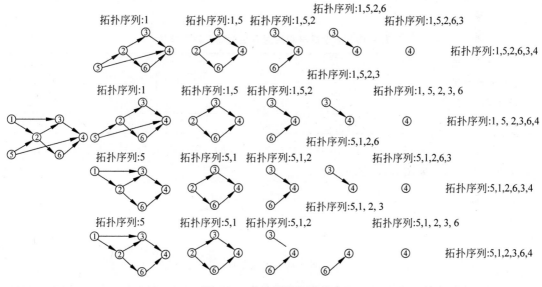

图 8-74 有向图的拓扑排序

【答案】故此题答案为 D。

(20)【2019】如图 8-75 所示,AOE 网表示一项包含 8 个活动的工程活动,d 的最早开始时间和最迟开始时间分别是(　　)。

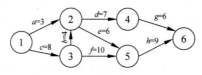

图 8-75 AOE 网

  A. 3 和 7   B. 12 和 12   C. 12 和 14   D. 15 和 15

【考点】图;图的基本应用;关键路径;AOE;最早开始时间;最迟开始时间。

【解析】图的基本应用几乎可以说是每年都考,关键路径是图的典型应用,有很多术语需要理解并记住。解答此题需要知道活动的最早开始时间和最迟开始时间的求法。

活动 d 的最早开始时间等于该活动弧起点所表示的事件最早发生时间,活动 d 的最早开始时间等于事件 2 的最早发生时间 $\max\{a,b+c\}=\max\{3,12\}=12$。

活动 d 的最迟开始时间等于该活动弧终点所表示的事件的最迟发生时间与该活动所需时间之差,先算出图中关键路径长度为 27,那么事件 4 的最迟发生时间为 $\min\{27-g\}=\min\{27-6\}=21$,活动 d 的最迟开始时间为 $21-d=21-7=14$。

路径长度最长的路径被称为关键路径。本题图对应的 AOE 网的事件最早发生时间 $ve(j)$ 和最迟发生时间 $vl(j)$ 如表 8-9 所示。

表 8-9 事件最早和最迟发生时间

事　　件	1	2	3	4	5	6
最早发生时间 $ve(j)$	0	12	8	19	18	27
最迟发生时间 $vl(j)$	0	12	8	21	18	27

活动的最早开始时间 $e(i)$、活动的最迟开始时间 $l(i)$ 和两者的差值 $l(i)-e(i)$ 如表 8-10 所示。

表 8-10 活动最早和最迟开始时间及两者差值

活　　动	a	b	c	d	e	f	g	h
最早开始时间 $e(i)$	0	8	0	12	12	8	19	18
最迟开始时间 $l(i)$	9	8	0	14	12	8	21	18
两者的差值 $l(i)-e(i)$	9	0	0	2	0	0	3	0

根据上述计算可知,该图的关键活动为 b,c,e,f,h。它们构成两条关键路径:(1,3,2,5,6)和(1,3,5,6),如图 8-76 虚线所示。

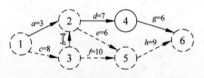

图 8-76 关键路径

此外,考生还应注意活动的最早开始时间和事件的最早发生时间的关系,以及活动的最迟开始时间和事件的最迟发生时间的关系。

(21)【2019】用有向无环图描述表达式$(x+y)*((x+y)/x)$,需要的顶点个数至少是(　　)。

　　A. 5　　　　　　B. 6　　　　　　C. 8　　　　　　D. 9

【考点】图;图的基本应用;拓扑排序;有向无环图;DAG。

【解析】解答本题时,考生应知道有向无环图(Directed Acycline Graph,DAG)是指一个无环的有向图。本题较为简单,先将表达式转换成有向二叉树,然后发现有些顶点是重复的,故可以通过去除重复的顶点进一步节省存储空间,将有向二叉树去重转换成有向无环图。图 8-77 展示了这一过程。

【答案】由图可知此题答案为 A。

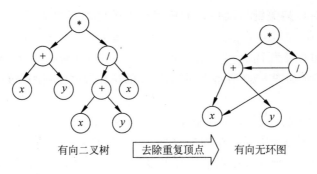

有向二叉树　　去除重复顶点　　有向无环图

图 8-77　有向二叉树转换为有向无环图

(22)【2020】已知无向图 G 如图 8-78 所示,使用克鲁斯卡尔(Kruskal)算法求图 G 的最小生成树,加到最小生成树中的边依次是(　　)。

　　A. $(b,f),(b,d),(a,e),(c,e),(b,e)$　　B. $(b,f),(b,d),(b,e),(a,e),(c,e)$

　　C. $(a,e),(b,e),(c,e),(b,d),(b,f)$　　D. $(a,e),(c,e),(b,e),(b,f),(b,d)$

【考点】图；图的基本应用；最小(代价)生成树。

【解析】本题考查克鲁斯卡尔(Kruskal)算法。假设连通网 $G=(V,E)$,令最小生成树的初始状态为只有 n 个顶点而无边的非连通图 $T=(V,\{\})$,图中每个顶点自成一个连通分量。在 E 中选择代价最小的边,若该边依附的顶点分别在 T 中不同的连通分量上,则将此边加入到 T 中；否则,舍去此边而选择下一条代价最小的边。以此类推,直至 T 中所有顶点构成一个连通分量为止,这就是 Kruskal 算法的基本思路。简言之,就是在不同的连通分量中寻找最小代价的边,即先将所有边按权值排序,然后依次取权值最小的边但不能在图中形成环,此时取得权值序列为 5,6,此时 7 不能取因为形成了环,接下来取 9,10,11,按权值对应的边分别为 $(b,f),(b,d),(a,e),(c,e),(b,e)$,如图 8-79 所示。

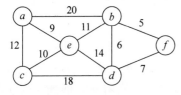
图 8-78　无向图 G

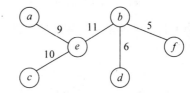
图 8-79　最小生成树

【答案】故此题答案为 A。

(23)【2020】若使用 AOE 网估算工程进度,则下列叙述中正确的是(　　)。

　　A. 关键路径是从原点到汇点边数最多的一条路径

　　B. 关键路径是从原点到汇点路径长度最长的路径

　　C. 增加任一关键活动的时间不会延长工程的工期

　　D. 缩短任一关键活动的时间将会缩短工程的工期

【考点】图；图的基本应用；关键路径。

【解析】本题考查关键路径,建议考生用排除法解答。关键路径是指从开始点到完成点的最长路径,其中最长路径是指在该路径上各活动持续时间之和最长,而不是弧的数目最多(即选项 A 中说的边数),故选项 A 错误；由于关键活动必定在关键路径上,所以增加任一关键活动的时间必定会延长工程的工期,而缩短任一关键活动的时间却不一定会缩短工程的工期,这依赖于缩短某关键活动后,AOE 网中的关键路径是否唯一,故选项 C 和 D 均错误。

【答案】故此题答案为 B。

(24)【2021】给定如图 8-80 所示有向图,该图的拓扑有序序列的个数是( )。
　　　A. 1　　　　　　B. 2　　　　　　C. 3　　　　　　D. 4

【考点】图;图的基本应用;拓扑排序。

【解析】本题主要考查求拓扑序列的过程。求拓扑序列的过程如下:从图中选择无入边的结点,输出该结点并删除该结点的所有出边,重复上述过程,直至全部结点都已输出,求得拓扑序列 ABCDEF。每次输出一个结点并删除该结点的所有出边后,都发现仅有一个结点无入边,因此该拓扑序列唯一。

【答案】故此题答案为 A。

(25)【2021】使用 Dijkstra 算法求图 8-81 中从顶点 1 到其余各顶点的最短路径,将当前找到的从顶点 1 到顶点 2,3,4,5 的最短路径长度保存在数组 dist 中,求出第二条最短路径后,dist 中的内容更新为( )。
　　　A. 26,3,14,6　　B. 25,3,14,6　　C. 21,3,14,6　　D. 15,3,14,6

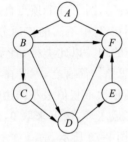

图 8-80　有向图

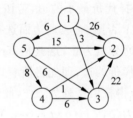

图 8-81　图

【考点】图;图的基本应用;最短路径。

【解析】本题主要考查 Dijkstra(迪杰斯特拉)算法,对图 $G(V,E)$ 设置集合 S,存放已被访问的顶点,然后每次从集合 $V-S$ 中选择与起点 s 的最短距离最小的一个顶点(记为 u),访问并加入集合 S。之后,令顶点 u 为中介点,优化起点 s 与所有从 u 能到达的顶点 v 之间的最短距离。这样的操作执行 n 次(n 为顶点个数),直到集合 S 已包含所有顶点,这是该算法的基本思想。

在执行 Dijkstra 算法时,首先初始化 dist 数组,若顶点 1 到顶点 $i(i=2,3,4,5)$ 有边,就初始化为边的权值;若无边,就初始化为 ∞;初始化顶点集 S 只含顶点 1。Dijkstra 算法每次选择一个到顶点 1 距离最近的顶点 j 加入顶点集 S,并判断由顶点 1 绕行顶点 j 后到任一顶点 k 是否距离更短,若距离更短(即 $dist[j]+arcs[j][k]<dist[k]$),则将 $dist[x]$ 更新为 $dist[j]+arcs[j][k]$;重复该过程,直至所有顶点都加入顶点集 S。数组 dist 的变化过程如图 8-82 所示,可知将第二个顶点 5 加入顶点集 S 后,数组 dist 更新为 21,3,14,6。

$$dist\{26,3,\infty,6\} \xrightarrow{\text{顶点3入}S} \{25,3,\infty,6\} \xrightarrow{\text{顶点5入}S} \{21,3,14,6\}$$

图 8-82　最短路径

【答案】故此题答案为 C。

2. 综合应用题

(1)【2009】带权图(权值非负,表示边连接的两顶点间的距离)的最短路径问题是找出从初始顶点到目标顶点之间的一条最短路径。假设从初始顶点到目标顶点之间存在路径,现有一种解决该问题的方法:

① 设最短路径初始时仅包含初始顶点,令当前顶点 u 为初始顶点。

② 选择离 u 最近且尚未在最短路径中的一个顶点 v,加入最短路径中,修改当前顶点 $u=v$。

③ 重复步骤②,直到 u 是目标顶点时为止。

请问上述方法能否求得最短路径?若该方法可行,请证明之;否则,请举例说明。

【考点】图;图的基本应用;最短路径;图的遍历。

【解析】考生需要知道最短路径的定义,即从某顶点出发,沿图的边到达另一顶点所经过的路径中,各边上权值之和最小的一条路径叫作最短路径。本题中提出的方法不一定能(或不能)求得最短路径。例如,对于如图 8-83 所示的带权图,如果按照题中的原则,从 A 到 C 的最短路径是 $A \rightarrow B \rightarrow C$,事实上其最短路径是 $A \rightarrow D \rightarrow C$。

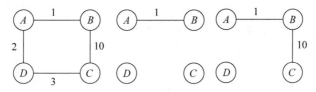

图 8-83　带权图

【小结】本题考查了最短路径的相关知识。

(2)【2011】已知有 6 个顶点(顶点编号为 0~5)的有向带权图 G,其邻接矩阵 A 为上三角矩阵,按行为主序(行优先)保存在如下的一维数组中。

| 4 | 6 | ∞ | ∞ | 5 | ∞ | ∞ | ∞ | 4 | 3 | ∞ | ∞ | 3 | 3 |

要求:

① 写出图 G 的邻接矩阵 A。

② 画出有向带权图 G。

③ 求图 G 的关键路径,并计算该关键路径的长度。

【考点】图;图的基本概念;图的遍历;图的基本应用;关键路径。

【解析】本题考查了图的基本概念、存储及基本操作、图的基本应用等知识点,本题的难点是关键路径的求解算法。本题具体解答如下。

① 图 G 的邻接矩阵 A 如下。

$$A = \begin{bmatrix} 0 & 4 & 6 & \infty & \infty & \infty \\ \infty & 0 & 5 & \infty & \infty & \infty \\ \infty & \infty & 0 & 4 & 3 & \infty \\ \infty & \infty & \infty & 0 & \infty & 3 \\ \infty & \infty & \infty & \infty & 0 & 3 \\ \infty & \infty & \infty & \infty & \infty & 0 \end{bmatrix}$$

② 有向带权图 G 如图 8-84 所示。

③ 图 8-85 中虚线所标识的 4 个活动组成图 G 的关键路径，它经过顶点 0、1、2、3 和 5。

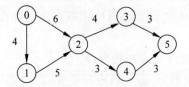
图 8-84 有向带权图

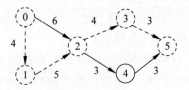
图 8-85 关键路径

从图 8-85 中可以看出，关键路径的长度为 $4+5+4+3=16$。

【小结】本题考查了关键路径的基础知识。

(3)【2014】已知某网络中的路由器运行 OSPF 路由协议，如表 8-11 所示是路由器 R1 维护的主要链路状态信息(LSI)，图 8-86 是根据表 8-11 中信息构造出来的网络拓扑。

表 8-11 R1 所维护的 LSI

		R1 的 LSI	R2 的 LSI	R3 的 LSI	R4 的 LSI	备 注
Router ID		10.1.1.1	10.1.1.2	10.1.1.5	10.1.1.6	标识路由器的 IP 地址
Link1	ID	10.1.1.2	10.1.1.1	10.1.1.6	10.1.1.5	所连路由器的 Router ID
	IP	10.1.1.1	10.1.1.2	10.1.1.5	10.1.1.6	Link1 的本地 IP 地址
	Metric	3	3	6	6	Link1 的费用
Link2	ID	10.1.1.5	10.1.1.6	10.1.1.1	10.1.1.2	所连路由器的 Router ID
	IP	10.1.1.9	10.1.1.13	10.1.1.10	10.1.1.14	Link2 的本地 IP 地址
	Metric	2	4	2	4	Link2 的费用
Net1	Prefix	192.1.1.0/24	192.1.6.0/24	192.1.5.0/24	192.1.7.0/24	直连网络 Net1 的网络前缀
	Metric	1	1	1	1	到达直连网络 Net1 的费用

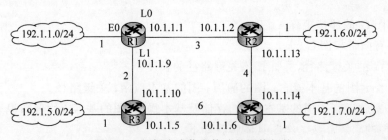
图 8-86 根据表中信息构造的网络拓扑

请回答下列问题。

① 本题中的网络可抽象为数据结构中的哪种逻辑结构？

② 针对表中的内容，设计合理的链式存储结构，以保存表中的链路状态信息(LSI)。要求给出链式存储结构的数据类型定义，并画出对应表的链式存储结构示意图(示意图中可仅以 ID 标识结点)。

③ 按照迪杰斯特拉(Dijkstra)算法的策略,依次给出 R1 到达图中子网 192.1.x.x 的最短路径及费用。

【考点】图；图的存储及基本操作；图的基本应用；最短路径；计算机网络；网络层；路由协议；OSPF 路由协议。

【解析】本题考查在给出具体模型时,数据结构的应用。该题很多考生乍看之下以为是网络的题目,其实题目本身并没有涉及太多的网络知识点,只是应用了网络的模型,实际上考查的还是数据结构的内容,如图的存储及基本操作、图的基本应用等知识点。

① 本题中给出的是一个简单的网络拓扑图,可以抽象为无向图。

② 链式存储结构如图 8-87 所示。

图 8-87　链式存储结构

其数据类型定义如下。

```
typedef struct{
unsigned int ID, IP;
JLinkNode;                        //Link 的结构
typedef struct {
unsigned int Prefix, Mask;
} NetNode;                        //Net 的结构
typedef struct Node {
int Flag;                         //Flag = 1 为 Link;Flag = 2 为 Net
union {
    LinkNode Lnode;
    NetNode Nnode;
}LinkORNet;
unsigned int Metric;
struct Node * next;
}ArcNode;                         //弧结点
typedef struct
HNode{ unsigned int
RouterID; ArcNode
* LN_link; Struct
HNode * next;
}HNODE;                           //表头结点
```

对应表的链式存储结构示意图如图 8-88 所示。

③ 按照迪杰斯特拉(Dijkstra)算法的策略,R1 到达图中子网 192.1.x.x 的最短路径及费用的计算结果如表 8-12 所示。

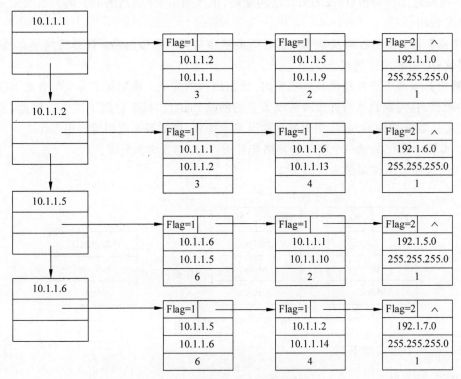

图 8-88　对应表的链式存储结构

表 8-12　R1 到达图中子网的最短路径及费用

步骤	目的网络	路　　径	代价（费用）
步骤 1	192.1.1.0/24	直接到达	1
步骤 2	192.1.5.0/24	R1→R3→192.1.5.0/24	3
步骤 3	192.1.6.0/24	R1→R2→192.1.6.0/24	4
步骤 4	192.1.7.0/24	R1→R2→R4→192.1.7.0/24	8

【小结】考查在给出具体模型时，数据结构的应用。该题很多考生以为是计算机网络的题目，其实题目本身并没有涉及太多的网络知识点，只是应用了网络的模型，实际上考查的还是数据结构的内容。

(4)【2015】已知含有 5 个顶点的图 G 如图 8-89 所示。

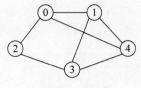

图 8-89　图 G

请回答下列问题。

① 写出图 G 的邻接矩阵 A（行、列下标均从 0 开始）。

② 求 A^2，矩阵 A^2 中位于 0 行 3 列元素值的含义是什么？

③ 若已知具有 $n(n \geq 2)$ 个顶点的图的邻接矩阵为 B，则 B^m $(2 \leq m \leq n)$ 中非零元素的含义是什么？

【考点】图；图的存储及基本操作；邻接矩阵；图的遍历。

【解析】本题主要考查图的邻接矩阵的相关内容。

① 图 G 的邻接矩阵 A 如下。

$$A = \begin{bmatrix} 0 & 1 & 1 & 0 & 1 \\ 1 & 0 & 0 & 1 & 1 \\ 1 & 0 & 0 & 1 & 0 \\ 0 & 1 & 1 & 0 & 1 \\ 1 & 1 & 0 & 1 & 0 \end{bmatrix}$$

② 矩阵 A^2 如下。

$$A^2 = \begin{bmatrix} 3 & 1 & 0 & 3 & 1 \\ 1 & 3 & 2 & 1 & 2 \\ 0 & 2 & 2 & 0 & 2 \\ 3 & 1 & 0 & 3 & 1 \\ 1 & 2 & 2 & 1 & 3 \end{bmatrix}$$

矩阵 A^2 中位于 0 行 3 列的元素值 3 表示从顶点 0 到顶点 3 之间长度为 2 的路径共有 3 条。

③ $B^m(2 \leqslant m \leqslant n)$ 中位于 i 行 j 列 $(0 \leqslant i,j \leqslant n-1)$ 的非零元素的含义是：图中从顶点 i 到顶点 j 长度为 m 的路径条数。

【小结】从历年试题来看，图的基本应用是极受命题人偏爱的，但本题考查的却是图的存储及基本操作的相关知识，所以考生复习时千万不要抱着侥幸心理，盲目相信所谓的押题，而应全面认真仔细地对照考试大纲进行复习。

（5）【2017】使用 Prim（普里姆）算法求带权连通图的最小（代价）生成树（MST）。请回答下列问题。

① 对如图 8-90 所示图 G，从顶点 A 开始求 G 的 MST，依次给出按算法选出的边。

② 图 G 的 MST 是唯一的吗？

③ 对任意的带权连通图，满足什么条件时，其 MST 是唯一的？

【考点】图；图的基本应用；最小生成树；Prim 算法。

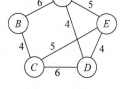

图 8-90　图 G

【解析】本题主要考查 Prim 算法，由此算法搜索到的边子集所构成的树中，不但包括连通图里的所有顶点，且其所有边的权值之和也为最小。本题中三个小题具体解答如下。

① Prim 算法属于贪心策略。算法从一个任意的顶点开始，在连接生成树集合 S 中顶点和其他顶点的边中，选择一条使得树的总权重增加最小的边加入集合 S，一直到包括图中所有顶点为止。当算法终止时，S 就是最小生成树。算法执行过程如图 8-91 所示，S 中顶点为 A，候选边为 (A,D)、(A,B)、(A,E)，选择 (A,D) 加入 S；S 中顶点为 A、D，候选边为 (A,B)、(A,E)、(D,E)、(C,D)，选择 (D,E) 加入 S；S 中顶点为 A、D、E，候选边为 (A,B)、(C,D)、(C,E)，选择 (C,E) 加入 S；S 中顶点为 A、D、E、C，候选边为 (A,B)、(B,C)，选择 (B,C) 加入 S；S 就是最小生成树。

依次选出的边为：$(A,D),(D,E),(C,E),(B,C)$。

② 图 G 的 MST 是唯一的。第一小题的最小生成树包括图中权值最小的四条边，其他边都比这四条边大，所以此图的 MST 唯一。

③ 当带权连通图的任意一个环中所包含的边的权值均不相同时，其 MST 是唯一的。

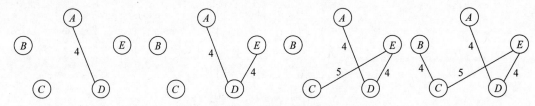

图 8-91 算法执行过程

【小结】最小(代价)生成树(MST)是图的基本应用之一,它可以用 Kruskal(克鲁斯卡尔)算法或 Prim(普里姆)算法求出。考生复习时应熟练掌握上述算法思想和实现,并理解算法的适用条件。

(6)【2018】拟建设一个光通信骨干网络连通 BJ、CS、XA、QD、JN、NJ、TL 和 WH 8 个城市,如图 8-92 所示,图中无向边上的权值表示两个城市间备选光缆的铺设费用。

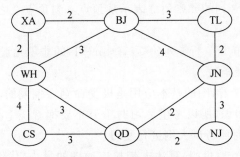

图 8-92 光通信骨干网

请回答下列问题。

① 仅从铺设费用角度出发,给出所有可能的最经济的光缆铺设方案(用带权图表示),并计算相应方案的总费用。

② 该图可采用图的哪一种存储结构?给出求解问题①所使用的算法名称。

③ 假设每个城市采用一个路由器按①中得到的最经济方案组网,主机 H1 直接连接在 TL 的路由器上,主机 H2 直接连接在 BJ 的路由器上。若 H1 向 H2 发送一个 TTL=5 的 IP 分组,则 H2 是否可以收到该 IP 分组?

【考点】图;图的基本应用;最小生成树;图的存储及基本操作;计算机网络;网络层;IP 分组。

【解析】本题为了求解最经济的方案,把问题抽象为求无向带权图的最小生成树,考查图的存储结构及 IP 分组的问题,具体解析如下。

① 可以采用手动 Prim 算法或 Kruskal 算法作图。注意本题最小生成树有两种构造,方案的总费用为 16,如图 8-93 所示。

② 存储题中的图可以采用邻接矩阵(或邻接表)。构造最小生成树采用 Prim 算法(或 Kruskal 算法)。

③ TTL=5,即 IP 分组的生存时间(最大传递距离)为 5,方案 1 中 TL 和 BJ 的距离过远,TTL=5 不足以让 IP 分组从 H1 传送到 H2,因此 H2 不能收到 IP 分组。而方案 2 中 TL 和 BJ 邻近,H2 可以收到 IP 分组。

【小结】本题综合了数据结构和计算机网络课程的知识。考生在复习时一定要掌握图

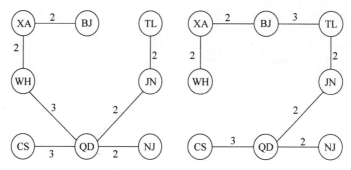

图 8-93　最小生成树

的存储及基本操作,如邻接矩阵和邻接表;图的基本应用如最小(代价)生成树、最短路径、拓扑排序和关键路径等。通过此题,考生应领悟到数据结构的图与计算机网络很容易结合在一起考查。

(7)【2021】已知无向连通图 G 由顶点集 V 和边集 E 组成,$|E|>0$,当 G 中度为奇数的顶点个数为不大于 2 的偶数时,G 存在包含所有边且长度为 $|E|$ 的路径(称为 EL 路径)。设图 G 采用邻接矩阵存储,类型定义如下:

```
typedef struct{                        //图的定义
    int numVertices,numEdges;          //图中实际的顶点数和边数
    char VerticesList[MAXV];           //顶点表。MAXV 为已定义常量
    int Edge[MAXV][MAXV];              //邻接矩阵
}MGraph;
```

请设计算法 int IsExistEL(MGraph G),判断 G 是否存在 EL 路径,若存在,则返回 1;否则返回 0。要求:

① 给出算法的基本设计思想。

② 根据设计思想,采用 C 或 C++语言描述算法,关键之处给出注释。

③ 说明你所设计算法的时间复杂度和空间复杂度。

【考点】图;图的存储及基本操作;邻接矩阵;时间复杂度;空间复杂度;C 或 C++语言。

【解析】本题是判断无向连通图是否存在 EL 路径问题,三个小题的问题依次推进,难度逐步增加,属于区分度较好、难度适中的综合应用题。需要考生:①按要求描述算法的思想;②给出 C 或 C++语言描述的算法并给出关键之处的注释;③分析给出算法的时间复杂度与空间复杂度。具体解析如下。

① 算法的基本设计思想。

题干已经描述了算法的基本思想,并明确要求采用邻接矩阵存储无向连通图 G。对于采用邻接矩阵存储的无向图,在邻接矩阵的每一行(列)中,非零元素的个数为本行(列)对应顶点的度。可以依次计算连通图 G 中各顶点的度,并记录度为奇数的顶点个数,若个数为 0 或 2,则返回 1,否则返回 0。

② 算法实现。

```
int IsExistEL (MGraph G){
//采用邻接矩阵存储,判断图是否存在 EL 路径
    int degree,i,j, count = 0;
```

```
for(i = 0; i < G.numVertices; i++)
{
    degree = 0;
    for(j = 0; j < G.numVertices; j++)
        degree += G.Edge[i][j];         //依次计算各个顶点的度
    if (degree % 2 != 0)
        count++;                         //对度为奇数的顶点计数
}
if(count == 0 || count == 2)
    return 1;                            //存在 EL 路径,返回 1
else
    return 0;                            //不存在 EL 路径,返回 0
}
```

③ 算法需要遍历整个邻接矩阵,所以时间复杂度是 $O(n^2)$,空间复杂度是 $O(1)$。

【小结】 图是历年考试的重点。考生复习时不但要熟练掌握图的基本应用,如最小(代价)生成树、最短路径、拓扑排序和关键路径;还要了解图的存储及基本操作,尤其是邻接矩阵和邻接表等常用的存储方式。

8.6 查找的习题与解析

8.6.1 查找基础试题与解析

1. 单项选择题

(1) 静态查找和动态查找最根本的差别为(   )。
    A. 逻辑结构不同　　B. 元素类型不同　　C. 具体操作不同　　D. 物理结构不同

【考点】 查找;查找的基本概念。

【解析】 本题涉及的是查找的基本概念。静态查找时不包括元素的插入和删除操作,动态查找时需要进行插入和删除操作。

【答案】 故此题答案为 C。

(2) (   )的平均查找长度与数据元素的数量无关。
    A. 顺序查找　　　B. 分块查找　　　C. 折半查找　　　D. 散列查找

【考点】 查找;查找的基本概念。

【解析】 本题涉及的是查找的基本概念。通常基于比较的查找方法均与数据元素的数量有关,如顺序查找、分块查找和折半查找。散列查找是在关键码和存储地址之间建立了映射关系,可以在 $O(1)$ 时间实现查找,与数据元素的数量无关。

【答案】 故此题答案为 D。

(3) 对长度为 n 的线性表执行顺序查找,等概率情况下查找成功的平均查找长度为(   )。
    A. n　　　　　B. $n/2$　　　　C. $(n-1)/2$　　　D. $(n+1)/2$

【考点】 查找;顺序查找法。

【解析】 本题涉及的是顺序查找法。在查找成功的情况下,顺序查找最少需要比较 1 次,最多需要比较 n 次,等概率情况下需要比较 $(n+1)/2$ 次。

【答案】 故此题答案为 D。

(4) 对于有序表{13,20,24,36,44,51,65,78,89,114,136},当折半查找值为 114 时,需比较( )次后查找成功。

　　A. 2　　　　　　B. 3　　　　　　C. 4　　　　　　D. 5

【考点】查找;折半查找法。

【解析】本题涉及的是折半查找法。初始值 low＝1,high＝11,第 1 次查找时 mid＝(low+high)/2＝6,此时令 low＝mid+1＝7,第 2 次查找时 mid＝(low+high)/2＝9,此时 low＝mid+1＝10,第 3 次查找时 mid＝(low+high)/2＝10。

【答案】故此题答案为 B。

(5) 折半查找判定树不一定是( )。

　　A. 平衡二叉树　　B. 二叉排序树　　C. 完全二叉树　　D. 二叉树

【考点】查找;折半查找法。

【解析】折半查找判定树是二叉树,并且是二叉排序树,同时也是平衡二叉树,但不一定是完全二叉树。

【答案】故此题答案为 C。

(6) 二叉排序树中值最小的结点( )。

　　A. 左指针一定为空　　　　　　B. 右指针一定为空

　　C. 左右指针一定均为空　　　　D. 以上均不对

【考点】查找;树形查找。

【解析】在二叉排序树中,值最小的结点一定是中序遍历序列中第一个被访问的结点,即二叉树最左结点,故其左指针一定为空,但右指针不一定。

【答案】故此题答案为 A。

(7) 按( )二叉排序树得到的序列一定是一个有序序列。

　　A. 先序遍历　　B. 中序遍历　　C. 后序遍历　　D. 层次遍历

【考点】查找;树形查找。

【解析】根据二叉排序树的性质,根结点的值大于其左子树上所有结点的值且小于其右子树上所有结点的值,故中序遍历二叉排序树一定是一个升序序列,即有序序列。

【答案】故此题答案为 B。

(8) 对于如图 8-94 所示二叉排序树,在等概率下查找成功的平均查找长度为( )。

　　A. 13/9　　　　　B. 23/9　　　　　C. 25/9　　　　　D. 19/9

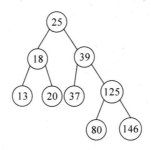

图 8-94　二叉排序树

【考点】查找;树形查找。

【解析】给定的二叉排序树的平均查找长度为(1×1+2×2+3×4+4×2)÷9＝25/9。

【答案】故此题答案为 C。

(9) 一棵完全二叉树一定是一棵（　　）。

　　A. 平衡二叉树　　B. 二叉排序树　　C. 哈夫曼树　　D. 以上均不正确

【考点】查找；树形查找。

【解析】由于完全二叉树中结点的平衡因子一定是 0 或 1，因此一定是平衡二叉树，但不一定是二叉排序树或哈夫曼树。

【答案】故此题答案为 A。

(10) 在平衡二叉树中插入了一个结点造成了不平衡，假设最低的不平衡结点的左孩子平衡因子为 1，右孩子为 0，则要进行（　　）调整。

　　A. LL　　　　B. LR　　　　C. RR　　　　D. RL

【考点】查找；树形查找。

【解析】平衡二叉树的调整可以分为 4 种情况，分别为 LL，LR，RR 和 RL。其中，LL 调整如图 8-95 所示。

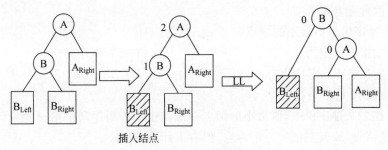

图 8-95　LL 调整

从图 8-95 中可以看出，本题对应 LL 调整的情况。

【答案】故此题答案为 A。

(11) 给定序列{13,26,38,95,55,35}构造一棵平衡二叉树，其根结点为（　　）。

　　A. 38　　　　B. 95　　　　C. 35　　　　D. 55

【考点】查找；树形查找。

【解析】手动构造平衡二叉树并调整后可知根结点为 38。构造平衡二叉树并调整的过程如图 8-96 所示。

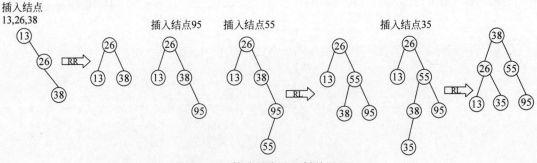

图 8-96　构造平衡二叉树并调整

从图 8-96 中可以看出，本题在插入结点的过程中依次进行了一次 RR 和两次 RL 调整的过程。

【答案】故此题答案为 A。

(12) 以下关于红黑树,说法正确的是(　　)。
    A. 在红黑树中,如果一个结点是红色的,那么它的孩子结点都是黑色的
    B. 在红黑树中,如果一个结点是黑色的,那么它的孩子结点都是红色的
    C. 红黑树中任一结点左右子树的高度差不会超过 3 倍
    D. 在红黑树中执行插入操作时,不会发生颜色冲突

【考点】查找;树形查找。
【解析】根据红黑树的性质,如果一个结点是红色的,那么它的孩子结点都是黑色的。
【答案】故此题答案为 A。

(13) 在一个具有 n 个结点的红黑树中,查找某个关键码的时间复杂度为(　　)。
    A. $O(\log_2 n)$　　　B. $O(n)$　　　C. $O(1)$　　　D. $O(n^2)$

【考点】查找;树形查找。
【解析】红黑树查找、插入和删除操作的时间复杂度为 $O(\log_2 n)$。
【答案】故此题答案为 A。

(14) 在一棵 m 阶的 B 树中执行插入操作,若一个结点中的关键码个数等于(　　),则必须将该结点分裂为两个结点。
    A. m　　　B. $m/2$　　　C. $m-1$　　　D. $m+1$

【考点】查找;B 树及基本操作;B+树的基本概念。
【解析】考生一定要注意 B 树的英文名是 B-tree,国内部分教材将其译为 B—树,另一部分教材将其称为 B 树,所以要知道 B 树就是 B—树。按照 B 树的定义,m 阶 B 树中的每个结点最多有 $m-1$ 个关键码,当关键码个数超过 $m-1$(即为 m)时则必须分裂。
【答案】故此题答案为 A。

(15) 在一棵 m 阶的 B 树中,删除一个结点中的关键码后,引起该结点与其他结点合并,故可以推测该结点删除关键码前有(　　)个关键码。
    A. $\lceil \frac{m}{2} \rceil$　　　B. $\lceil \frac{m}{2} \rceil + 1$　　　C. $\lceil \frac{m}{2} \rceil - 1$　　　D. $m-1$

【考点】查找;B 树及基本操作;B+树的基本概念。
【解析】按照 B 树的定义,m 阶 B 树中每个结点至少有 $\lceil \frac{m}{2} \rceil$ 棵子树,意味着至少有 $\lceil \frac{m}{2} \rceil - 1$ 个关键码,此时再删除关键码将会引起合并操作。
【答案】故此题答案为 C。

(16) 假设一棵 6 阶 B 树有 53 个关键码,则其最大深度为(　　)。
    A. 3　　　B. 4　　　C. 5　　　D. 6

【考点】查找;B 树及基本操作;B+树的基本概念。
【解析】想要 B 树深度最大,就需要每一层的第一个结点中的关键码个数最少。第一层根结点最少应有 1 个关键字,而其他层的各结点至少应有 $\lceil \frac{6}{2} \rceil - 1 = 2$ 个关键码,其中第 2 层至少有 2 个结点,第 3 层至少有 6 个结点,第 4 层至少有 18 个结点,即关键码数目为 $1 + (2+6+18) \times 2 = 53$。

【答案】故此题答案为 B。

(17) 假设散列表的长度为 17,散列函数 $H(x)=x \bmod 17$,表中已经有 25,36,66,89 和 121 五个元素,如果用线性探测法处理冲突,则元素 55 的存储地址为(   )。

  A. 3   B. 4   C. 5   D. 6

【考点】查找;散列表。

【解析】五个元素 25,36,66,89 和 121 分别对应散列表中 7,1,14,3 和 2,故 55 与 89 冲突,后移一个位置,即存储地址为 4。

0	1	2	3	4	5	6	7	8	9	10	11	12	13	14	15	16
	36	121	89	55			25							66		

【答案】故此题答案为 B。

(18) 关于散列查找,(   )是正确的。

  A. 好的散列函数可以减少冲突

  B. 除留余数法是所有散列函数中最好的

  C. 再散列法处理冲突不会产生聚集

  D. 无法设计一个不产生冲突的散列函数

【考点】查找;散列表。

【解析】好的散列函数可以减少冲突;不存在通用意义上的好的散列函数,要视情况而定;再散列法可以减少聚集,但通常无法避免。在给定关键码的前提下,可能设计一个不产生冲突的散列函数。

【答案】故此题答案为 A。

(19) 对于散列函数 $H(x)=x \bmod 5$,用线性探测法把关键码 $\{5,10,15,20,25,30\}$ 依次存入散列表,至少需要探测(   )次。

  A. 6   B. 10   C. 15   D. 21

【考点】查找;散列表。

【解析】给定的关键码散列值相同,假定散列表在关键码存入之前是空表,则探测次数为 $1+2+3+4+5+6=21$。

【答案】故此题答案为 D。

(20) 对具有 n 个关键码的散列表进行查找,其时间复杂度为(   )。

  A. $O(\log_2 n)$ B. $O(n\log_2 n)$ C. $O(n)$ D. $O(1)$

【考点】查找;散列表。

【解析】散列表的装填因子确定后,平均查找长度是一个常数。因此时间复杂度为 $O(1)$。

【答案】故此题答案为 D。

(21) 已知模式串 $T=$ "abaabab",其 next 值为(   )。

  A. [0,0,0,0,1,2,3]   B. [−1,0,0,1,1,2,3]

  C. [0,0,1,1,2,3]   D. [−1,0,0,1,1,2,2]

【考点】查找;字符串模式匹配。

【解析】模式串 T 如表 8-13 所示。

表 8-13 模式串 T

$T[0]$	$T[1]$	$T[2]$	$T[3]$	$T[4]$	$T[5]$	$T[6]$
a	b	a	a	b	a	b

根据 next 数组的定义,其计算过程如下。

next$[0]=-1$;

next$[1]=0$;

$T[0]\neq T[1]$,则 next$[2]=0$;

$T[0]=T[2]$,故 next$[3]=1$;

$T[0]=T[3]$,故 next$[4]=1$;

$T[0]T[1]=T[3]T[4]$,故 next$[5]=2$;

$T[0]T[1]T[2]=T[3]T[4]T[5]$,故 next$[6]=3$。

【答案】 故此题答案为 B。

(22) 假设主串 $S=$ "abaababcdaabb",模式串 $T=$ "abab",采用 KMP 算法进行模式匹配时,需要(　　)趟成功。

　　A. 1　　　　　　B. 2　　　　　　C. 3　　　　　　D. 4

【考点】 查找;折半查找法。

【解析】 模式串的 next 值为$[-1,0,0,1]$。第 1 趟模式串与主串在模式串的最后一个字符处失配,此时主串指针 i 为 3;第 2 趟主串指针 i 为 3 不变,模式串 j 从 next$[3]=1$ 处开始匹配并成功。

【答案】 故此题答案为 B。

(23) 红黑树一定是(　　)。

　　A. 平衡二叉树　　B. 二叉排序树　　C. 完全二叉树　　D. 二叉树

【考点】 查找;树形查找。

【解析】 红黑树是二叉树,同时也是平衡二叉树的变体。它不是严格意义上的平衡二叉树,也不一定是完全二叉树或二叉排序树。

【答案】 故此题答案为 D。

2. 综合应用题

(1) 设计一个算法判断给定的二叉树 BT 是否为二叉排序树。

【考点】 查找;树形查找。

【解析】 本题要求设计二叉排序树的判定算法。一个较为容易想到的思路就是根据二叉排序树的中序遍历序列为递增序列这一性质,对 BT 进行中序遍历并判断所得序列是否满足上述性质。算法的实现代码具体如下。

```
int pre = -1;
int SortBinaryTree(Btree * BT)
{
    int iResult = 1;

    if(BT == NULL)
        return 1;
    else
```

```
            {
                iResult = SortBinaryTree(BT -> lchild);
                if (iResult == 0 || pre -> data >= BT -> data)
                    return 0;
                else
                    pre = BT -> data;
                iResult = SortBinaryTree(BT -> rchild);
                return iResult;
            }
        }
```

【小结】二叉排序树作为一种特殊的二叉树,它的一个重要性质就是中序遍历序列为递增序列。算法实现时就是在中序遍历的基础上对序列中的相邻元素进行比较,一旦不满足递增,即退出递归,说明不是二叉排序树,若直到遍历完成仍满足递增,则说明为二叉排序树。

(2) 设计算法计算平衡二叉树 T 中各结点的平衡因子。

【考点】查找;树形查找。

【解析】由于需要计算各结点的平衡因子,因此需要在二叉树的结点中增加 bf 域用于存储平衡因子的值。根据平衡二叉树的定义可知,任一结点的平衡因子为该结点的左子树深度减去其右子树深度,所以在计算某一结点平衡因子时需要先计算该结点的左子树深度和右子树深度,这意味着可以借鉴后续遍历二叉树的思路来设计和实现算法。算法的实现如下。

```
int CalBF(Btree T)
{
    int lbf = 0, rbf = 0;

    if(T == NULL)
        return 0;
    else
    {
        lbf = CalBF(T -> lchild);
        rbf = CalBF(T -> rchild);
        T -> bf = lbf - rbf;
        if(lbf > rbf)
            return lbf + 1;
        else
            return rbf + 1;
    }
}
```

【小结】考生复习时一定要认真掌握二叉树遍历的算法思想,在算法设计时可以参考之。

(3) 简述红黑树的特点和作用。

【考点】查找;树形查找。

【解析】红黑树是在 1972 年由 Rudolf Bayer 发明的,当时被称为平衡二叉 B 树,在 1978 年被 Leo J. Guibas 和 Robert Sedgewick 修改为如今的"红黑树"。红黑树是一种平衡二叉查找树的变体,它的左右子树高差有可能大于 1,所以红黑树不是严格意义上的平衡二叉树(AVL),但对之进行平衡的代价较低,其平均统计性能要强于 AVL。它的每个结点分别为红色或黑色,在 Linux 非实时任务调度、虚拟内存中均有应用,还作为嵌入式数据库中的索引机制。

【小结】目前,红黑树已广泛应用于 Linux 的进程管理、内存管理、设备驱动及虚拟内存跟踪等一系列场景中。

(4) 给出基于{21,32,49,55,66,69,75}创建三阶 B 树和删除结点为 49 的详细步骤。

【考点】查找;B 树及其基本操作;B+树的基本概念。

【解析】三阶 B 树意味着每个结点最多有 3 棵子树。基于{21,32,49,55,66,69,75}创建三阶 B 树的详细过程如图 8-97 所示。

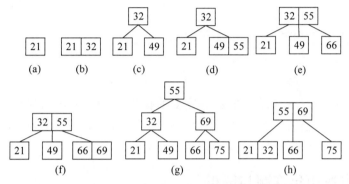

图 8-97　创建三阶 B 树并删除结点 49

【小结】无论是 B 树还是 B+树,考生都需要熟悉其基本操作,如插入和删除结点。

(5) 已知关键码集合为{54,18,20,63,99,76,80,65,47,50},现将其散列到地址{1001,1002,1003,1004,1005,1006,1007,1008,1009,1010}中,采用线性探测法解决冲突,请给出散列函数和散列表。

【考点】查找;散列表。

【解析】地址从 1001 开始,存储空间的长度为 10。假定散列函数为 $H(\text{key}) = \text{key} \% 10 + 1001$,散列表如表 8-14 所示。

表 8-14　散列表

地址	1001	1002	1003	1004	1005	1006	1007	1008	1009	1010
关键码	20	80	50	63	54	65	76	47	18	99

【小结】如果关键码不是整型数据,则需要在散列前进行数字化。

(6) 假定使用拉链法解决冲突,试设计算法实现删除散列表中值为 x 的记录。

【考点】查找;散列表。

【解析】想要删除指定记录,必须先执行查找操作,假设散列函数为 HF,散列表为 HT,则算法实现如下。

```
HashNode *DeleteXInHT(HashNode *HT[],int m, int x)
{
    int i = HF(x);
    HashNode *p = HT[i], *q = NULL;

    if(p->data == x)
    {
        HT[i] = p->next;
```

```
            return p;
        }
        while(p->next!= NULL)
        {
            if(p->next->data == x)
            {
                q = p->next;
                p->next = q->next;
                return q;
            }
            else
                p = p->next;
        }
        return NULL;
}
```

【小结】解决哈希冲突有许多方法,最主要的有开放定址法(闭散列)和拉链法(开散列,链地址法或开链法)。前者是指出现冲突时在哈希表中找一个新的空闲位置存放数据元素;后者是指把所有的同义词通过一个单链表链接起来的方法。

8.6.2 查找历年真题与解析

1. 单项选择题

(1)【2009】下列叙述中,不符合 m 阶 B 树定义要求的是(　　)。
　　A. 根结点最多有 m 棵子树　　　　　　　B. 所有叶结点都在同一层上
　　C. 各结点内关键字均升序或降序排列　　D. 叶结点之间通过指针链接

【考点】查找;B 树及其基本操作;B+树的基本概念。

【解析】本题考查了 m 阶 B—树(即 B 树)的特点。考生首先要知道 B 树也称 B—树,复习时一定要注意区别 B—树和 B+树各自的特点。B—树和 B+树的区别可总结如表 8-15 所示。

表 8-15　B—树和 B+树的区别

特　征	B—树	B+树	备　注
最大分支或最小分支	每个结点最多有 m 个分支(子树),最少 $\lceil m/2 \rceil$(中间结点)个分支或者 2 个分支(是根结点非叶子结点)	每个结点最多有 m 个分支(子树),最少 $\lceil m/2 \rceil$ 个分支或者 2 个分支(是根结点非叶子结点)	m 阶对应的就是最大分支
n 个关键字与分支的关系	分支等于 $n+1$	分支等于 n	无
关键字个数	大于或等于 $\lceil m/2 \rceil - 1$,小于或等于 $m - 1$	大于或等于 $\lceil m/2 \rceil$,小于或等于 m	B+树关键字个数要多
叶子结点	每个结点中的元素互不相等且按照从小到大排列;所有的叶子结点都位于同一层。叶子结点不包含信息	每个结点中的元素互不相等且按照从小到大排列;所有的叶子结点都位于同一层。叶子结点包含信息,指针指向记录	无

续表

特 征	B-树	B+树	备 注
叶子结点之间的关系	无	B+树上有一个指针指向关键字最小的叶子结点,所有叶子结点之间链接成一个线性链表	无
非叶子结点	一个关键字对应一个记录的存储地址	只起到索引的作用	无

由表 8-15 中信息可知,根结点最多有 m 棵子树(选项 A)、所有叶结点都在同一层上(选项 B)和各结点内关键字均升序或降序排列(选项 C)都是 B-树和 B+共同的特点,而只有叶结点之间通过指针链接(选项 D)则是 B+树独有的特点。

【答案】 故此题答案为 D。

(2)【2010】已知一个长度为 16 的顺序表 L,其元素按关键字有序排列。若采用折半查找法查找一个 L 中不存在的元素,则关键字的比较次数最多是( )。

  A. 4   B. 5   C. 6   D. 7

【考点】 查找;折半查找法。

【解析】 本题考查折半查找的过程。折半查找也称二分搜索,搜索过程从数组的中间元素开始,如果中间元素正好是要查找的元素,则搜索过程结束;如果某一特定元素大于或小于中间元素,则在数组大于或小于中间元素的那一半中继续折半查找,如果在某一步骤数组为空,则代表找不到。这种搜索算法每次比较都使搜索范围缩小一半。具有 n 个结点的判定树的高度为 $\log_2 n+1$,对于长度为 16 的顺序表,其结点数即为 16,高度为 $\log_2 16+1=5$,所以最多比较 5 次。

【答案】 故此题答案为 B。

(3)【2011】为提高散列(Hash)表的查找效率,可以采取的正确措施是( )。

 Ⅰ. 增大装填(载)因子

 Ⅱ. 设计冲突(碰撞)少的散列函数

 Ⅲ. 处理冲突(碰撞)时避免产生聚集(堆积)现象

  A. 仅Ⅰ   B. 仅Ⅱ   C. 仅Ⅰ、Ⅱ   D. 仅Ⅱ、Ⅲ

【考点】 查找;散列(Hash)表。

【解析】 本题考查散列表的相关知识,考生需知道 Hash 表的查找效率取决于散列函数、处理冲突的方法和装填因子(表中记录数与表长之比)。冲突的产生概率与装填因子的大小成正比,即装填得越满就越容易发生冲突,故Ⅰ错误;设计冲突(碰撞)少的散列函数可以有效提高散列表的查找效率,故Ⅱ正确;采用合适的处理冲突的方式避免产生聚集现象,也将提高查找效率,例如,用拉链法解决冲突时就不存在聚集现象,用线性探测法解决冲突时易引起聚集现象,故Ⅲ正确。

【答案】 故此题答案为 D。

(4)【2012】已知一棵 3 阶 B-树,如图 8-98 所示。删除关键字 78,得到一棵新 B-树,其最右叶子结点中的关键字是( )。

  A. 60   B. 60,62   C. 62,65   D. 65

【考点】查找；B树及其基本操作；B+树的基本概念。

【解析】本题考查 B－树的删除操作。考生解答此题时首先需要知道 B－树也称 B 树。对于如图 8-98 所示的 3 阶 B－树,被删关键字 78 所在结点在删除前的关键字个数=1=⌈3/2⌉－1 且其左兄弟结点的关键字个数=2×⌈3/2⌉,属于"兄弟够借"的情况,则需把该结点的左兄弟结点中最大的关键字上移到双亲结点中,同时把双亲结点中大于上移关键字的关键字下移到要删除关键字的结点中,这样就达到了新的平衡。具体如图 8-99 所示。

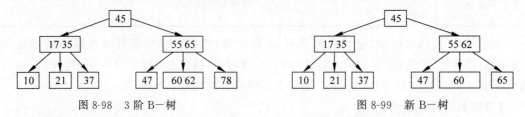

图 8-98　3 阶 B－树　　　　　　　　图 8-99　新 B－树

【答案】故此题答案为 D。

(5)【2013】在一棵高度为 2 的 5 阶 B 树中,所含关键字的个数最少是(　　)。

　　A. 5　　　　　B. 7　　　　　C. 8　　　　　D. 14

【考点】查找；B 树及其基本操作；B+树的基本概念。

【解析】本题考查 B 树的基本概念。一棵高度为 2 的 5 阶 B 树,根结点只有到达 5 个关键字的时候才能产生分裂,高度为 2 的 5 阶 B 树所含关键字的个数最少是 5。

【答案】故此题答案为 A。

(6)【2014】用哈希(散列)方法处理冲突(碰撞)时可能出现堆积(聚集)现象,下列选项中,会受堆积现象直接影响的是(　　)。

　　A. 存储效率　　　　　　　　B. 散列函数

　　C. 装填(装载)因子　　　　　D. 平均查找长度

【考点】查找；散列(Hash)表。

【解析】本题考查散列表的相关知识,属于记忆性的题目。产生堆积现象,即产生了冲突,它对存储效率、散列函数和装填因子均不会有影响,而平均查找长度会因为堆积现象而增大。

【答案】故此题答案为 D。

(7)【2014】在一棵具有 15 个关键字的 4 阶 B 树中,含关键字的结点个数最多是(　　)。

　　A. 5　　　　　B. 6　　　　　C. 10　　　　　D. 15

【考点】查找；B 树及其基本操作；B+树的基本概念。

【解析】本题考查 B 树的基本概念。关键字数量不变,则要求结点数量最多,相应地每个结点中含关键字的数量必然最少。根据 4 阶 B 树的定义,根结点最少含 1 个关键字,非根结点中最少含⌈4/2⌉－1=1 个关键字,所以每个结点中,关键字数量最少都为 1 个,即每个结点都有两个分支,类似于排序二叉树,而 15 个结点正好可以构造一个如图 8-100 所示的 4 阶 B 树。

考生一定要注意：4 阶 B－树,不必非要有 3 个关键字的结点,只需要满足根结点有 1 个关键字,非叶结点至少 1 个关键字即可。

【答案】故此题答案为 D。

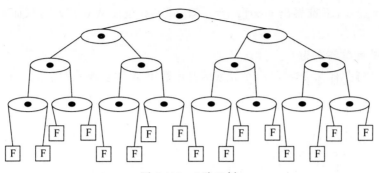

图 8-100　4 阶 B 树

（8）【2015】下列选项中,不能构成折半查找中关键字比较序列的是(　　)。

　　A. 500,200,450,180　　　　　　　　B. 500,450,200,180

　　C. 180,500,200,450　　　　　　　　D. 180,200,500,450

【考点】查找；折半查找法。

【解析】本题考查折半查找的有关知识。因为折半查找的判定树是一棵二叉排序树,看其是否满足二叉排序树的要求。二叉排序树要么是一棵空树,要么是具有下列性质的二叉树：①若左子树不空,则左子树上所有结点的值均小于或等于它的根结点的值；②若右子树不空,则右子树上所有结点的值均大于或等于它的根结点的值；③左、右子树也分别为二叉排序树。根据各选项中的关键字画出如图 8-101 所示的查找路径,选项 A 的查找路径不满足要求,选项 B、C 和 D 的查找路径满足要求。

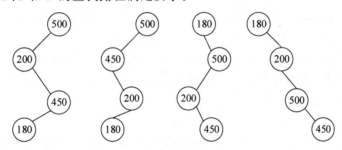

图 8-101　查找路径

【答案】故此题答案为 A。

（9）【2015】已知字符串 s 为"abaabaabacacaabaabcc",模式串 t 为"abaabc5"。采用 KMP 算法进行匹配,第一次出现"失配"($s[i] \neq t[j]$)时,$i=j=5$,则下次开始匹配时,i 和 j 的值分别是(　　)。

　　A. $i=1,j=0$　　　　　　　　　　　B. $i=5,j=0$

　　C. $i=5,j=2$　　　　　　　　　　　D. $i=6,j=2$

【考点】查找；字符串模式匹配。

【解析】本题考查 KMP 算法的相关知识,考生应该知道 KMP 算法主要是求 next 数组的过程,首先要理解 next 数组是什么,next$[i]$ 代表什么：next$[i]$ 代表在模式串 t 中,长度为 i 的前缀后缀匹配长度。

由题中"'失配'($s[i] \neq t[j]$)时,$i=j=5$"可知,题中的主串和模式串的位序都是从 0 开始的。依据 KMP 算法当失配时,i 不变,j 回退到 next$[j]$ 的位置并重新比较,当失配

$s[i][j]$ 时,$i=j=5$,不难得出 $\text{next}[j]=\text{next}[5]=2$(位序从 0 开始),从而最后结果应为 $i=5$(i 保持不变),$j=2$。

【答案】故此题答案为 C。

(10)【2016】在有 $n(n>1000)$ 个元素的升序数组 A 中查找关键字 x。查找算法的伪代码如下:

```
k = 0;
while(k < n 且 A[k] < x) k = k + 3;
if(k < n 且 A[k] == x) 查找成功;
else if(k - 1 < n 且 A[k - 1] == x) 查找成功;
    else if(k - 2 < n 且 A[k - 2] == x) 查找成功;
        else 查找失败;
```

本算法与折半查找算法相比,有可能具有更少比较次数的情形是(　　)。

　　A. 当 x 不在数组中　　　　　　　B. 当 x 接近数组开头处

　　C. 当 x 接近数组结尾处　　　　　D. 当 x 位于数组中间位置

【考点】查找;折半查找法;顺序查找法。

【解析】本算法采用跳跃式的顺序查找法查找升序数组中的 x,显然是 x 越靠前,比较次数才会越少。

【答案】故此题答案为 B。

(11)【2016】B+树不同于 B 树的特点之一是(　　)。

　　A. 能支持顺序查找　　　　　　　B. 结点中含有关键字

　　C. 根结点至少有两个分支　　　　D. 所有叶结点都在同一层上

【考点】查找;B 树及其基本操作;B+树的基本概念。

【解析】本题考查的是 B+树与 B 树的差别。由于 B+树的所有叶结点中包含全部的关键字信息,且叶结点本身依关键字从小到大顺序链接,可以进行顺序查找,而 B 树不支持顺序查找(只支持多路查找)。

【答案】故此题答案为 A。

(12)【2017】下列二叉树中,可能成为折半查找判定树(不含外部结点)的是(　　)。

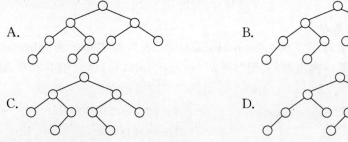

【考点】查找;树形查找;二叉搜索树。

【解析】解答本题时考生须了解折半查找判定树实际上是一棵二叉排序树,它的中序序列是一个有序序列,根据这一特性,可以在树结点上依次填上相应的元素,符合折半查找规则的树即是所求。对于区间 $[\text{low}, \text{high}]$,根结点 $\text{mid}=\lfloor(\text{low}+\text{high})/2\rfloor$ 或 $\lceil(\text{low}+\text{high})/2\rceil$(对于某一棵二叉排序树,只能是其中一种),选项 B 虚线所示结点 8 应为结点 9 的左子树根结点。选项 C 虚线所示结点 7 应为结点 8 的左子树根结点。对于选项 D 中的区间 [1,

10],根结点 mid=⌊(1+10)/2⌋=5,这意味着子区间为[1,4],根结点 mid=⌊(1+4)/2⌋=2,与图中的根结点3不符。选项 A 符合折半查找规则,因此正确。

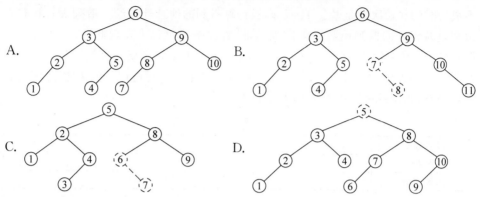

【答案】故此题答案为 A。

(13)【2017】下列应用中,适合使用 B+树的是(　　)。
  A. 编译器中的词法分析　　　　　B. 关系数据库系统中的索引
  C. 网络中的路由表快速查找　　　D. 操作系统的磁盘空闲块管理

【考点】查找;B 树及其基本操作;B+树的基本概念。

【解析】本题考查的是 B+树。B+树是一种树数据结构,通常用于数据库和操作系统的文件系统中。B+树的特点是能够保持数据稳定有序,其插入与修改拥有较稳定的对数时间复杂度。B+树元素自底向上插入,这与二叉树恰好相反。

  B+树是应文件系统所需而产生的 B-树的变形,前者比后者更加适用于实际应用中的操作系统的文件索引和关系数据库系统中的索引,因为前者磁盘读写代价更低,查询效率更加稳定。编译器中的词法分析使用有穷自动机和语法树。网络中的路由表快速查找主要靠高速缓存、路由表压缩技术和快速查找算法。操作系统一般使用空闲空间链表管理磁盘空闲块。

【答案】故此题答案为 B。

(14)【2018】高度为 5 的 3 阶 B 树含有的关键字个数至少是(　　)。
  A. 15　　　　　　　　　　　　　B. 31
  C. 62　　　　　　　　　　　　　D. 242

【考点】树与二叉树;树、森林;树的存储结构。

【解析】本题考查 m 阶 B 树的基本性质。B 树中根结点以外的非叶结点最少含有 $\lceil m/2 \rceil - 1$ 个关键字,代入 $m=3$ 得到每个非叶结点中最少包含 1 个关键字,而根结点含有 1 个关键字,因此所有非叶结点都有两个孩子,此时其树形与 $h=5$ 的满二叉树相同,可求得关键字最少为 31 个。

(15)【2018】现有长度为 7、初始为空的散列表 HT,散列函数 $H(k)=k\%7$,用线性探测再散列法解决冲突。将关键字 22,43,15 依次插入 HT 后,查找成功的平均查找长度是(　　)。
  A. 1.5　　　　　　　　　　　　　B. 1.6
  C. 2　　　　　　　　　　　　　　D. 3

【考点】查找;散列(Hash)表。

【解析】 考生解答本题需了解计算散列表的查找成功和查找不成功的平均查找长度的技巧(线性探测法和链地址法)。散列表查找成功时的比较次数是基于关键字计算的;查找不成功时的比较次数是基于 Hash 函数计算得到的地址计算的。散列表查找时先根据构造散列表时设定的散列函数求得散列地址,若在查找过程中发现此地址没有记录,则查找失败;否则比较关键字,若和给定值相等,则查找成功;否则要根据构造散列表时设定的处理冲突的方法查找"下一地址",直到相应地址没有记录或对应记录的关键字等于给定值为止。根据题意,得到的散列表 HT 如表 8-16 所示。

表 8-16 散列表

散列地址	0	1	2	3	4	5	6
关键码		22	43	15			
比较次数		1	2	3			

$ASL_{成功} = (1+2+3)/3 = 2$。

【答案】 故此题答案为 C。

(16)【2019】设主串 $T =$ "abaabaabcabaabc",模式串 $S =$ "abaabc",采用 KMP 算法进行模式匹配,到匹配成功时为止,在匹配过程中进行的单个字符间的比较次数是( )。

A. 9　　　　B. 10　　　　C. 12　　　　D. 15

【考点】 查找;字符串模式匹配;KMP。

【解析】 字符串模式匹配中的 KMP 算法一定要掌握,考生要学会手工求模式串的 next 值。假设位序是从 0 开始(与 C 语言的数组下标对应),则模式串 $S =$ "abaabc" 的 next 值如表 8-17 所示。

表 8-17 模式串 S 的 next 值

i	0	1	2	3	4	5
模式串 S	a	b	a	a	b	c
next[i]	−1	0	0	1	1	2

根据 KMP 算法,第 1 趟连续比较 6 次,第 2 趟连续比较 4 次,即单个字符总共比较 10 次,如图 8-102 所示。

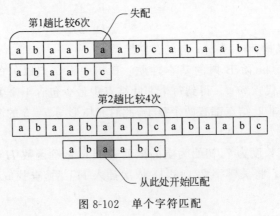

图 8-102　单个字符匹配

【答案】 故此题答案为 B。

(17)【2020】依次将关键字 5,6,9,13,8,2,12,15 插入初始为空的 4 阶 B 树后,根结点中包含的关键字是( )。

　　　　A. 8　　　　　　B. 6,9　　　　　C. 8,13　　　　　D. 9,12

【考点】查找；B 树及其基本操作。

【解析】本题考查 B 树及其基本操作,对大部分考生而言是难点。B 树的插入及分裂规则如下。如果插入前 B 树非空,那么插入位置一定在最底层中的某个非叶结点。根据 B 树的特性可知,所有结点中关键字的个数 n 满足 $\lceil m/2 \rceil - 1 \leq n \leq m - 1$,若插入后的关键字的个数小于 m,则可直接插入,否则必须对结点进行分裂。一般情况下,对于含有 $m-1$ 个关键字的结点,从中间位置 $\lceil m/2 \rceil$ 处将其中的 $m-1$ 个关键字分为两部分,左边部分的关键字放在原结点中,右边部分放到新的结点中。注意在分裂结点时,如果该结点没有双亲结点,则新建一个双亲结点,B 树的高度增加一层;否则将中间位置的结点插入双亲结点中去。

由于 4 阶 B 树的结点最多含有 3 个关键字,按照上述 B 树的插入及分裂规则,插入 13 时发生第一次分裂,关键字 6 成为根结点,它的第一个孩子为 5,第二个孩子为 9 和 13；关键字 2 和 8 插入时不分裂；关键字 12 插入时发生第二次分裂,此时关键字 9 也成为根结点,第一个孩子为关键字 2 和 5,第二个孩子为关键字 8,第三个孩子为关键字 12 和 13；最后 15 插入第三个孩子里,具体如图 8-103 所示。

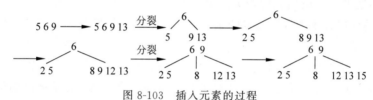

图 8-103　插入元素的过程

【答案】故此题答案为 B。

(18)【2021】在一棵高度为 3 的 3 阶 B 树中,根为第 1 层,若第 2 层中有 4 个关键字,则该树的结点个数最多是( )。

　　　　A. 11　　　　　B. 10　　　　　C. 9　　　　　D. 8

【考点】查找；B 树及其基本操作。

【解析】本题主要考查 B 树的性质。在阶为 3 的 B 树中,每个结点至多含有两个关键字(至少 1 个),至多有 3 棵子树。本题规定第二层有 4 个关键字,欲使 B 树的结点个数达到最多,则这 4 个关键字包含在 3 个结点中,即第一层 1 个结点,第二层 3 个结点,第三层 7 个结点,最多共有 11 个结点。B 树树形如图 8-104 所示,其中,$ABC \cdots M$ 表示关键字。

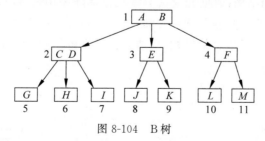

图 8-104　B 树

【答案】故此题答案为 A。

2. 综合应用题

(1)【2010】将关键字序列(7,8,30,11,18,9,14)散列存储到散列表中,散列表的存储空间是一个下标从 0 开始的一维数组,散列函数为 $H(\text{key})=(\text{key}\times 3) \bmod 7$,处理冲突采用线性探测再散列法,要求装填(载)因子为 0.7。

① 请画出所构造的散列表。

② 分别计算等概率情况下查找成功和查找不成功的平均查找长度。

【考点】线性表;线性表的应用;查找;查找的基本概念;散列(Hash)表。

【解析】本题考查线性表的查找和散列表的概念及应用。考生需首先了解题干中"线性探测再散列法"的定义,其实"线性探测法"="线性探测再散列法",两者只是称呼上的不同,考生若不知道这一点,可能无法正确答题。本题解答如下。

① 构造的散列表如表 8-18 所示。

表 8-18 散列表

下标	0	1	2	3	4	5	6	7	8	9
关键字	7	14		8		11	30	18	9	

② 查找成功的平均查找长度:$\text{ASL}_{\text{成功}}=12/7$。

查找不成功的平均查找长度:$\text{ASL}_{\text{不成功}}=18/7$。

【小结】本题考查了散列表的相关知识。

(2)【2013】设包含 4 个数据元素的集合 $S=\{\text{"do"},\text{"for"},\text{"repeat"},\text{"while"}\}$,各元素的查找概率依次为 $p_1=0.35, p_2=0.15, p_3=0.15, p_4=0.35$。将 S 保存在一个长度为 4 的顺序表中,采用折半查找法,查找成功时的平均查找长度为 2.2。请回答:

① 若采用顺序存储结构保存 S,且要求平均查找长度更短,则元素应如何排列?应使用何种查找方法?查找成功时的平均查找长度是多少?

② 若采用链式存储结构保存 S,且要求平均查找长度更短,则元素应如何排列?应使用何种查找方法?查找成功时的平均查找长度是多少?

【考点】查找;查找的基本概念;顺序查找法;查找算法的分析及应用;线性表;线性表的实现;顺序存储;链式存储。

【解析】本题考查顺序存储结构和链式存储结构。答题时考生须知折半查找要求元素有序,若各个元素的查找概率不同,则折半查找的性能不一定优于顺序查找。

① 若采用顺序存储结构,数据元素按其查找概率降序排列。应采用顺序查找方法。查找成功时的平均查找长度=$0.35\times 1+0.35\times 2+0.15\times 3+0.15\times 4=2.1$。

② 若采用链式存储结构,数据元素按其查找概率降序排列,构成单链表。采用顺序查找方法。查找成功时的平均查找长度=$0.35\times 1+0.35\times 2+0.15\times 3+0.15\times 4=2.1$。

本题还可以采用二叉链表存储结构,构造二叉排序树如图 8-105,采用二叉排序树的查找方法。

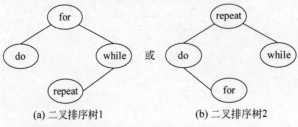

(a)二叉排序树1　　　　(b)二叉排序树2

图 8-105　二叉排序树

查找成功时的平均查找长度=0.15×1+0.35×2+0.35×2+0.15×3=2.0。

【小结】本题考查了查找算法的分析和应用,涉及折半查找和二叉排序树的相关知识。

8.7 排序的习题与解析

8.7.1 排序基础试题与解析

1. 单项选择题

(1) 以下说法中,(　　)是正确的。
    A. 稳定的排序算法的时间复杂度优于不稳定的排序算法
    B. 基于顺序结构实现的排序算法必然能基于链式结构实现且性能相同
    C. 排序算法的稳定性是指具有相同关键码的记录保持原来的相对位置
    D. 对于同一待排序列使用不同的排序方法,得到的结果都相同

【考点】排序;排序的基本概念。

【解析】排序算法的稳定性与时间复杂度没有必然联系,故选项 A 不正确;堆排序基于顺序结构容易,但要基于链式结构实现则十分困难,故选项 B 不正确;对于稳定的和不稳定的排序算法,同一待排序列的结果可能不一样,故选项 D 不正确。

【答案】故此题答案为 C。

(2) 对任意 6 个关键码进行比较排序,至少要进行(　　)次比较。
    A. 10   B. 11   C. 12   D. 13

【考点】排序;排序的基本概念。

【解析】读题时务必注意"至少",这意味着要考虑最坏情况。基于比较的排序方法在最坏的情况下比较次数为 $\lceil \log_2(n!) \rceil$,当 $n=6$ 时,$\lceil \log_2(6!) \rceil = \lceil \log_2 720 \rceil = 10$。

【答案】故此题答案为 A。

(3) 采用直接插入排序的方法对(　　)进行排序最适合。
    A. 95,35,40,91,81,47,20,70   B. 22,33,47,41,69,82,92,96
    C. 33,44,23,46,71,95,91,88   D. 92,69,81,47,22,33,95,41

【考点】排序;直接插入排序。

【解析】当数据基本有序时,直接插入排序的比较次数最少,故最适合。

【答案】故此题答案为 B。

(4) 对于含有 n 个关键码的待排序列进行直接插入排序,最好情况下需要比较(　　)次。
    A. $n/2$ B. $n-1$ C. $n+1$ D. $n(n-1)$

【考点】排序;直接插入排序。

【解析】最好的情况是正序,进行 $n-1$ 次比较即可。

【答案】故此题答案为 B。

(5) 关于插入排序,以下(　　)正确。
    A. 折半插入排序和直接插入排序的时间复杂度不同
    B. 折半插入排序和直接插入排序的空间复杂度不同

C. 折半插入排序和直接插入排序的比较次数可能不同
D. 折半插入排序和直接插入排序的移动次数不同

【考点】排序；折半插入排序。

【解析】折半插入排序是在查找操作上对直接插入排序进行改进,采用折半查找以减少关键字的比较次数,时间和空间复杂度不变,移动次数不变。

【答案】故此题答案为 C。

(6) 关于希尔排序,以下(　　)正确。
　　A. 希尔排序的增量最终必为 1
　　B. 希尔排序和直接插入排序的时间复杂度相同
　　C. 希尔排序和直接插入排序的空间复杂度相同
　　D. 希尔排序和直接插入排序的移动次数相同

【考点】排序；希尔排序。

【解析】希尔排序可以看成是在直接插入排序上的一种改进。它将待排序列分割为若干子序列,再分别进行直接插入排序,当序列基本有序时,再对所有记录进行一次直接插入排序。这意味着增量最终必为 1。

【答案】故此题答案为 A。

(7) 将序列{88,99,100,44,55,66,200}采用起泡排序排成升序序列,需要进行(　　)趟。
　　A. 3　　　　　　B. 4　　　　　　C. 5　　　　　　D. 6

【考点】排序；起泡排序。

【解析】起泡排序也叫冒泡排序,它在排序过程中通过比较将较小的关键字浮到顶端(类似于气泡上浮的效果),算法终止的条件是一趟排序过程中没有记录交换。题中的序列从初始经过 4 趟排序后即无交换记录,具体过程如图 8-106 所示。

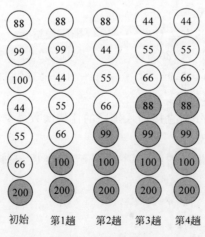

图 8-106　冒泡排序

【答案】故此题答案为 B。

(8) 快速排序适合于待排序数据(　　)。
　　A. 较多　　　　B. 基本有序　　　　C. 较少　　　　D. 大部分相同

【考点】排序；快速排序。

【解析】快速排序适合待排序数据量较多的场景；直接插入排序适合待排序数据基本有序的场景。

【答案】故此题答案为 A。

(9) 对于初始序列{26,85,22,48,17,29,67,38,19,99}，排序后的变化情况如下。

第 1 趟：19,17,22,26,48,29,67,38,85,99

第 2 趟：17,19,22,26,38,29,48,67,85,99

第 3 趟：17,19,22,26,29,38,48,67,85,99

可以判断所采用的排序方法是（　　）。

  A. 希尔排序 B. 起泡排序 C. 快速排序 D. 直接插入排序

【考点】排序；快速排序。

【解析】考生需要熟练掌握每一种排序算法的实现思路，对于给定的待排序数据，需要清楚地知道执行每一种排序算法时每一趟的排序结果。

【答案】故此题答案为 C。

(10) 对于初始序列{16,86,26,46,18,59,66,36,19,89}，排序后的变化情况如下。

第 1 趟：16,86,26,46,18,59,66,36,19,89

第 2 趟：16,18,86,26,19,46,59,66,36,89

第 3 趟：16,18,19,86,26,46,59,66,36,89

可以判断所采用的排序方法是（　　）。

  A. 快速排序 B. 简单选择排序 C. 起泡排序 D. 希尔排序

【考点】排序；简单选择排序。

【解析】从三趟的排序结果来看，每趟排序后都会将无序区中最小的数据交换到有序区，而其他数据不变化，据此可知采用了简单选择排序的方法。

【答案】故此题答案为 B。

(11) 在 100 000 个数据中找出排在前 8 的数据，采用（　　）最佳。

  A. 快速排序   B. 简单选择排序

  C. 堆排序   D. 直接插入排序

【考点】排序；堆排序。

【解析】考生一定要仔细审题，题中并没有明确给出是按由大到小的顺序还是按由小到大的顺序给出排在前 8 位的数据。简单选择排序和堆排序在每一趟排序之后确定一个元素的最终位置，前者适合数据较少的场景，后者适合数据较多的场景。快速排序轴值的位置不确定，直接插入排序在最后一趟排序之前不能确定所有元素的最终位置。

【答案】故此题答案为 C。

(12) 以下（　　）中的序列可以建成堆。

  A. 10,20,80,40,30,90,99,50 B. 10,50,99,60,70,80,90,20

  C. 90,80,70,60,40,85,20,10 D. 90,80,70,60,50,40,30,75

【考点】排序；堆排序。

【解析】将选项 ABCD 中的序列按层序建立完全二叉树，根据堆的定义可知选项 A 对应的序列建成了小根堆，如图 8-107 所示。

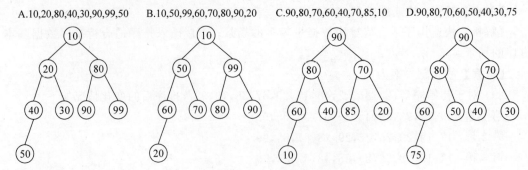

图 8-107　建立完全二叉树

【答案】故此题答案为 A。

(13)（　　）在一趟排序后不一定能选出一个数据放到排序后的最终位置上。

    A. 简单选择排序　　B. 起泡排序　　C. 归并排序　　D. 堆排序

【考点】排序；归并排序。

【解析】选择排序通常包括简单选择排序和堆排序，两者均能在一趟排序后找到一个数据放到最终位置上；起泡排序每趟也能选出一个数据放到最终位置；归并排序直到最后一趟排序才能确定所有数据的最终位置。

【答案】故此题答案为 C。

(14) 对 10 000 个英文单词进行排序，采用（　　）时间性能最佳。

    A. 直接插入排序　　B. 快速排序　　C. 堆排序　　D. 基数排序

【考点】排序；基数排序。

【解析】对于 n 个英文单词最长为 m 个字母，采用基数排序的时间复杂度为 $O(m(n+26m))$，由于 m 远小于 n，故 $O(m(n+26m))$ 可以近似为 $O(n)$，时间性能最佳。

【答案】故此题答案为 D。

(15) 外部归并排序所花费的时间取决于（　　）。

    A. 初始序列　　B. 归并的趟数　　C. 归并算法　　D. 以上均不正确

【考点】排序；外部排序。

【解析】外部归并排序分为生成初始归并段和归并两个阶段。归并的趟数即读写外存的次数，减少归并趟数、增大归并路数和增加归并段的长度可以提高外部排序效率。

【答案】故此题答案为 B。

(16) 在 $O(\log_2 n)$ 时间内完成且稳定的排序方法是（　　）。

    A. 快速排序　　B. 堆排序　　C. 归并排序　　D. 基数排序

【考点】排序；排序算法的分析和应用。

【解析】归并排序能在 $O(\log_2 n)$ 时间内完成且稳定。

【答案】故此题答案为 C。

(17) 在 $O(\log_2 n)$ 时间内完成且不稳定的排序方法是（　　）。

    A. 快速排序　　B. 堆排序　　C. 归并排序　　D. 基数排序

【考点】排序；排序算法的分析和应用。

【解析】堆排序能在 $O(\log_2 n)$ 时间内完成且不稳定。

【答案】故此题答案为 B。

(18) 下列( )最坏情况下的时间复杂度不高于 $O(n\log_2 n)$。

  A. 堆排序   B. 快速排序   C. 希尔排序   D. 起泡排序

【考点】排序；排序算法的分析和应用。

【解析】堆排序和归并排序的最好、最坏和平均时间复杂度均为 $O(n\log_2 n)$。

【答案】故此题答案为 A。

(19) 下列( )是稳定的排序方法。

  A. 快速排序   B. 基数排序   C. 堆排序   D. 希尔排序

【考点】排序；排序算法的分析和应用。

【解析】基数排序是稳定的。

【答案】故此题答案为 B。

(20) 以下( )时间性能与待排序记录的初始状态无关。

  A. 插入排序和快速排序   B. 归并排序和快速排序

  C. 选择排序和归并排序   D. 归并排序和基数排序

【考点】排序；排序算法的分析和应用。

【解析】选择排序最好、最坏和平均情况下的时间复杂度均为 $O(n^2)$，归并排序最好、最坏和平均情况下的时间复杂度均为 $O(n\log_2 n)$。

【答案】故此题答案为 C。

(21) 以下( )平均情况下时间性能最佳。

  A. 快速排序   B. 直接插入排序   C. 起泡排序   D. 简单选择排序

【考点】排序；排序算法的分析和应用。

【解析】直接插入排序、起泡排序和简单选择排序的平均时间性能为 $O(n^2)$。快速排序的平均时间性能为 $O(n\log_2 n)$

【答案】故此题答案为 A。

(22) 以下( )在数据基本有序时效率最高。

  A. 基数排序   B. 快速排序   C. 堆排序   D. 起泡排序

【考点】排序；排序算法的分析和应用。

【解析】数据基本有序对基数排序和堆排序影响不大，快速排序在数据基本有序时效率较低，起泡排序在数据基本有序时效率最高。

【答案】故此题答案为 D。

2. 综合应用题

(1) 实现快速排序的非递归算法。

【考点】排序；快速排序。

【解析】快速排序递归算法的实现使用 Partition() 确定轴值将待排序数据一分为二，然后再递归对这两部分进行快速排序。非递归算法实际上就是借助于栈来对这两部分进行快速排序，具体实现如下。

```
void Partition(Slist &L, int low, int high)
{
    int pivot = L[low];
    while(low < high)
```

```
            {
                while(low < high && L[high] >= pivot) high--;
                L[low] = L[high];
                while(low < high && L[low] <= pivot) low++;
                L[high] = L[low];
            }
            L[low] = pivot;
            return low;
    }
    void Quicksort(Slist &L, int n)
    {
        int low = 0, high = n - 1;
        Stack s;
        s.push(low);
        s.push(high);
        while(!s.empty())
        {
            high = s.top();
            s.pop();
            low = s.top();
            s.pop();
            int index = partition(L, low, high);
            if(index - 1 > low)
            {
                s.push(low);
                s.push(index - 1);
            }
            if(index + 1 < high)
            {
                s.push(index + 1);
                s.push(high);
            }
        }
    }
```

【小结】考生需要熟练掌握快速排序的递归和非递归算法的思路和实现。

(2) 实现折半插入排序算法。

【考点】排序；插入排序。

【解析】折半插入排序是将插入排序的"查找"替换成"折半查找"，算法实现如下。

```
    void BinaryInsertionSort(Slist &L)
    {
        for (i = 2; i <= L.length; i++)
        {
            L.r[0] = L.r[i];
            low = 1;
            high = i - 1;
            while(low < high)
            {
                m = (low + high)/2;
                if(L.r[0] < L.r[m])
                    high = m - 1;
                else
                    low = m + 1;
```

```
        }
        for(j = i - 1;j > = high + 1;j - - )
        {
            L.r[j + 1] = L.r[j];
        }
        L.r[high + 1] = L.r[0];
    }
}
```

【小结】与直接插入排序相比,折半插入排序减少了关键字间的比较次数,记录的移动次数不变,时间复杂度仍为 $O(n^2)$。

(3) 给出关键字序列{503,087,512,061,908,170,897,275,653,426}的基数排序过程。

【考点】排序;基数排序。

【解析】链式基数排序将关键字拆开成多项,每一项作为一个关键字。从最低位关键字起,按关键字的不同将待排序的记录分配到不同的队列中,然后再收集,直到所有关键字均完成上述分配和收集的操作。题中给定的关键字序列的基数排序过程如图 8-108 所示。

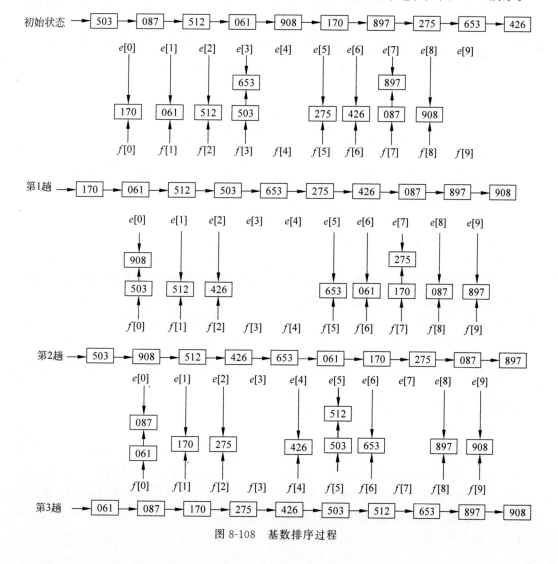

图 8-108 基数排序过程

【小结】对于 n 个记录 d 个关键字进行链式基数排序的时间复杂度为 $O(d(n+rd))$（其中 rd 为每个关键字的取值范围）。

8.7.2 排序历年真题与解析

1. 单项选择题

(1)【2009】已知关键字序列 5,8,12,19,28,20,15,22 是小根堆（最小堆），插入关键字 3，调整后得到的小根堆是(   )。

　　A. 3,5,12,8,28,20,15,22,19　　　　B. 3,5,12,19,20,15,22,8,28

　　C. 3,8,12,5,20,15,22,28,19　　　　D. 3,12,5,8,28,20,15,22,19

【考点】排序；堆排序。

【解析】本题考查的是堆排序的相关知识。威洛姆斯(J. Williams)于 1964 年提出了堆排序。按照堆的定义，可分为大根堆（堆顶元素为最大值）和小根堆（堆顶元素为最小值）。若将堆中元素看成一棵完全二叉树，则所有非终端结点的值不大于其左右孩子结点值（小根堆），或不小于其左右孩子结点值（大根堆）。小根堆在逻辑上可以用完全二叉树来表示，关键序列 5,8,12,19,28,20,15,22 对应的小根堆的完全二叉树形式如图 8-109 所示，在插入关键字 3 时，先将其放在小根堆的末端，再对其进行向上调整，调整后的小根堆序列为 3,5,12,8,28,20,15,22,19。

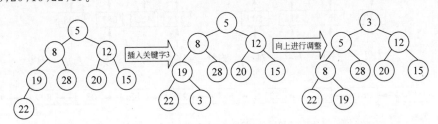

图 8-109　完全二叉树

【答案】故此题答案为 A。

(2)【2009】若数据元素序列 11,12,13,7,8,9,23,4,5 是采用下列排序方法之一得到的第二趟排序后的结果，则该排序算法只能是(   )。

　　A. 冒泡排序　　　　　　　　　　B. 插入排序

　　C. 选择排序　　　　　　　　　　D. 二路归并排序

【考点】排序；冒泡排序；简单选择排序；二路归并排序；直接插入排序；折半插入排序。

【解析】本题考查了各种常用排序算法的特点，这类题目是热门考题，考生不仅需要知道各种算法的理论知识，还需要知道如何运用。解答本题之前要对不同排序算法的特点极为清楚。对于冒泡排序（选项 A）和选择排序（选项 C）而言，每一趟过后都能确定一个元素的最终位置，而本题给定的数据元素序列 11,12,13,7,8,9,23,4,5 中最前面两个元素（降序是 23,13 或升序是 4,5）或最后面两个元素（升序是 13,23 或降序是 5,4）均不是第二趟的最终结果。二路归并排序（选项 D）第一趟排序结束都可以得到若干有序子序列，而此时的序列中并没有两两元素有序排列。插入排序（选项 B）在每趟排序结束后能保证前面的若干元素是有序的,而此时第二趟排序后,序列的前三个元素是有序的,符合其特点。

【答案】故此题答案为 B。

(3)【2010】采用递归方式对顺序表进行快速排序。下列关于递归次数的叙述中,正确的是(　　)。

  A. 递归次数与初始数据的排列次数无关
  B. 每次划分后,先处理较长的分区可以减少递归次数
  C. 每次划分后,先处理较短的分区可以减少递归次数
  D. 递归次数与每次划分后得到的分区的处理顺序无关

【考点】排序;快速排序。

【解析】本题考查快速排序的相关知识。快速排序算法的递归次数与各元素的初始排列有关。如果每一次划分后分区比较平衡,则递归次数少,如果划分后分区不平衡,则递归次数多;递归次数与处理顺序无关。

【答案】故此题答案为 D。

(4)【2010】对一组数据(2,12,16,88,5,10)进行排序,若前三趟排序结果如下。

第一趟排序结果:2,12,16,5,10,88
第二趟排序结果:2,12,5,10,16,88
第三趟排序结果:2,5,10,12,16,88

则采用的排序方法可能是(　　)。

  A. 起泡排序　　 B. 希尔排序
  C. 归并排序　　 D. 基数排序

【考点】排序;冒泡排序;希尔排序;基数排序;二路归并排序。

【解析】本题考查各种排序算法的过程。如果是希尔排序得知道增量;如果是归并排序,则第一趟排序的结果是 2,12,16,88,5,10;如果是基数排序,则只需两趟(两位的十进制数)即可。可以看到,每一趟都有一个元素移到其最终位置,符合冒泡排序特点。

【答案】故此题答案为 A。

(5)【2011】为实现快速排序算法,待排序序列宜采用的存储方式是(　　)。

  A. 顺序存储　　B. 散列存储　　C. 链式存储　　D. 索引存储

【考点】排序;快速排序。

【解析】本题考查快速排序算法的相关知识。快速排序在递归实现时,需要通过数组下标来确定待处理的子序列,故采用顺序存储结构易于直接定位。

【答案】故此题答案为 A。

(6)【2011】已知序列 25,13,10,12,9 是大根堆,在序列尾部插入新元素 18,将其再调整为大根堆,调整过程中元素之间进行的比较次数是(　　)。

  A. 1　　 B. 2　　 C. 4　　 D. 5

【考点】排序;堆排序。

【解析】本题考查大根堆的性质与插入操作。插入 18 后首先与其父结点 10 比较,由于 18>10,故交换位置,再将 18 与其父结点 25 比较,由于 18<25,不交换位置,故共比较了两次,具体如图 8-110 所示。

【答案】故此题答案为 B。

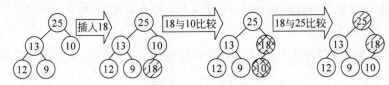

图 8-110 插入新元素 18

(7)【2012】在内部排序过程中,对尚未确定最终位置的所有元素进行一遍处理称为一趟排序。下列排序方法中,每一趟排序结束都至少能够确定一个元素最终位置的方法是(   )。

Ⅰ. 简单选择排序　　Ⅱ. 希尔排序　　Ⅲ. 快速排序　　Ⅳ. 堆排序

Ⅴ. 二路归并排序

A. 仅Ⅰ、Ⅲ、Ⅳ　　　　　　　　B. 仅Ⅰ、Ⅲ、Ⅴ
C. 仅Ⅱ、Ⅲ、Ⅳ　　　　　　　　D. 仅Ⅲ、Ⅳ、Ⅴ

【考点】排序;简单选择排序。

【解析】本题考查各种内部排序算法的性质和特点。简单选择排序和堆排序均属于选择排序,每一趟排序都会选择未排序列中的最小(或最大)元素放入其最终位置,故Ⅰ和Ⅳ正确;希尔排序每次是对划分的子表进行排序,得到局部有序的结果,所以不能保证每一趟排序结束都能确定一个元素的最终位置,故Ⅱ不正确;快速排序每次能将轴值交换到最终位置,故Ⅲ正确;二路归并排序每趟对子表进行两两归并从而得到若干局部有序的结果,但无法确定最终位置,故Ⅴ不正确。

【答案】故此题答案为 A。

(8)【2012】对一待排序序列分别进行折半插入排序和直接插入排序,两者之间可能的不同之处是(   )。

A. 排序的总趟数　　　　　　　B. 元素的移动次数
C. 使用辅助空间的数量　　　　D. 元素之间的比较次数

【考点】排序;折半插入排序;直接插入排序。

【解析】本题考查折半插入和直接插入的区别,具体如下。折半插入排序与直接插入排序都是将待插入元素插入前面的有序子表,其区别是:确定当前记录在前面有序子表中的位置时,直接插入排序是采用顺序查找法,而折半插入排序是采用折半查找法。排序的总趟数取决于元素个数 n,两者都是 $n-1$ 趟。元素的移动次数都取决于初试序列,两者相同;使用辅助空间的数量也都是 $O(1)$。折半插入排序的比较次数与序列初态无关,为 $O(n\log_2 n)$;直接插入排序的比较次数与序列初态有关,为 $O(n) \sim O(n^2)$。

【答案】故此题答案为 D。

(9)【2013】对给定的关键字序列 110,119,007,911,114,120,122 进行基数排序,则第 2 趟分配收集后得到的关键字序列是(   )。

A. 007,110,119,114,911,120,122　　B. 007,110,119,114,911,122,120
C. 007,110,911,114,119,120,122　　D. 110,120,911,122,114,007,119

【考点】排序;基数排序。

【解析】本题考查基数排序的基本概念。基数排序的第 1 趟排序是按照个位数字来排序的,第 2 趟排序是按照十位数字的大小进行排序的。

【答案】故此题答案为 C。

(10)【2014】用希尔排序方法对一个数据序列进行排序时,若第1趟排序结果为9,1,4,13,7,8,20,23,15,则该趟排序采用的增量(间隔)可能是( )。

　　A. 2　　　　　　B. 3　　　　　　C. 4　　　　　　D. 5

【考点】排序；希尔排序。

【解析】本题考查了希尔排序的相关知识。首先,第二个元素为1,是整个序列中的最小元素,所以可知该希尔排序为从小到大排序。然后考虑增量问题,假设增量为2,第3(＝1+2)个元素4明显比第1个元素9要大,故排除选项A；假设增量为3,第1、4(＝1+3)、7(1+6)个元素都为有序序列(9,13,20),符合希尔排序的定义,故选项B正确；假设增量为4,第1个元素9比第5(＝1+4)个元素7要大,故排除选项C；假设增量为5,第1个元素9比第6(＝1+5)个元素8要大,故排除选项D。

【答案】故此题答案为B。

(11)【2014】下列选项中,不可能是快速排序第2趟排序结果的是( )。

　　A. 2,3,5,4,6,7,9　　　　　　B. 2,7,5,6,4,3,9

　　C. 3,2,5,4,7,6,9　　　　　　D. 4,2,3,5,7,6,9

【考点】排序；快速排序。

【解析】本题考查了快速排序的相关知识。对于快速排序,假定最终序列为增,则在第i趟完成时,会有i个以上的数出现在它最终将要出现的位置上,即它左边的数都比它小,它右边的数都比它大。本题问哪个选项不可能是第2趟排序的结果,这意味着考生要找到少于两个数在最终位置上的选项。选项A中2、3、6、7、9均符合；选项B中2、9均符合；选项D中5、9均符合；但选项C中只有9一个数符合,所以选项C不可能是快速排序第2趟的结果。

【答案】故此题答案为C。

(12)【2015】下列排序算法中,元素的移动次数与关键字的初始排列次序无关的是( )。

　　A. 直接插入排序　　　　　　B. 起泡排序

　　C. 基数排序　　　　　　　　D. 快速排序

【考点】排序；直接插入排序；冒泡排序；快速排序；基数排序。

【解析】本题考查排序算法的相关知识。选项中给出的4种排序算法中,只有基数排序的元素移动次数与关键字的初始排列次序无关,而其他3种排序算法都是与关键字的初始排列相关的。

【答案】故此题答案为C。

(13)【2015】已知小根堆为8,15,10,21,34,16,12,删除关键字8之后需重建堆,在此过程中,关键字之间的比较次数是( )。

　　A. 1　　　　　　B. 2　　　　　　C. 3　　　　　　D. 4

【考点】排序；堆排序。

【解析】本题考查堆排序的相关知识。删除关键8后,将12移动到堆顶,第一次是15和10比较,第二次是10和12比较并交换,第三次还需比较12和16,故比较总次数为3次,具体如图8-111所示。

【答案】故此题答案为C。

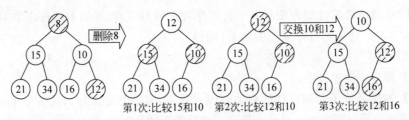

图 8-111 删除关键字 8

(14)【2015】希尔排序的组内排序采用的是( )。
　　A. 直接插入排序　　　　　　　　B. 折半插入排序
　　C. 快速排序　　　　　　　　　　D. 归并排序

【考点】排序；希尔排序。

【解析】本题考查希尔排序的相关知识。希尔排序的思想是：先将待排元素序列分割成若干子序列(由相隔某个"增量"的元素组成)，并对这些子序列分别进行直接插入排序，然后依次缩减增量再进行排序，待整个序列中的元素基本有序(增量足够小)时，最后对全体元素进行一次直接插入排序。

【答案】故此题答案为 A。

(15)【2016】对 10 TB 的数据文件进行排序，应使用的方法是( )。
　　A. 希尔排序　　B. 堆排序　　C. 快速排序　　D. 归并排序

【考点】排序；外部排序。

【解析】本题考查的是各种排序算法的应用场景。根据排序过程中涉及的存储器不同，可将排序方法粗略地分为内部排序和外部排序。前者指在排序过程中待排序文件可以完全存放在内存中完成排序过程，后者是指待排序文件较大，内存一次性放不下，需存放在外部介质中，在排序时访问之。选项 ABC 均为内部排序的常用方法，而选项 D 则为外部排序通常采用的方法。

【答案】故此题答案为 D。

(16)【2017】在内部排序时，若选择了归并排序而没有选择插入排序，则可能的理由是( )。
　　Ⅰ. 归并排序的程序代码更短
　　Ⅱ. 归并排序的占用空间更少
　　Ⅲ. 归并排序的运行效率更高
　　A. 仅Ⅱ　　　　B. 仅Ⅲ　　　　C. 仅Ⅰ、Ⅱ　　　　D. 仅Ⅰ、Ⅲ

【考点】排序；二路归并排序。

【解析】本题考查的是归并排序的特点。归并排序是建立在归并操作上的一种有效、稳定的排序算法，该算法是采用分治法的一个非常典型的应用。该算法的核心思想是将已有序的子序列合并，得到完全有序的序列；即先使每个子序列有序，再使子序列段间有序。若将两个有序表合并成一个有序表，称为二路归并。归并排序代码比选择插入排序更复杂，故Ⅰ不正确；前者空间复杂度是 $O(n)$，后者是 $O(1)$，故Ⅱ不正确。但是前者时间复杂度是 $O(n\log_2 n)$，后者是 $O(n^2)$，故Ⅲ正确。

【答案】故此题答案为 B。

(17)【2017】下列排序方法中,若将顺序存储更换为链式存储,则算法的时间效率会降低的是( )。

I. 插入排序   II. 选择排序   III. 起泡排序   IV. 希尔排序
V. 堆排序

A. 仅I、II
B. 仅II、III
C. 仅III、IV
D. 仅IV、V

【考点】插入排序;选择排序;起泡排序;希尔排序;堆排序;时间复杂度。

【解析】本题考查的是各种排序算法的特点。插入排序(I)、选择排序(II)、起泡排序(III)原本时间复杂度是 $O(n^2)$,更换为链式存储后的时间复杂度还是 $O(n^2)$,希尔排序(IV)和堆排序(V)都利用了顺序存储的随机访问特性,而链式存储不支持这种性质,所以时间复杂度会增加,即仅IV、V的时间效率会降低。

【答案】故此题答案为 D。

(18)【2018】对初始数据序列(8,3,9,11,2,1,4,7,5,10,6)进行希尔排序。若第一趟排序结果为(1,3,7,5,2,6,4,9,11,10,8),第二趟排序结果为(1,2,6,4,3,7,5,8,11,10,9),则两趟排序采用的增量(间隔)依次是( )。

A. 3,1
B. 3,2
C. 5,2
D. 5,3

【考点】排序;希尔排序。

【解析】本题考查的是希尔排序,它比较相距一定间隔的元素,各趟比较所用的间隔不断减小,直到最后一趟排序只比较相邻元素的为止。本题中第一趟分组间隔为 5;第二趟分组间隔为 3,排序后组内递增。

(19)【2018】在将数据序列(6,1,5,9,8,4,7)建成大根堆时,正确的序列变化过程是( )。

A. 6,1,7,9,8,4,5 → 6,9,7,1,8,4,5 → 9,6,7,1,8,4,5 → 9,8,7,1,6,4,5
B. 6,9,5,1,8,4,7 → 6,9,7,1,8,4,5 → 9,6,7,1,8,4,5 → 9,8,7,1,6,4,5
C. 6,9,5,1,8,4,7 → 9,6,5,1,8,4,7 → 9,6,7,1,8,4,5 → 9,8,7,1,6,4,5
D. 6,1,7,9,8,4,5 → 7,1,6,9,8,4,5 → 7,9,6,1,8,4,5 → 9,7,6,1,8,4,5 → 9,8,6,1,7,4,5

【考点】排序;堆排序。

【解析】本题考查堆的基本知识。堆的调整从序列末尾开始向前遍历,如果当前结点比它的父结点大,就把它们交换位置。同时子结点来到父结点的位置,直到它小于或等于父结点就停止循环。具体如图 8-112 所示。

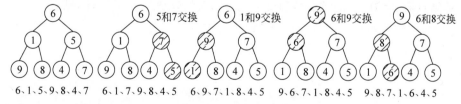

图 8-112 建立大根堆

【答案】故此题答案为 A。

(20)【2019】排序过程中,对尚未确定最终位置的所有元素进行一遍处理称为一"趟"。

下列序列中,不可能是快速排序第二趟结果的是（　　）。

　　A. 5,2,16,12,28,60,32,72　　　　B. 2,16,5,28,12,60,32,72
　　C. 2,12,16,5,28,32,72,60　　　　D. 5,2,12,28,16,32,72,60

【考点】排序;快速排序。

【解析】考生想要正确解答本题,不但需要理解快速排序的过程,还要理解题目中的"一趟"。若要求最终序列为正序(升序),则一趟快速排序之后,枢轴之前的元素均小于枢轴元素,枢轴之后的元素均大于枢轴元素。因此,快速排序的两趟结果都必定有合理的枢轴元素。

如图 8-113 所示,对于选项 A 和 B 第 1 趟排序的枢轴元素为最后一个元素 72,故第 2 趟排序的枢轴元素只需要一个,分别为 28 和 2;对于选项 C 第 1 趟排序的枢轴元素为第一个元素 2,故第 2 趟排序的枢轴元素也只需要一个,为 28 或 32;但对于选项 D 第 1 趟排序的枢轴元素为 12 或 32,前者将所有元素分为{5,2}和{28,16,32,72,60}两段,故第 2 趟排序的枢轴元素需要在这两段中分别再找出两个枢轴元素,但事实上无法找到符合要求的两个枢轴元素;后者将所有元素分为{5,2,12,28,16}和{72,60}两段,同理也无法找到符合要求的两个枢轴元素。

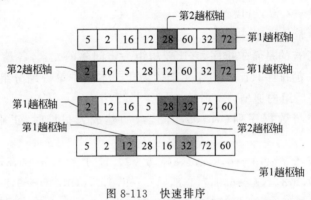

图 8-113　快速排序

【答案】综上所述,此题答案为 D。

(21)【2019】设外存上有 120 个初始归并段,进行 12 路归并时,为实现最佳归并,需要补充的虚段个数是（　　）。

　　A. 1　　　　B. 2　　　　C. 3　　　　D. 4

【考点】排序;外部排序;多路平衡归并。

【解析】参照 2 路归并树,可知在 12 路归并树中只存在度为 0 和度为 12 的结点,假设度为 0 的结点数、度为 12 的结点数和要补充的结点数分别为 n_0, n_{12}, n,则有

$$n_0 = 120 + n \tag{1}$$
$$n_0 = (12-1)n_{12} + 1 \tag{2}$$

联合式(1)和式(2),可知

$$(12-1)n_{12} + 1 = 120 + n$$

解得 $n_{12} = (120-1+n)/(12-1)$

由于 n_{12} 是整数,因此 n 是满足上式的最小整数,即 $n=2$。

【答案】故此题选 B。

(22)【2020】下列关于大根堆(至少含两个元素)的叙述中,正确的是( )。

Ⅰ. 可以将堆看成一棵完全二叉树

Ⅱ. 可以采用顺序存储方式保存堆

Ⅲ. 可以将堆看成一棵二叉排序树

Ⅳ. 堆中的次大值一定在根的下一层

A. 仅Ⅰ、Ⅱ   B. 仅Ⅱ、Ⅲ   C. 仅Ⅰ、Ⅱ和Ⅳ   D. Ⅰ、Ⅲ和Ⅳ

【考点】树与二叉树;大根堆。

【解析】本题考查的是大根堆的基本性质。首先可以将堆看成一棵完全二叉树,故Ⅰ正确;可以用一维数组存储堆中序列,故Ⅱ正确;大根堆就是根结点是整棵树的最大值(根结点大于或等于左右子树的最大值),对于它的任意子树,根结点也是最大值,故Ⅲ错误,因为堆只要求根大于左右子树,并不要求左右子树有序;由于大根堆中的根结点为堆中最大值,故次大值一定在根的下一层(因为根所在的层只有一个结点,即根结点本身),故Ⅳ正确。

【答案】故此题答案为 C。

(23)【2020】对大部分元素已有序的数组进行排序时,直接插入排序比简单选择排序效率更高,其原因是( )。

Ⅰ. 直接插入排序过程中元素之间的比较次数更少

Ⅱ. 直接插入排序过程中所需要的辅助空间更少

Ⅲ. 直接插入排序过程中元素的移动次数更少

A. 仅Ⅰ   B. 仅Ⅲ   C. 仅Ⅰ、Ⅱ   D. Ⅰ、Ⅱ和Ⅲ

【考点】排序;直接插入排序;简单选择排序。

【解析】本题考查直接插入排序,直接插入排序是一种最简单的排序方法,其基本操作是将一条记录插入已排好的有序表中,从而得到一个新的、记录数量增1的有序表。直接插入排序在有序数组上的比较次数为 $n-1$,简单选择排序的比较次数为 $1+2+\cdots+n-1 = n(n-1)/2$,故Ⅰ正确;直接插入排序和简单选择排序所需的辅助空间都是 $O(1)$,故Ⅱ错误;若待比较元素不在相应的位置上,直接插入排序每趟插入都需要为待入的元素移动其后续所有元素,而简单选择排序只需交换两个元素的位置,因此简单选择排序过程中元素移动的次数更少,故Ⅲ错误。

【答案】故此题答案为 A。

(24)【2021】设数组 $S[\,] = \{93,946,372,9,146,151,301,485,236,327,43,892\}$,采用最低位优先(LSD)基数排序将 S 排列成升序序列。第1趟分配、收集后,元素372之前、之后紧邻的元素分别是( )。

A. 43,892   B. 236,301   C. 301,892   D. 485,301

【考点】排序;基数排序。

【解析】本题考查的是基数排序,其实现原理为:将所有待比较数值(自然数)统一为同样的数位长度,数位较短的数前面补零。然后,从最低位开始,依次进行一次排序。这样从最低位排序一直到最高位排序完成以后,数列就变成一个有序序列。

基数排序是一种稳定的排序方法。由于采用最低位优先(LSD)的基数排序,即第1趟对个位进行分配和收集的操作,因此第1趟分配和收集后的结果是$\{151,301,372,892,93,43,485,946,146,236,327,9\}$,元素372之前、之后紧邻的元素分别是301和892。

【答案】故此题答案为 C。

(25)【2021】将关键字 6,9,1,5,8,4,7 依次插入初始为空的大根堆 H 中,得到的 H 是(　　)。

　　A. 9,8,7,6,5,4,1　　　　　　　　B. 9,8,7,5,6,1,4
　　C. 9,8,7,5,6,4,1　　　　　　　　D. 9,6,7,5,8,4,1

【考点】树与二叉树;大根堆。

【解析】本题主要考查建堆及调整的过程,考生复习时要熟练掌握。如果当前结点比它的父结点大,就把它们交换位置,直到它小于或等于父结点就停止循环。建大根堆 H 的过程具体如图 8-114 所示。

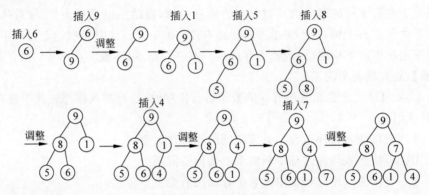

图 8-114　建立大根堆

2. 综合应用题

(1)【2016】已知由 $n(n \geqslant 2)$ 个正整数构成的集合 $A = \{a_k\}(0 \leqslant k < n)$,将其划分为两个不相交的子集 A_1 和 A_2,元素个数分别是 n_1 和 n_2,A_1 和 A_2 中元素之和分别为 S_1 和 S_2。设计一个尽可能高效的划分算法,满足 $|n_1 - n_2|$ 最小且 $|S_1 - S_2|$ 最大。要求:

① 给出算法的基本设计思想。
② 根据设计思想,采用 C 或 C++ 语言描述算法,关键之处给出注释。
③ 说明你所设计算法的平均时间复杂度和空间复杂度。

【考点】排序;快速排序;空间复杂度;时间复杂度;C 或 C++ 语言。

【解析】本题属于算法设计问题,三个小题的问题依次推进,难度逐步增加,属于区分度较好、难度适中的综合应用题。需要考生:①按要求描述算法的思想;②给出 C 或 C++ 语言描述的算法并给出关键之处的注释;③分析给出算法的时间复杂度与空间复杂度。具体解析如下。

① 算法的基本设计思想。

由题意知,将最小的 $\lfloor n/2 \rfloor$ 个元素放在 A_1 中,其余的元素放在 A_2 中,分组结果即可满足题目要求。仿照快速排序的思想,基于枢轴将 n 个整数划分为两个子集。根据划分后枢轴所处的位置 i 分别处理:若 $i = \lfloor n/2 \rfloor$,则分组完成,算法结束;若 $i < \lfloor n/2 \rfloor$,则枢轴及之前的所有元素均属于 A_1,继续对 i 之后的元素进行划分;若 $i > \lfloor n/2 \rfloor$,则枢轴及之后的所有元素均属于 A_2,继续对 i 之前的元素进行划分。基于该设计思想实现的算法,无须对全部元素进行全排序,其平均时间复杂度是 $O(n)$,空间复杂度是 $O(1)$。

② 算法实现。

```c
int setPartition(int a[ ], int n)
{
    int pivotkey, low = 0, low0 = 0, high = n - 1, high0 = n - 1, flag = 1, k = n/2, i;
    int s1 = 0, s2 = 0;
    while(flag)
    {
        pivotkey = a[low];                      //选择枢轴
        while(low < high)                       //基于枢轴对数据进行划分
        {
            while(low < high && a[high] >= pivotkey) -- high;
            if(low != high) a[low] = a[high];
            while(low < high && a[low] <= pivotkey) ++low;
            if(low != high) a[high] = a[low];
        } //end of while(low < high)
        a[low] = pivotkey;
        if(low == k - 1)                        //如果枢轴是第 n/2 小元素,划分成功
            flag = 0;
        else                                    //否则继续划分
        {
            if(low < k - 1)
            {
                low0 = ++low;
                high = high0;
            }
            else
            {
                high0 = -- high;
                low = low0;
            }
        }
    }
    for(i = 0; i < k; i++) s1 += a[i];
    for(i = k; i < n; i++) s2 += a[i];
    return s2 - s1;
}
```

③ 算法平均时间复杂度是 $O(n)$,空间复杂度是 $O(1)$。

【小结】 快速排序的划分和每一趟执行的结果都可以是考点,其他排序方法如选择排序、堆排序和基数排序等常用的排序算法思想及每一趟执行的结果考生在复习时都需要熟练掌握。

(2)【2021】已知某排序算法如下:

```c
void cmpCountSort(int a[ ], int b[ ], int n)
{   int i, j, * count;
    count = (int * )malloc(sizeof(int) * n);
        //C++语言:count = new int[n];
    for(i = 0; i < n; i++) count[i] = 0;
    for(i = 0; i < n - 1; i++)
        for(j = i + 1; j < n; j++)
            if(a[i] < a[j])     count[j]++;
            else                count[i]++;
```

```
    for(i = 0;i < n;i++)      b[count[i]] = a[i];
    free (count) ;            //C++语言:delete count;
}
```

请回答下列问题。

① 若有"int a[]={25,−10,25,10,11,19},b[6];",则调用 cmpCountSort(a,b,6)后数组 b 中的内容是什么？

② 若 a 中含有 n 个元素,则算法执行过程中,元素之间的比较次数是多少？

③ 该算法是稳定的吗？若是,则阐述理由；否则,修改为稳定排序算法。

【考点】排序；计数排序；排序算法的分析与应用。

【解析】本题考查 cmpCountSort()算法,三小题分别从排序结果、比较次数和判断算法的稳定性三方面进行考查。具体解析如下。

① cmpCountSort()算法基于计数排序的思想,对序列进行排序。cmpCountSort()算法遍历数组中的元素,count 数组记录比对应待排序数组元素下标大的元素个数。例如,count[1]=3 的意思是数组 a 中有 3 个元素比 a[1]大,即 a[1]是第 4 大元素,a[1]的正确位置应是 b[3]。调用 cmpCountSort(a,b,6)后数组 b 中的内容为 b[6]={−10,10,11,19,25,25}。

② 由代码 for(i = 0; i<n−1;i++)和 for(j = i + 1;j<n; j++)可知,在循环过程中,每个元素都与它后面的所有元素比较一次(即所有元素都两两比较一次),比较次数之和为 $(n-1)+(n-2)+\cdots+1$,故总的比较次数是 $n(n-1)/2$。

③ 该算法不是稳定的。需要将程序中的 if 语句修改如下。

```
if(a[i]< = a[j])   count[j]++;
else count[i]++;
```

如果不加等号,两个相等的元素比较时,前面元素的 count 值会加 1,导致原序列中靠前的元素在排序后的序列中处于靠后的位置。

【小结】排序包括内部排序和外部排序,考生可以将外部排序看成是内部排序的拓展。考生复习时不仅需要熟悉在各种不同的排序算法(如直接插入排序、折半插入排序、起泡排序和快速排序等)下每一趟执行后的结果,还需要知道如何判断排序算法是否稳定。

小结

本章为数据结构课程考试大纲中涉及的考点对应的试题,分为基础试题和历年真题两部分。基础试题侧重于测试考生对基本概念的理解,而历年真题则偏重于综合运用这些概念、原理和方法对问题进行分析和求解。考生复习数据结构时可根据自己的实际水平部分或全部完成试题。

附录 A

2024年全国硕士研究生招生考试
计算机学科专业基础考试大纲(数据结构部分)

【考查目标】

1. 掌握数据构的基本概念、基本原理和基本方法。

2. 掌握数据的逻辑结构、存储结构及基本操作的实现,能够对算法进行基本的时间复杂度与空间复杂度的分析。

3. 能够运用数据结构的基本原理和方法进行问题的分析与求解,具备采用 C 或 C++ 语言设计与实现算法的能力。

一、线性表

（一）线性表的基本概念

（二）线性表的实现

1. 顺序存储

2. 链式存储

（三）线性表的应用

二、栈、队列和数组

（一）栈和队列的基本概念

（二）栈和队列的顺序存储结构

（三）栈和队列的链式存储结构

（四）多维数组的存储

（五）特殊矩阵的压缩存储

（六）栈、队列和数组的应用

三、树与二叉树

（一）树的基本概念

（二）二叉树

1. 二叉树的定义及其主要特性

2. 二叉树的顺序存储结构和链式存储结构

3. 二叉树的遍历

4. 线索二叉树的基本概念和构造

(三) 树、森林

1. 树的存储结构

2. 森林与二叉树的转换

3. 树和森林的遍历

(四) 树与二叉树的应用

1. 哈夫曼(Huffman)树和哈夫曼编码

2. 并查集及其应用

四、图

(一) 图的基本概念

(二) 图的存储及基本操作

1. 邻接矩阵

2. 邻接表

3. 邻接多重表、十字链表

(三) 图的遍历

1. 深度优先遍历

2. 广度优先遍历

(四) 图的基本应用

1. 最小(代价)生成树

2. 最短路径

3. 拓扑排序

4. 关键路径

五、查找

(一) 查找的基本概念

(二) 顺序查找法

(三) 分块查找法

(四) 折半查找法

(五) 树形查找

1. 二叉搜索树

2. 平衡二叉树

3. 红黑树

(六) B树及其基本操作、B+树的基本概念

(七) 散列(Hash)表

（八）字符串模式匹配
（九）查找算法的分析及应用

六、排序

（一）排序的基本概念
（二）直接插入排序
（三）折半插入排序
（四）起泡排序(Bubble Sort)
（五）简单选择排序
（六）希尔排序(Shell Sort)
（七）快速排序
（八）堆排序
（九）二路归并排序(Merge Sort)
（十）基数排序
（十一）外部排序
（十二）排序算法的分析与应用